"十三五"应用型人才培养O2O创新规划教材

建 筑 力 学

JIANZHU LIXUE

赵志平　主编

U0270905

化学工业出版社

·北京·

本书依据教育部高等职业技术教育土建类专业力学课程的基本要求编写而成，全书精选了理论力学、材料力学和结构力学的有关内容，并进行了适当的重组、整合，使之融会贯通、理论体系明晰、通俗易懂、实用性强，力求反映高职教材特色。

全书共十章，包括静力学基础知识、轴向拉伸和轴向压缩、扭转、弯曲、组合变形、压杆稳定等。

教材的编写引入了手机版和计算机版两款工程计算软件，一款 BIM 绘图软件，注重力学知识的实际应用，可有效地进行动手能力的培养；同时还体现了当今最新的科技发展，融入了 BIM 技术，通过手机扫描和互联网，可身临其境地体会力学在建筑结构中的应用。

本书可作为高职高专院校土建类的力学教材，适用于工程造价、建筑工程、工程管理、建筑装饰、园林、城市规划等专业，也可供相关工程技术人员参考。

图书在版编目（CIP）数据

建筑力学/赵志平主编. —北京：化学工业出版社，2018.4（2023.7重印）

"十三五"应用型人才培养 O2O 创新规划教材

ISBN 978-7-122-31714-8

Ⅰ.①建… Ⅱ.①赵… Ⅲ.①建筑科学-力学-高等学校-教材 Ⅳ.①TU311

中国版本图书馆 CIP 数据核字（2018）第 047425 号

责任编辑：张双进　　　　　　　　　　　　文字编辑：陈　喆
责任校对：宋　玮　　　　　　　　　　　　装帧设计：王晓宇

出版发行：化学工业出版社（北京市东城区青年湖南街 13 号　邮政编码 100011）
印　　装：北京七彩京通数码快印有限公司
787mm×1092mm　1/16　印张 13½　字数 341 千字　2023 年 7 月北京第 1 版第 3 次印刷

购书咨询：010-64518888　　　　　　　　售后服务：010-64518899
网　　址：http://www.cip.com.cn
凡购买本书，如有缺损质量问题，本社销售中心负责调换。

定　　价：39.00 元

丛书编审委员会名单

　　教育部在高等职业教育创新发展行动计划（2015—2018 年）中指出"要顺应'互联网＋'的发展趋势，应用信息技术改造传统教学，促进泛在、移动、个性化学习方式的形成。 针对教学中难以理解的复杂结构、复杂运动等，开发仿真教学软件"。 党的十九大报告中指出，要深化教育改革，加快教育现代化。 为落实十九大报告精神，推动创新发展行动计划——工程造价骨干专业建设，河北工业职业技术学院联合河北工程技术学院、河北劳动关系职业学院、张家口职业技术学院、新疆交通职业技术学院等院校与化学工业出版社，利用云平台、二维码及 BIM 技术，开发了本系列 O2O 创新教材。

　　该系列丛书的编者多年从事工程管理类专业的教学研究和实践工作，重视培养学生的实际技能。 他们在总结现有文献的基础上，坚持"理论够用，应用为主"的原则，为工程管理类专业人员提供了清晰的思路和方法，书中二维码嵌入了大量的学习资源，融入了教育信息化和建筑信息化技术，包含了最新的建筑业规范、规程、图集、标准等参考文件，丰富的施工现场图片，虚拟三维建筑模型，知识讲解、软件操作、施工现场施工工艺操作等视频音频文件，以大量的实际案例举一反三、触类旁通，并且数字资源会随着国家政策调整和新规范的出台实时进行调整与更新。 这些学习资源不仅为初学人员的业务实践提供了参考依据，也为工程管理人员学习建筑业新技术提供了良好的平台，因此，本系列丛书可作为应用技术型院校工程管理类及相关专业的教材和指导用书，也可作为工程技术人员的参考资料。

　　"十三五"时期，我国经济发展进入新常态，增速放缓，结构优化升级，驱动力由投资驱动转向创新驱动。 我国建筑业大范围运用新技术、新工艺、新方法、新模式，建设工程管理也逐步从粗犷型管理转变为精细化管理，进一步推动了我国工程管理理论研究和实践应用的创新与跨越式发展。 这一切都向建筑工程管理人员提出了更为艰巨的挑战，从而使得工程管理模式"百花齐放、百家争鸣"，这就需要我们工程管理专业人员更好地去探索和研究。 衷心希望各位专家和同行在阅读此系列丛书时提出宝贵的意见和建议，共同把建筑行业的工作推向新的高度，为实现建筑业产业转型升级做出更大的贡献。

河北省建设人才与教育协会副会长

2017 年 10 月

本书依据教育部高等职业技术教育土建类专业力学课程的基本要求，结合编者长期教学实践经验和当今高职高专学生的特点编写而成。在内容体系的组织上，精选了理论力学、材料力学和结构力学的有关内容，并进行了适当的重组、整合，使之融会贯通、理论体系明晰、通俗易懂、实用性强，力求反映高职教材特色。

教材的编写引入了手机版和计算机版两款工程计算软件，一款 BIM 绘图软件，注重力学知识的实际应用，可有效地进行动手能力的培养；同时还体现了当今最新的科技发展，融入了 BIM 技术，通过手机扫描和互联网，可身临其境地体会力学在建筑结构中的应用。

全书共十章，包括静力学基础知识、平面汇交力系和平面力偶系、平面一般力系、轴向拉伸和轴向压缩、扭转、弯曲内力、弯曲强度、弯曲变形、组合变形、压杆稳定。

在本书编写的过程中，编者高度重视高职高专的教学特点，对内容的选取以必要和够用为度，以讲清概念、强化应用为重点，突出培养学生分析问题和解决问题的能力。另外，在内容的编排上，还特别注意了与后继课程的联系，体现出建筑类教材的特色。例如现行的教材在内力符号的选用上较为混乱，我们则采用了建筑规范规定的符号，使整个专业所有课程的符号选用保持一致，这样做既有了统一的标准，也可使学生避免不必要的转换。

本书由河北工业职业技术学院赵志平主编，副主编有尹素花、全国芸，河北工程技术学院崔彦、河北交通职业技术学院陈伟利为参编。

本书可作为高职高专院校土建类的力学教材，适用于工程造价、建筑工程、工程管理、建筑装饰、园林、城市规划等专业，也可供相关工程技术人员参考。

在教材的编写过程中，得到了编者所在院系领导的大力支持，在此表示衷心的感谢！

由于编者水平有限，书中难免出现不妥之处，敬请读者及同行批评指正，以便再版时修订。

编者
2018 年 10 月

目录
CONTENTS

二维码资源目录

绪论

一、建筑力学的研究对象

建筑力学是建筑类专业的一门重要基础课程，有着较强的理论性和实用性。

在建筑工程中，由建筑材料按照一定的方式构成，并能承受荷载的物体或物体系称为工程结构，简称结构。如图 0.1 所示为钢框架结构，图 0.2 为门式刚架结构，图 0.3 为钢筋混凝土框架结构。

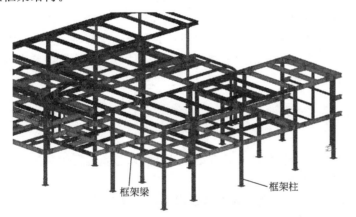

二维码1

图 0.1　钢框架结构

0.1　杆件——钢框架结构

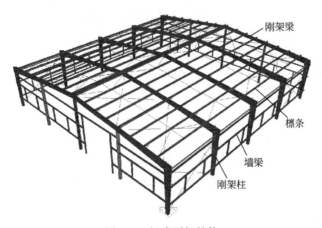

二维码2

图 0.2　门式刚架结构

0.2　杆件——门式刚架结构

1

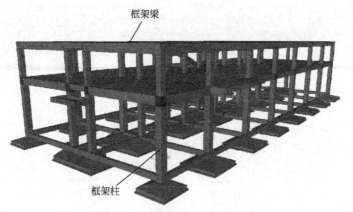

框架梁

框架柱

图 0.3　钢筋混凝土框架结构

二维码3

0.3　杆件——混凝土框架结构

结构在建筑物中起着承受和传递荷载的骨架作用。结构一般是由多个构件联结而成的。工程上的结构类型多种多样，按其几何尺寸可分为三种：杆件结构、薄壁结构和实体结构。所谓杆件是指其长度远大于（5 倍以上）截面的宽度和高度，图 0.1、图 0.2 和图 0.3 所示的建筑构件大都可以看成是杆件，例如柱、梁、檩条等。由若干杆件组成的结构称为杆件结构。

杆件和杆件结构是建筑力学的主要研究对象。

杆件和杆件结构均为真实的物体，但有时为了研究问题的方便，常忽略一些次要因素而建立一些力学模型，例如，在建筑力学中就采用了刚体的模型。所以，准确地讲，建筑力学的研究对象包括刚体、杆件和杆件结构。

二、建筑力学的主要任务

为了保证结构能安全工作，每一个杆件都必须有足够的能力来担负起所承受的荷载。杆件的这种承载能力主要由以下三个方面来衡量。

① 杆件应有足够的强度（strength）。所谓强度是指构件在荷载作用下抵抗破坏的能力。对杆件的设计应保证在规定的条件下能够正常工作而不发生破坏。

② 杆件应有足够的刚度（stiffness）。所谓刚度是指杆件在荷载作用下抵抗变形的能力。任何杆件在荷载作用下都不可避免地要发生变形，但这种变形必须要限制在一定范围内，否则杆件将不能正常工作。

③ 杆件还应有足够的稳定性（stability）。所谓稳定性是指杆件在荷载作用下保持其原有平衡形态的能力。一根轴向受压的细长直杆，当压力荷载增大到某一值时，会突然从原来的直线形状变成弯曲形状，这种现象称为失稳。杆件失稳后将失去继续承载的能力，并将可能使整个结构垮塌。对于压杆来说，满足稳定性的要求是其正常工作必不可少的条件。

当支承情况一定时，决定杆件承载能力的主要因素有两个：其一是杆件的截面形状和尺寸；其二是组成杆件的材料。因此，为了满足强度、刚度和稳定性的要求可通过多用材料或选用优质材料来实现，但这样做又会造成浪费，增加生产成本。显然，构件的安全可靠性与经济性是矛盾的。

建筑力学的主要任务就是在保证结构既安全又经济的前提下，为构件选择合适的材料，确定合理的截面形状和尺寸，为构件设计提供必要的理论基础和计算方法。

三、建筑力学的课程特点及学习方法

建筑力学与其他学科的联系非常密切，在建筑力学的研究中要用到一定的数学知识，因此，有较好的数学基础是学习力学的前提。同时，通过建筑力学的学习，还会为后继课如钢结构、混凝土结构、砌体结构、建筑施工等的学习奠定一定的基础。

建筑力学是一门计算学科，其计算结果将直接作为结构设计的依据。因此，在学习建筑力学时，必须养成细心、认真的好习惯，其计算结果必须准确；另外，建筑力学中的计算量一般都较大，这就要求我们不仅能算准，而且还必须算得快。为了达到这个要求，必须要做一定量的练习。

第一章　静力学基础知识

本书前三章的研究对象为刚体。所谓刚体，就是在力的作用下，不发生变形的物体。刚体是一个理想的力学模型，实际的物体在力的作用下总要发生几何形状的改变（或称变形）。但是，如果物体的变形很小，且不影响所研究问题的实质，就可以忽略变形，把物体看成刚体。

刚体静力分析主要研究刚体在力作用下平衡的规律及其应用。它从基本公理出发，借助数学工具进行演绎和推理，得出力系简化和平衡的系统理论及各种计算方法。这些结论和方法是研究其他力学学科和相关工程学科的重要基础和工具。

本章主要研究力、力矩和力偶的基本概念，静力学公理，约束的类型及其特性。最终目的是能准确地画出物体的受力图。

第一节　力的基本概念和力的基本性质

一、力的概念

用手拉弹簧，手和弹簧之间有相互作用；用桨划船，桨和水之间也有相互作用。引起弹簧变形和船速度改变的这种作用就是力（force）。人们经过长期的实践，逐步建立了力的科学概念：力是物体间的相互机械作用。这种作用使物体的运动状态和形状发生改变。

力使物体的运动状态发生改变的效应称为外效应；而使物体的形状发生改变的效应则称为内效应。对于刚体来说，只考虑力的外效应。

实践和实验表明，力对物体的作用效应取决于力的作用点位置、力的方向和大小。三者合称为力的三要素。三要素中任何一个发生变化，力的效应就要随之发生变化。

力是一个既有大小又有方向的量，所以力是矢量。用加粗的符号 F 表示力矢量，而用一般的 F 表示力的大小。

在国际单位制中，力的单位是 N（牛顿）、kN（千牛顿）。地球上质量为 1kg 的物体所受重力的作用约为 9.8N。

在研究力学问题时，为了直观地说明力的作用，通常用有向线段来表示力。线段是按一定比例画出的，它的长度表示力的大小，箭头的指向表示力的方向，箭头和箭尾表示力的作用点。这种表示力的方法称为力的图示。

图 1.1 的有向线段表示作用在物体上的 100N 的推力（箭头表示力的作用点）。图 1.2

的有向线段表示物体所受的重力为90N（箭尾表示力的作用点）。

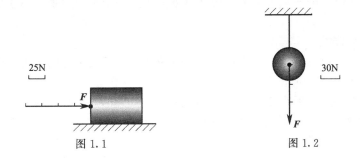

图 1.1   图 1.2

二、力系 合力

同时作用在物体或物体系统上的一组力称为**力系**。

如果刚体在某力系的作用下保持平衡，则称该力系为平衡力系。显然，平衡力系中的各个力对刚体的外效应相互抵消。因此，平衡力系是对刚体作用效果等于零的力系。

如果作用在刚体上的力系可以用另一力系代替，而不改变对刚体的作用效应，则称这两个力系互为等效力系。

如果一个力和一个力系等效，则称这个力为该力系的合力；这个等效力系中的每个力称为该合力的分力。把各分力代替为合力的过程，叫力的合成；把合力代替成几个力的过程，叫力的分解。力的分解是力的合成的逆运算。

三、力的基本性质

力的基本性质可以概括在下面几个已由实践证实的公理中。这几个公理是研究力系简化和平衡的基本依据。

公理1 二力平衡公理

刚体只受两个力的作用而保持平衡的充分和必要条件是：这两个力大小相等，方向相反，且作用在同一直线上；或者简单地说，这两个力等值、反向、共线，如图1.3所示。

在实际的工程结构中，常遇到只在两点各受一个集中力而平衡的刚体。这种刚体称为二力体，在建筑结构中则称为二力构件。如以后要研究的如图1.4所示的结构，其中的每一根杆件都是二力构件。

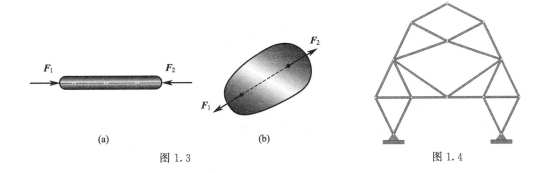

(a)   (b)

图 1.3   图 1.4

公理 2　加减平衡力系公理

在作用于一个刚体的任意力系中，增加（或减去）一个平衡力系，不改变原力系对刚体的作用效应。

推论　力的可传性

在刚体内部，力可以沿其作用线移动到任意位置，而不改变力的作用效应。

证明：设力 F 作用于刚体上的 A 点，见图 1.5(a)，B 是力的作用线上且在刚体内部的任意一点。根据公理 2，可在 B 处加上一对平衡力 F_1 和 F_2，并且使 $F_2 = F$，$F_1 = -F$，见图 1.5(b)。力 F_1 和 F 满足公理 1 的条件组成平衡力系。因此，根据公理 2，又可以把这两个力减去，而不改变对刚体的作用效应，于是剩下的力 F_2［见图 1.5(c)］仍与原来的力 F［图 1.5(a)］等效。而此时的力 F_2 就是原来的力从 A 点顺着作用线移到 B 点后的结果（证毕）。

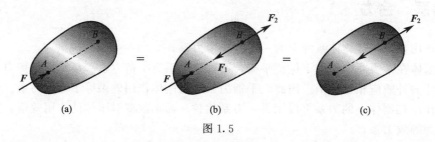

(a)　　　　　　　　(b)　　　　　　　　(c)

图 1.5

由力的可传性知道，力的作用点位置已不再是决定其作用效应的要素之一，而是由力的作用线取代。因此，作用于刚体上的力的三要素就成为：力的大小、方向和作用线。所以，力矢量有时也称为滑移矢量。

必须注意的是力的可传性只能用在刚体内部，力不能沿作用线移到其他刚体上。如图 1.6 所示，显然图（a）、（b）两种情况是不等效的。

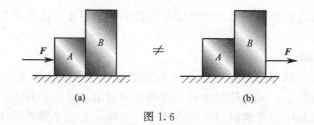

(a)　　　　　　　　　　　　(b)

图 1.6

另外，公理 2 和它的推论只能用在刚体上而不能用在变形体上。对于变形体，作用力能产生内效应，当力沿作用线移动时，将改变其内效应。

公理 3　力的平行四边形法则

作用在刚体上同一点处的两个力的合力仍作用于该点。合力的大小和方向由以该两个力矢量为邻边所组成的平行四边形的对角线所确定，如图 1.7 所示。F_R 是 F_1 和 F_2 的合力。可以表示成：

$$F_R = F_1 + F_2 \tag{1.1}$$

推论　三力汇交定理

刚体只受平面内三力作用而处于平衡状态时，若此三力不互相平行，则必汇交于一点。

证明：设三力 F_1、F_2、F_3 满足命题条件，如图 1.8 所示。它们不互相平行，则必有两个力相交。不妨设力 F_1、F_2 的作用线相交于点 O。现在来证明第三个力 F_3 的作用线必

定也通过点 O。为此，由力的可传性，先把力 F_1、F_2 移到点 O，并求出它们的合力 F_R。由公理 3 可知，力 F_R 也作用于点 O。此时力 F_R 可代替 F_1、F_2 的共同作用，因此力 F_3 和 F_R 仍然组成平衡力系，由公理 1，这两个力一定共线，即力 F_3 的作用线也通过点 O（证毕）。

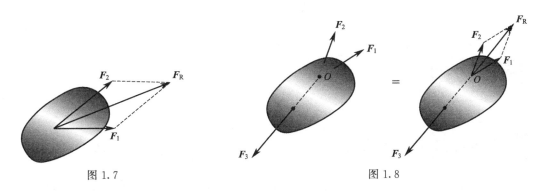

图 1.7　　　　　　　　　　　　　　　　图 1.8

公理 4　作用力与反作用力公理

任何两个物体间相互作用的一对力总是大小相等，方向相反，作用线相同。这两个力互为作用力和反作用力。

必须注意，作用力与反作用力公理中的一对力和二力平衡公理中的一对力虽然有些相似，但却截然不同。作用力与反作用力分别作用在两个物体上，它们不构成平衡力系。

公理 5　刚化原理

当变形体在力系的作用下处于平衡状态时，如果把变形后的变形体换成刚体（刚化），则平衡状态保持不变。

注意：刚化要在变形体发生变形后平衡时进行。刚化后把变形也保留了下来。如图 1.9 所示，橡胶棒在力系作用下，发生弯曲变形后处于平衡状态。根据这个公理，把这弯曲的橡胶棒换成相同形状的刚体，不会破坏平衡。

公理 5 的意义在于，可以把任何已处于平衡的变形体看成刚体，从而对它应用刚体静力分析中的全部理论。

图 1.9　　　　　　　　　　　　　　　　图 1.10

四、力的正交分解

力的分解是力的合成的逆运算，同样遵循平行四边形法则。把一个已知力作为平行四边形的对角线，那么与已知力共点的平行四边形的两个邻边，就是这个已知力的两个分力。若无其他条件限制，对于同一条对角线，可以做出无数个不同的平行四边形，也就是说，同一个力可以分解成无数对大小、方向不同的分力。为了使解答唯一，必须附加某些条件，常见的是规定两个分力的方向。

把一个已知力沿两个相互垂直的方向进行的分解叫力的正交分解。如图 1.10 所示，把已知力 F 沿 x 和 y 方向正交分解为 F_x、F_y，则

$$F_x = F\cos\alpha \tag{1.2}$$

$$F_y = F\sin\alpha \tag{1.3}$$

第二节 力矩

一、平面内力对点的矩

和力一样，力矩（moment）也是静力分析中的基本概念之一。它在整个建筑力学中有着极其重要的意义。以后将陆续学到的转矩、弯矩等从根本上讲都属于力矩。

如图 1.11 所示，力平面内任一点 O 到力 F 的作用线的垂直距离 d 与力的大小的乘积称为力 F 对 O 点的力矩，记为 $M_O(F)$。点 O 称为矩心，距离 d 称为力臂（moment arm）。平面内力对点的矩是一代数量。

$$M_O(F) = \pm Fd \tag{1.4}$$

通常规定力矢量绕矩心逆时针转动时力矩为正；顺时针转动时为负。按此规定，如图 1.11 所示的力 F 对 O 点的力矩是负的。

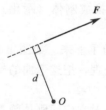

图 1.11

在国际单位制中，力矩的单位是 N·m，常用的还有 kN·m 等。

由力矩的定义可知：

① 当力通过矩心时，此力对该矩心的力矩等于零；

② 当力沿着作用线移动时，不改变该力对任一点的力矩；

③ 等值、反向、共线的两个力对任一点的力矩总是大小相等而正负相反，因而两者的代数和恒等于零。

物体的位置随时间的变动叫作机械运动，简称运动。最基本的运动分为平动和转动。正如力是改变物体平动状态的原因一样，力矩是改变物体转动状态的原因。

二、合力矩定理

如图 1.12(a) 所示，力 F 的大小为 100N，求其对 O 点的矩。

先求力臂 d。为此作力作用线的反向延长线，交梁于 C 点。由图 1.12(a) 不难发现：

$$d = OD = OC\sin30° = (OB - BC)\sin30° = (4m - 1m \times \cot30°) \times \sin30° = 1.134m$$

所以

$$M_O(F) = Fd = 100N \times 1.134m = 113.4N \cdot m$$

由上述计算可知，直接确定力臂较麻烦。为此，提出了合力矩定理，它可方便地解决这个问题。

平面共点力系的合力对平面内任一点的矩等于各分力对该点的矩的代数和，这就是合力矩定理。

现在应用该定理来求解上述问题。如图 1.12(b) 所示，先把 $\boldsymbol{F}$ 正交分解，则

$$M_O(\boldsymbol{F})=M_O(\boldsymbol{F_x})+M_O(\boldsymbol{F_y})=(-100\cos30°\times1+100\sin30°\times4)\text{N}\cdot\text{m}=113.4\text{N}\cdot\text{m}$$

计算结果为正，说明力矩的转向为逆时针。

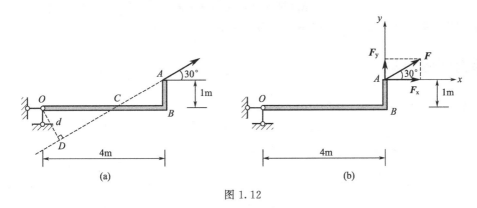

图 1.12

力偶（couple）是静力分析中的又一个重要概念。

在日常生活和生产中，人们常施加等值、反向、不共线的两个力使物体转动。如图 1.13 所示，司机用双手操作方向盘，木工用丁字头螺钉钻孔，人们开、关水龙头等。

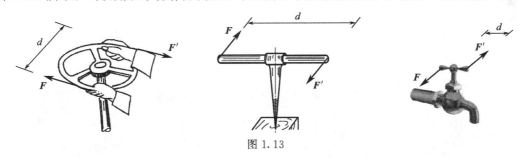

图 1.13

把这种作用在同一刚体上大小相等、方向相反、作用线不重合的两个力所组成的力系称为力偶。

值得提出的是，组成力偶的两个力既不能相互平衡，也不能合成为一个力（因为力偶可引起转动）。所以，力偶是一个最简单的力系。力偶与单个力一样是构成力系的基本元素。

力 $\boldsymbol{F}$ 和 $\boldsymbol{F'}$ 组成一个力偶，记作（$\boldsymbol{F}$、$\boldsymbol{F'}$）。

二、力偶矩

力偶中两力作用线之间的垂直距离 d 称为力偶臂（arm of couple）。力偶所决定的平面称为力偶的作用平面。

力偶对物体所产生的转动效应由组成力偶的力的大小与力偶臂的乘积，即力偶矩（moment of couple）所决定。力偶矩是一代数量，正负号表示力偶的转向。其规定与力矩完全一样：逆时针转向为正；顺时针转向为负。力偶矩记作 $M(\boldsymbol{F}、\boldsymbol{F}')$，或简记为 M，则有

$$M(\boldsymbol{F}、\boldsymbol{F}')=M=\pm Fd \tag{1.5}$$

力偶矩的单位也与力矩的单位相同，为 N·m 或 kN·m。

三、力偶的性质

性质1 力偶没有合力，故力偶只能由力偶去平衡。

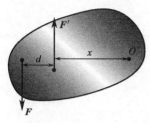
图 1.14

性质2 力偶对其作用平面内任一点的矩恒等于力偶矩，即与矩心的位置无关。

如图 1.14 所示，O 为刚体内任何一点，并且在力偶（$\boldsymbol{F}$、$\boldsymbol{F}'$）的作用平面内。力偶的力偶臂为 d，所以力偶（$\boldsymbol{F}$、$\boldsymbol{F}'$）的力偶矩为 $M=Fd$。设矩心 O 到力 $\boldsymbol{F}'$ 作用线的垂直距离为 x。

力偶（$\boldsymbol{F}$、$\boldsymbol{F}'$）对 O 点的力矩记为 $M_O(\boldsymbol{F}、\boldsymbol{F}')$，是力 $\boldsymbol{F}$ 和 $\boldsymbol{F}'$ 分别对 O 点力矩的代数和，其值为

$$M_O(\boldsymbol{F}、\boldsymbol{F}')=M_O(\boldsymbol{F})+M_O(\boldsymbol{F}')=F(x+d)-Fx=Fd$$

性质3 作用在刚体内同一平面上的两个力偶相互等效的充分必要条件是它们的力偶矩相等。

性质3说明：

① 力偶在作用面内的位置不是决定力偶效应的特征，可以把力偶在作用面内任意移动和转动；

② 力偶臂和力的大小也不是决定力偶效应的特征值，力偶中的力和力偶臂可以同时改变，只要不改变力偶矩的代数值就行。也就是说，唯一决定力偶效应的特征量是力偶矩的代数值。

图 1.15 给出了几种力偶相互等效的情况。今后为了方便，力偶常用力偶矩来代表[图 1.15(c)、(d)]。

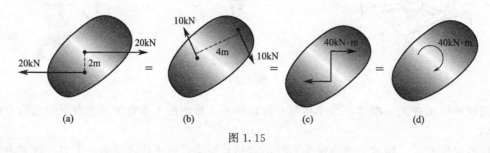
图 1.15

第四节 约束、约束的基本类型

当物体与其他物体相互接触时，物体的运动会受到限制，它在空间某一方向的运动成为不可能，这样的物体称为非自由体。例如，地面上的建筑物，被活页固定在窗框上的窗扇以及沿轨道行驶的火车都属于非自由体；而另一类物体，例如，飞行中的飞机、炮弹等，它们

的运动没有受到限制，属于自由体。

力学中在研究非自由体的运动和受力时，把限定其运动的其他物体称为约束（constraint）。当非自由体在力的作用下沿着被限定运动的方向有运动趋势时，约束将对该物体施加一个与运动趋势方向相反的作用力，以阻止运动的发生，这样的力称为约束反力（constraint reaction），简称反力或约束力。所以约束反力的方向总是和非自由体上该约束所要阻挡的位移方向相反。

为区别起见，约束反力以外的力统称为主动力，工程上又称为荷载（load）。约束反力的作用点和方向由约束本身的特点以及被约束物体的相对运动趋势所决定。约束反力的大小由施加于物体上的主动力大小以及物体的运动状态所决定，所以约束反力是被动力。

工程中的物体大都是非自由体，而平衡问题又是静力分析的主要问题。因此，研究非自由体的平衡问题是很重要的。在这些问题中，主动力是彼此独立且常常是给定的；约束反力则往往是未知的，它受主动力的支配而需要利用平衡条件和其他物理定律来加以确定。这样，静力分析的实际问题往往表现为如何运用平衡条件，根据已知的主动力去求未知的约束反力，以作为工程设计、校核的依据。

约束反力是由物体间的相互接触引起的，因此，约束反力的作用位置一定在两物体的接触处。如果是以点接触，则接触点就是约束反力的作用点。至于约束反力的方向可以通过它所阻碍物体的相对运动趋势方向来判断，为此需要弄清楚约束反力的几何物理性质。下面介绍几种简单而常见的约束类型，说明它们的特征。为了突出约束反力，并考虑到主动力的任意性，在有的图上只画出了约束反力。

一、柔体约束

由张紧的柔绳、链条等柔软物所构成的约束称为柔体约束。柔体约束本身只能承受拉力，即只限定物体沿绳索中心线离开绳索方向的运动。其约束反力作用于柔体与物体的连接点，其方向沿绳索方向而背离物体。柔体约束的约束反力通常用符号 F_T 来表示（图1.16）。

二、光滑面约束

若一个物体与另一物体互相接触，当接触处的摩擦力很小，可以忽略不计时，它们之间构成的约束称为光滑面约束（图1.17）。这种约束只能限制物体沿着接触面公共法线方向指向约束内部的运动。其约束反力通过接触点，沿公共法线指向物体一侧。这种约束反力通常用符号 F_N 来表示。

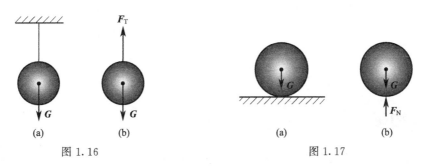

图1.16   图1.17

三、圆柱形铰链约束

在两个构件上各钻有同样大小的圆孔，并用圆柱形销钉连接起来（图 1.18）。销钉阻止了构件彼此之间沿孔径方向的相对移动，但可以绕销钉做相对转动。这种约束称为圆柱形铰链约束，简称铰链约束，或更简单地称为铰链、铰。图 1.18(d) 是它的简化示意图。

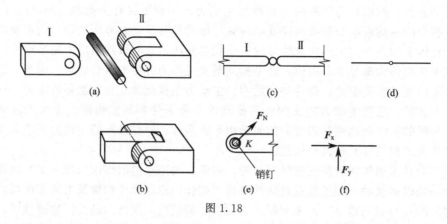

图 1.18

当两个构件有沿销钉径向相对移动的趋势时，销钉与构件以光滑面接触，所以，销钉给构件的约束反力 F_N 沿接触点 K 的公共法线方向，通过圆孔中心指向构件 [见图 1.18(e)]。由于接触点 K 一般不能预先确定，故约束反力 F_N 的方向也不能预先确定。在受力分析时，通常把这种大小和方向都待求的力用两个互相垂直的分力 F_x 和 F_y 来表示 [见图 1.18(f)]。

四、链杆约束

两端用铰链与其他物体相连的刚性杆件，构成链杆约束。链杆阻止被连接物体之间沿链杆轴线方向的相对运动，其约束反力方向沿杆件中心线方向，通过两端的铰接点（图 1.19）。

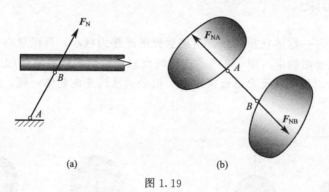

图 1.19

五、支座约束

将结构与基础或其他支承物连接起来以固定结构位置的装置，叫作支座。支座约束的约束反力又称为支座反力。

（一）固定铰支座

圆柱形铰链所连接的两个构件中，如果有一个被固定在基础上（图1.20），便构成了固定铰支座。

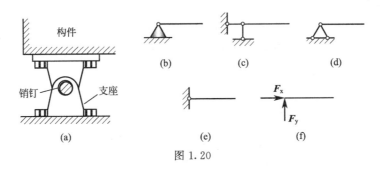

图 1.20

固定铰支座的约束反力通过铰链的中心，但大小和方向都是未知待求的，可用符号 F_R 表示，也可用两个互相垂直的分力 F_x 和 F_y 来表示。图1.20(a) 为其实物图；图1.20(b)～(e) 为其计算简图；图1.20(f) 为其约束反力的表示方法。

（二）活动铰支座

在固定铰支座下部用几个圆柱形滚子支承在光滑的平面上（图1.21），便形成活动铰支座。活动铰支座可以在支承面上自由滑动，它只能阻止物体沿着支承面法线方向的运动。其约束反力垂直于支承面。图1.21(a) 为其实物图；图1.21(b)～(d) 为其计算简图；图1.21(e) 为其约束反力的表示方法。

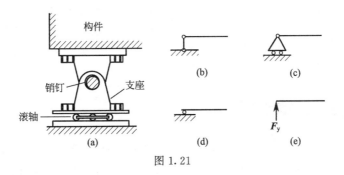

图 1.21

（三）固定端约束（固定支座）

建筑物的雨篷或阳台梁的一端牢固地嵌入墙内 ［图1.22(a)］，墙对它们的约束使其

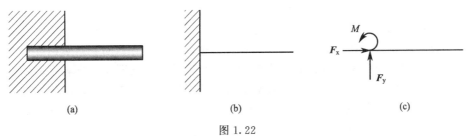

图 1.22

既不能移动，也不能转动，这样的约束称为**固定端约束**，固定端约束也叫固定支座。计算简图如图 1.22(b) 所示。固定端约束的约束反力为一个方向待定的约束力和一个转向待定的约束力偶。约束反力通常用两个互相垂直的分力 F_x 和 F_y 来表示；力偶通常用 M 表示[图 1.22(c)]。

（四）定向支座

这种支座只允许沿某一方向发生移动，而其余方向不允许发生任何移动和转动。在限制移动的方向上的约束反力和限制转动方向上的力矩是两个未知量。图 1.23(a) 为该支座的实物图；图 1.23(b) 为其计算简图。这种支座主要用在结构分析中。

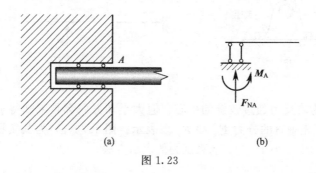

图 1.23

第五节 力学计算简图

在现实生活中，实际结构是很复杂的，完全按照结构的实际情况进行力学分析是不可能的，也是不必要的。因此，为了便于计算，在对实际结构进行力学分析之前，必须作某些简化和假定。略去一些次要因素的影响，反映其主要特征，用一个简化了的图形来代替实际结构，这种图形称为力学计算简图或计算简图。所以，计算简图是对实际结构的抽象描述，是进行力学分析的重要依据。

一、确定计算简图的原则

工程上所说的对结构进行受力分析，实际上就是对计算简图的受力分析，结构或构件（即组成结构的元件）的各种计算都是在计算简图上进行的。因此，计算简图选择得正确与否，不仅直接影响计算工作量和精确度，而且若计算简图选择不当，可能会使计算结果产生较大偏差，甚至造成工程事故，所以对计算简图的选择应慎重。一般确定计算简图要遵循下列原则：

① 略去次要因素，便于分析和计算；
② 尽可能反映实际结构的主要受力、变形特征。

上述两条原则看起来很简单，但实际操作时却很困难。一方面需要对结构有很深入的理解；另一方面还要善于分析主要因素和次要因素的相互关系。这对于初学者来说是很难掌握的，现在只要求学好工程上已经成熟的计算简图的选择思路，会画常见的结构计算简图。因为随着知识的积累，实际经验的增多，分析能力的增强，自然会逐渐提高选取计算简图的能力。

二、杆件的简化

杆件结构中的杆件，由于其截面尺寸通常远小于杆件的长度。在计算简图中，杆件可用其轴线表示，杆件的长度按轴线交点间的距离计取。杆件的自重或作用于杆件上的荷载，一般可近似地按作用在杆件轴线上去处理。轴线为直线的梁、柱等构件可用直线表示；曲杆、拱等构件的轴线为曲线的，则可用相应的曲线表示。

三、结点的简化

由于杆件是通过相互连接而构成结构的，杆件之间的连接区及杆件与基础的连接区，通常称为结点。由不同材料制作的结构，在杆件的连接方式上有不同的做法，形式很多。根据它们的受力变形特点，在计算简图中常归纳为以下三种。

（一）铰结点

铰结点的特征是被连接的杆件在连接处不能相对移动，但可绕结点中心相对转动，即可以传递力，但不能传递力矩。在计算简图中，铰结点用一个小圆圈表示，如图 1.24 中的 A、B、E、G 结点。

（二）刚结点

刚结点的特征是被连接的杆件在连接处既不能相对移动，也不能相对转动，即可以传递力，也可以传递力矩，如图 1.24 中的 C、D、H 结点。

（三）组合结点

若干杆件汇交于同一结点，当其中某些杆件连接视为刚结点，而另一些杆件连接视为铰结点时，便形成组合结点，如图 1.24 中的 F 结点。

二维码4

1.1　刚结点（螺栓连接）

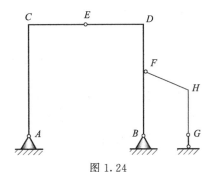

图 1.24

第六节　受力分析和受力图

在求解建筑力学问题时，一般首先要根据问题的已知条件和待求量，选择一个或几个物体作为研究对象，然后分析它受到哪些力的作用，其中哪些是已知的，哪些是未知的，此过程称为受力分析。通常在受力分析前，还须将研究对象所受的约束解除，把它从周围物体中分离出来。分离后的研究对象称为隔离体。受力分析时要在隔离体上根据已知条件画出所有的主动力，并根据约束的性质在被解除约束处画出所有的约束反力。所得到的表示物体受力状况的图称为受力图。

确定研究对象，正确进行受力分析并画出受力图是解决很多力学问题的关键步骤。下面通过几个例题来说明如何对物体进行受力分析和画受力图。

例 1.1 如图 1.25(a) 所示，试分析梁 AB 的受力情况，并画出受力图。

解： 梁的一端受到固定铰支座约束，而另一端受到活动铰支座约束，这种梁称为简支梁 [图 1.25(b)]，它是土木工程中常见的一种结构。

为了分析物体 AB 的受力情况，首先把 AB 分离出来，画出隔离体 [图 1.25(c)]。

① 先画主动力（也称为荷载），本题的主动力 F 在土木工程中叫集中力或集中荷载，它是工程中常见的荷载之一。因为主动力一般都是已知的，所以主动力照原样画出即可。

然后再画约束反力，在 A 位置由于是固定铰支座约束，可如前所述画两个约束反力 F_{Ax} 和 F_{Ay}。而在 B 位置为活动铰支座约束，只画一个 F_B 即可。

② 注意到梁 AB 实际上只受三个力的作用：A 端的支座反力 F_A、集中荷载 F 和 B 端的支座反力 F_B。还可以利用三力汇交原理，画梁 AB 受力图的另一种形式。由于集中力 F 和 B 端的支座反力 F_B 的方向是确定的，可画出它们的交点 O [图 1.25(d)]。连接 AO 就得到 F_A 的方向，即可画出 F_A。

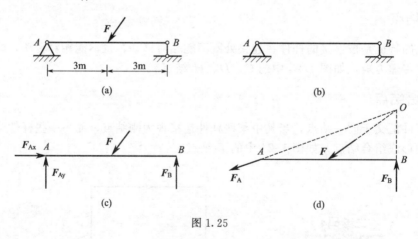

图 1.25

例 1.2 如图 1.26(a) 所示为土木工程中又一种常见的结构形式，称为桁架。

桁架须满足如下两个条件：①组成桁架的每根杆件，其两端必须是通过铰链相互连结或与基础相连结，即每个结点均为铰结点；②作用在桁架上的荷载必须通过结点。因此，组成桁架的每一根杆件均为二力构件。

为了求各杆件的受力情况，有时需分析各结点的受力情况。试分析图中结点 E、D 和 C 的受力情况，并画出受力图。

解： 由于每根杆件均为二力构件，所以各杆件对结点的力的方向必定沿杆件的轴线方向。此时的力有两种可能：要么是拉力，要么是压力。我们可假设所有的力均为拉力，而实际方向可由计算确定。为了和后继内容相一致，对于承受轴向拉（压）力的杆件，其所受的力我们用符号 N 来表示。先画出隔离体，按此方法分别画出结点 E、C、D 的受力图，见图 1.26(b)～(d)。

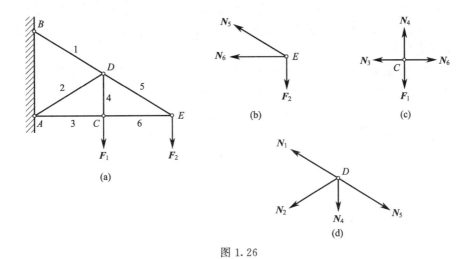

图 1.26

例 1.3　如图 1.27(a) 所示为土木工程中又一种常见的结构形式，称为刚架。之所以叫刚架是因为有刚结点 C 存在。试分析图中刚架 ACB 的受力情况，并画出受力图。

解：　在刚架的 AC 部分作用有均布荷载 q。所谓的均布荷载是指均匀分布在一定体积、面积或长度上的荷载，如风荷载、雪荷载及构件的自重等。均布荷载的大小用力的集度 q 来表示。在建筑力学中常用的均布荷载为线均布荷载，即荷载均匀分布在狭长面积或体积上，其单位为 N/m 或 kN/m。

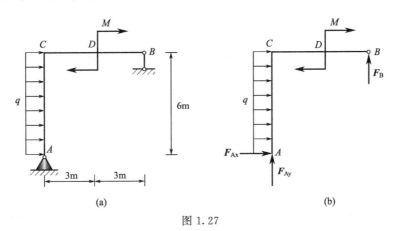

图 1.27

与均布荷载相对应的是非均布荷载，如水库中的水对坝体的压力，它的集度随水深成正比增大，从水面到水底其集度呈三角形分布；若只研究中间某一段水体，就是梯形分布。

在刚架的 CB 部分作用有集中力偶 M。所谓集中力偶是指力偶作用在某一固定点(图 1.27 中的 D 点)。要注意正确理解集中力偶作用位置的固定与力偶性质 3 第一条的说明：力偶在作用面内的位置不是决定力偶效应的特征，它可以在作用面内任意移动和转动。在静力分析中，一切物体均看成刚体，此时力偶的位置与静力计算无关；但对于变形体来说，集中力偶的作用位置，是不能随意动的。所以要特别注意：在利用静力分析求解支座反力时，力偶可在其作用面内任意移动和转动，但是在计算后继内容的内力、应力时，其位置是不允许移动的。

集中荷载、均布荷载和集中力偶是建筑工程中最常见的三种荷载。

下面分析刚架 *ACB* 的受力情况。首先，把刚架 *ACB* 分离出来，画出隔离体［图 1.27（b）］；然后分析其受力：*A* 处为固定铰支座，约束反力用 F_{Ax} 和 F_{Ay} 表示；*B* 处为活动铰支座，约束反力用 F_B 表示。

例 1.4 如图 1.28(a) 所示也是土木工程中常见的结构形式，叫多跨静定梁。试分析图中梁 *AD*、梁 *DE* 和整个梁 *ADE* 的受力情况，并画出受力图。

解： 首先，把梁 *DE*、梁 *AD* 和整个梁 *ADE* 分别分离出来，画出隔离体［图 1.28（b）、（c）］；然后再分析其受力：先画主动力，再画约束反力。

通过前面几个例题的受力分析过程发现，尽管结构、荷载复杂多样，但画受力图时，只是把它们照搬下来；而画支座反力一般又只与支座有关。因此，画受力图尽管非常重要，但并不困难。

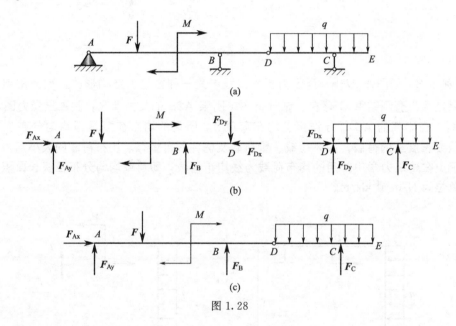

图 1.28

📖 小结

一、基本概念

① **刚体**：在力的作用下不产生变形的物体。若无特别说明，前三章中的所有物体均可看成刚体。

② **力**：力是物体间的相互作用。

③ **力矩**：力矩等于力与力臂的乘积。力矩是代数量。

$$M_O(F) = \pm Fd$$

其中 *O* 称为矩心。规定：逆时针转动的力矩为正，顺时针转动的力矩为负。

④ **力偶**：大小相等、方向相反、作用线不重合的两个力所组成的力系称为力偶。它对物体只产生转动效应，可用力偶矩来度量。

$$M(F, F') = M = \pm Fd$$

其正负的规定同力矩。

力偶是一个最简单的力系，力偶没有合力，力偶只能由力偶去平衡。

二、基本理论

① 合力矩定理：平面共点力系的合力对平面内任一点的矩等于各分力对该点的矩的代数和。

② 静力学公理：包括二力平衡公理、加减平衡力系公理、两个共点力合成的平行四边形法则、作用力与反作用力公理和刚化原理。静力学公理揭示了力的性质和力对物体作用的基本规律，是建立静力学理论体系的基础。

三、约束与约束反力

① 有一个未知数的约束：光滑面约束、柔体约束、活动铰支座、链杆约束。

② 有两个未知数的约束：圆柱形铰链约束、固定铰支座、定向支座。

③ 有三个未知数的约束：固定端约束。

能准确画出每一种约束的约束反力是物体受力分析的关键。

四、应用

（一）力矩的计算

力矩的计算有两种方法：直接由定义式计算，它适宜于较简单的情况；当力臂较难确定时，可用合力矩定理。

（二）物体受力分析

画受力图的步骤：

① 把研究对象分离出来，画隔离体；

② 先画主动力；

③ 再画约束反力。

习题

1.1 试分别画出题 1.1 图所示物体 A、杆件 AB、杆件 BC 的受力图。若题中未表明

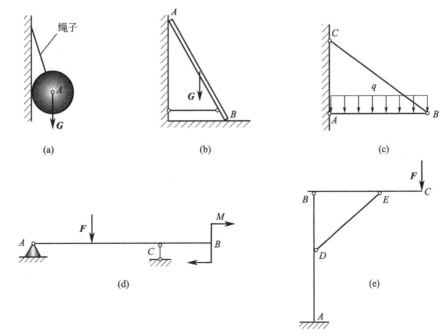

(a)   (b)   (c)

(d)   (e)

题 1.1 图

自重，则重力不计。接触面均光滑。

1.2 试分别画出题 1.2 图所示杆件 *ACE*、杆件 *BDE* 和杆件 *FHG* 的受力图。各杆件自重不计。

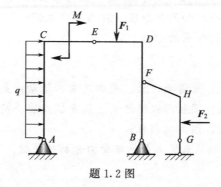

题 1.2 图

1.3 试计算题 1.3 图中 **F** 对 *O* 点的矩。

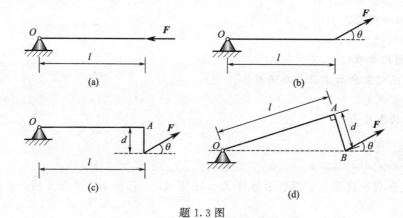

题 1.3 图

第二章 平面汇交力系和平面力偶系

如果作用在刚体上各个力的作用线都在同一平面内，则这种力系称为平面力系。若平面力系中各力的作用线均汇交于一点，则该力系称为平面汇交力系或平面共点力系。若平面力系只由力偶组成，则称该力系为平面力偶系。

本章主要研究平面汇交力系和平面力偶系这两种基本平面力系的合成与平衡问题。

当组成平面力系的各力任意分布时，称为平面一般力系。下一章在研究平面一般力系时，通常把它转化为一个平面汇交力系和一个平面力偶系，因此，本章的内容除了能解决一些实际工程问题外，还有一定的理论意义。

第一节 平面汇交力系的合成

本节所研究的平面汇交力系是平面力系中最简单的一种。在工程中有些问题可转化为平面汇交力系，例如，用结点法计算桁架各杆受力时。

一、平面汇交力系合成的几何法

已经知道，若平面汇交力系由两个力组成，则可用力的平行四边形法则去求它们的合力。若平面汇交力系是由两个以上的力组成时，只要先求出任意两个力的合力，再求这个合力和另一个力的合力，这样继续下去，最后得出的就是这许多力的合力。如图 2.1(a) 所示，F_R 就是 F_1、F_2、F_3 的合力。

从上述作图过程中可以发现，用这样的方法求三个力的合力已经够烦琐了，何况是求更多个共点力的合力。那么有没有较简单的方法呢？

如图 2.1(b) 所示，用几何法求合力，虚线根本没必要画出，只有实线即可。这种方法的描述就是力的多边形法则：以第一个力的末端作为第二个力的起点，把第二个力平移过来；然后再以第二个力的末端作为第三个力的起点，再把第三个力平移过来；这样一直进行下去，直到最后一个力也被平移，把第一个力的起点和最后一个力的末端连起来，并用有向线段表示，即得到该平面汇交力系的合力。合力的作用点也在该力系的公共作用点上。

之所以叫力的多边形法则，是因为最后由 F_1、F_2、$\cdots$、F_n 和合力 F_R 所组成的图形一般为多边形。F_R 是 F_1、F_2、$\cdots$、F_n 的矢量和，可用下式表示：

$$F_R = F_1 + F_2 + \cdots + F_n = \sum F \tag{2.1}$$

力的多边形法则归根结底还是力的平行四边形。只是在用几何法求多个共点力的合力

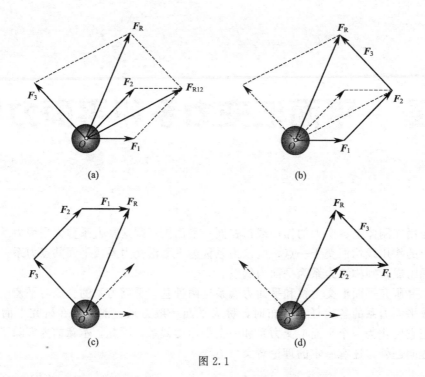

图 2.1

时，前者比后者的效率要高得多。

特殊地，当只求两个共点力的合力时，力的多边形法则照样可以用，只是这时所作的力的多边形表现为三角形，此时，力的多边形法称为力的三角形法则。

应用几何法求合力时要注意以下两点：

① 每个力必须按力的图示的要求来画。最后的合力大小等于有向线段 F_R［见图 2.1(b)］的长度乘各分力共同的比例尺系数，方向可用量角器量取其与某已知力的夹角，因此，用这种方法求合力，肯定有误差。

② 在用力的多边形法则求合力时，其合力与所选择力的顺序无关，见图 2.1(c)、(d)。

几何法求合力的优点是直观、形象，缺点是不够准确。它主要用于定性分析。要想准确求合力可用下面介绍的代数法。

二、平面汇交力系合成的代数法

（一）力在轴上的投影

如图 2.2 所示，自力矢量的始端 A 和末端 B 分别向该力所在的平面内任意轴 x 作垂线，并以 a、b 表示两个垂足，则线段 ab 的长度再冠以适当的正负号，就表示这个力在 x 轴上的投影，并用 F_x 表示。如果从 a 到 b 的指向和 x 轴的正向一致，则 F_x 规定为正［图 2.2(a)］；反之则为负［图 2.2(b)］。

因此，力在轴上的投影是一个代数量。设 F 与 x 轴正方向的夹角为 α，则

$$F_x = F\cos\alpha \qquad (2.2)$$

其中 α 角可为任意角。但当 α 角为钝角时，一般可转换为锐角以方便计算，至于其正负，可以很方便地从图形中确定。如图 2.2(b) 所示，$F_x = F\cos\alpha = -F\cos\theta$。

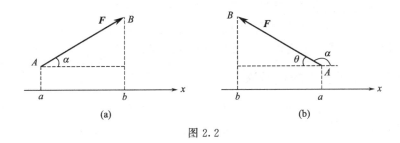

图 2.2

（二）力在平面直角坐标系中的投影

如果把力 F 依次在其作用面内的两个正交轴 x、y 上投影（图 2.3），则有

$$\left. \begin{array}{l} F_x = F\cos\alpha \\ F_y = F\sin\alpha \end{array} \right\} \tag{2.3}$$

式（2.3）与上一章力的正交分解公式完全一样，它们的区别在于：力在正交分解时，各分力是矢量；而力的投影是标量。

（三）合力投影定理

合力在任一轴上的投影，等于各分力在同一轴上投影的代数和，这就是合力投影定理。

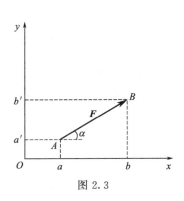

图 2.3

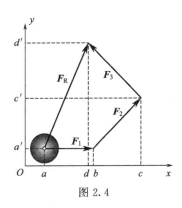

图 2.4

这个定理可从图 2.4 中得到证明。从图中可以看到各分力在 x 轴上的投影分别是

$$F_{1x} = \overline{ab}, F_{2x} = \overline{bc}, F_{3x} = -\overline{cd}$$

而合力 F_R 在 x 轴上的投影是

$$F_{Rx} = \overline{ad}$$

由图中可以看出

$$\overline{ad} = \overline{ab} + \overline{bc} + (-\overline{cd})$$

即

$$F_{Rx} = F_{1x} + F_{2x} + F_{3x} \text{（证毕）}$$

同样在 y 轴上有

$$F_{Ry} = F_{1y} + F_{2y} + F_{3y}$$

请读者自行证明。

合力投影定理更一般的表达式为

$$F_{Rx}=F_{1x}+F_{2x}+\cdots+F_{nx}=\sum F_x \\ F_{Ry}=F_{1y}+F_{2y}+\cdots+F_{ny}=\sum F_y$$
(2.4)

本定理是用代数法求解平面汇交力系合力的理论基础。

（四）平面汇交力系合成的代数法

假设有一平面汇交力系，现要求其合力。为此，首先建立一个合适的平面直角坐标系，为了简化计算，应让尽量多的力位于坐标轴上。然后再把每个力进行投影；并利用式(2.4)求出合力 F_R 在这两个轴上的投影。于是，合力的大小和方向可由式(2.5)、式(2.6) 确定：

$$F_R=\sqrt{F_{Rx}^2+F_{Ry}^2}$$
(2.5)

$$\tan\alpha=\left|\frac{F_{Ry}}{F_{Rx}}\right|$$
(2.6)

式中，α 为合力与 x 轴的夹角，具体指向由 F_{Rx}、F_{Ry} 的正负号判定。

例2.1 已知 F_1、F_2、F_3、F_4 的大小分别为 10kN、20kN、$10\sqrt{2}$ kN 和 6kN，方向如图 2.5(a) 所示。试求此平面汇交力系的合力。

解： 建立如图 2.5(b) 所示的坐标系，使尽量多的力（F_1、F_4）位于坐标轴上。把每个力进行投影：

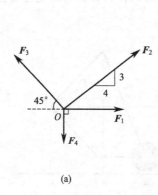

图 2.5

$F_{1x}=10$kN　　　　　　　　$F_{1y}=0$

$F_{2x}=20$kN$\times\dfrac{4}{5}=16$kN　　　　$F_{2y}=20$kN$\times\dfrac{3}{5}=12$kN

$F_{3x}=-10\sqrt{2}$ kN$\times\dfrac{\sqrt{2}}{2}=-10$kN　　$F_{3y}=10\sqrt{2}$ kN$\times\dfrac{\sqrt{2}}{2}=10$kN

$F_{4x}=0$　　　　　　　　　$F_{4y}=-6$kN

则

$$F_{Rx}=F_{1x}+F_{2x}+F_{3x}+F_{4x}=10\text{kN}+16\text{kN}-10\text{kN}+0=16\text{kN}$$

$$F_{Ry}=F_{1y}+F_{2y}+F_{3y}+F_{4y}=0+12\text{kN}+10\text{kN}-6\text{kN}=16\text{kN}$$

$$F_R=\sqrt{F_{Rx}^2+F_{Ry}^2}=(\sqrt{16^2+16^2}\,)\text{kN}=16\sqrt{2}\text{ kN}=22.63\text{kN}$$

$$\tan\alpha=\left|\frac{F_{Ry}}{F_{Rx}}\right|=\frac{16\text{kN}}{16\text{kN}}=1$$

$$\pmb{\alpha}=45°（在第一象限）$$

其合力见图 2.5(b)。

第二节 平面汇交力系的平衡条件和平衡方程

一、平面汇交力系的平衡条件

平面汇交力系平衡的充分必要条件是该力系的矢量和为零。

因为求平面汇交力系合力的方法有两种，所以该平衡条件也表现为两种不同的形式。

（一）平面汇交力系平衡的几何条件

由上一节的讨论结果可知，平面汇交力系在一般情况下将合成一个合力，合力作用在力系的公共作用点上，其大小和方向由各分力矢量首尾相连所组成的力多边形的闭合边确定。当由各分力矢量组成的力多边形自行闭合时，其合力为零，此时平面汇交力系平衡。反之，如果平面汇交力系平衡，则其合力必为零，力多边形自行闭合。

因此，平面汇交力系平衡的几何条件表述为：平面汇交力系平衡的充分必要条件是力多边形自行闭合。

（二）平面汇交力系平衡的解析条件

由上一节的讨论结果我们知道，平面汇交力系合力的大小可由下式确定：

$$F_R = \sqrt{F_{Rx}^2 + F_{Ry}^2} = \sqrt{(\sum F_x)^2 + (\sum F_y)^2}$$

若平面汇交力系平衡，则合力必为零，即

$$F_R = 0$$

由于根号下为两个非负数之和，所以必同时满足：

$$\left. \begin{array}{l} \sum F_x = 0 \\ \sum F_y = 0 \end{array} \right\} \tag{2.7}$$

或分开写为

$$\left. \begin{array}{l} F_{1x} + F_{2x} + \cdots + F_{nx} = 0 \\ F_{1y} + F_{2y} + \cdots + F_{ny} = 0 \end{array} \right\} \tag{2.8}$$

反之，若式（2.7）或式（2.8）成立，则该力系必平衡。即平面汇交力系平衡的解析条件表述为：平面汇交力系平衡的充分必要条件是力系中各力在两个坐标轴上的投影的代数和均等于零。

式（2.7）或式（2.8）又称为平面汇交力系的平衡方程。

二、平面汇交力系平衡方程的应用

由于平面汇交力系的平衡方程是由两个独立的方程组成的，所以，当一个刚体受平面汇交力系作用而处于平衡状态时，可以求解两个未知量。

用平衡方程求解平面汇交力系平衡问题的一般步骤为：

① 分析物体的受力情况，画受力图；

② 建立适当的坐标系，原则是让尽量多的力位于坐标轴上，把没在坐标轴上的力进行投影；

③ 按式(2.7)列方程，解方程。

例2.2 如图2.6(a)所示，已知 F 的大小为60kN，试求支座 A 和 B 的约束反力。

解： 选刚架 ACB 为研究对象，画出隔离体，并分析其受力情况。支座 B 为活动铰支座，所以约束反力 F_B 的方向竖直向上〔图2.6(b)〕。由于刚架只受三个力的作用，由三力汇交原理，F_A 必然通过 F_B 和 F 的交点 B。利用力的可传性，把这三个力的作用点都移到 B 点，就得到一平面汇交力系〔图2.6(c)〕。

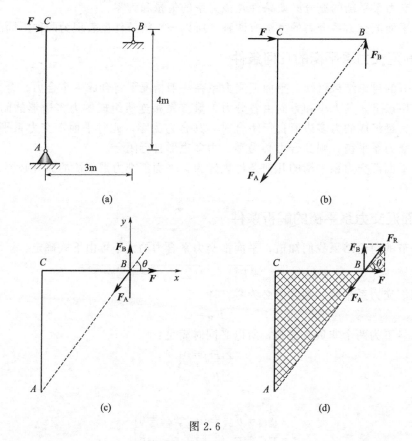

图2.6

解法一： 代数法

建立如图2.6(c)所示的坐标系，投影并列方程为

$$\sum F_x = 0, \quad 60\text{kN} - F_A \cos\theta = 0$$

$$\sum F_y = 0, \quad F_B - F_A \sin\theta = 0$$

同时考虑到 $\cos\theta = 0.6$，$\sin\theta = 0.8$

解上述方程得

$$F_A = 100\text{kN}, F_B = 80\text{kN}$$

所得结果为正，说明图中所设方向与实际方向相同。

解法二： 联用几何法和代数法

如图2.6(d)所示，先用几何法求 F、F_B 的合力，则该合力必是力 F_A 的平衡力，用 F_B 表示。由力 F、F_B 和 F_R 所组成的力的三角形与几何三角形 ABC 相似。所以由比例关

系得

$$\frac{F_B}{F} = \frac{AC}{BC}, \qquad F_B = \frac{AC}{BC}F = \frac{4m}{3m} \times 60kN = 80kN$$

$$\frac{F_A}{F} = \frac{AB}{BC}, \qquad F_A = \frac{AB}{BC}F = \frac{5m}{3m} \times 60kN = 100kN$$

例 2.3 如图 2.7(a) 所示，已知 F 的大小为 29kN，试求支座 A 的约束反力。

解： 选杆件 AC 为研究对象，画出隔离体，并分析其受力情况。杆件 BC 为二力构件，它对杆件 AC 的约束反力 F_{BC} 的方向沿 BC 杆的轴线方向，且设为拉力 [图 2.7(b)]。由于杆件 AC 只受三个力的作用，由三力汇交原理，F_A 必然通过 F_{BC} 和 F 的交点 O。利用力的可传性，把这三个力的作用点都移到 O 点，就得到一平面汇交力系 [图 2.7(c)]。

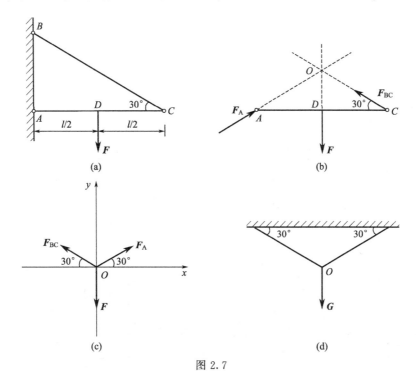

图 2.7

考虑到 $AD = DC$，所以三角形 AOC 为等腰三角形，F_A 和 F_{BC} 与 x 轴所夹角的锐角均为 $30°$。

建立如图 2.7(c) 所示的坐标系，投影并列方程为

$$\sum F_x = 0 \qquad F_A \times \cos30° - F_{BC} \times \cos30° = 0$$
$$\sum F_y = 0 \qquad F_A \times \sin30° + F_{BC} \times \sin30° - 29kN = 0$$

解上述方程得

$$F_A = F_{BC} = 29kN$$

所得结果为正，说明图中所设方向与实际方向相同。

本题所讨论的平面汇交力系为一特殊情况，即由三个力组成的平面汇交力系，若这三个力互成 $120°$ 夹角，当该力系平衡时，则这三个力的大小必定相等。或者说，这属于三力对称的情况。又如图 2.7(d) 所示，两根绳子的张力（拉力）不用计算，就知道等于 G。

例 2.4 如图 2.8(a) 所示，已知 F_1 的大小为 60kN，F_2 的大小为 36kN，试求桁架

中每根杆所受的力。

解： 在画受力图时每个力都是按杆件受拉画出的。当选每个结点为研究对象时，均得到一个平面汇交力系。由于对平面汇交力系只能列两个方程，即只能求解两个未知数，所以结点的选择要有一定的次序，对于本题结点的选择顺序为：E、C、D。

首先选结点 E 为研究对象，画出隔离体，并分析其受力情况 [图 2.8(b)]。

建立如图 2.7(b) 所示的坐标系，并考虑到 $\cos\theta = 0.8$，$\sin\theta = 0.6$，投影并列方程为

$$\sum F_x = 0, \qquad -N_5 \times \cos\theta - N_6 = 0$$
$$\sum F_y = 0, \qquad N_5 \times \sin\theta - 36\text{kN} = 0$$

解上述方程得

$$N_5 = 60\text{kN（受拉）}$$
$$N_6 = -48\text{kN（受压）}$$

计算结果为负，说明杆件 6 受压。

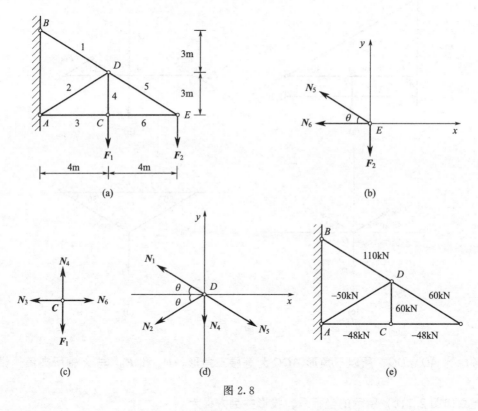

图 2.8

再选结点 C 为研究对象，画出隔离体，并分析其受力情况 [图 2.8(c)]。因为四个力互相垂直，不用列方程可直接得到：

$$N_3 = N_6 = -48\text{kN（受压）}$$
$$N_4 = F_1 = 60\text{kN（受拉）}$$

最后选结点 D 为研究对象，画出隔离体，并分析其受力情况 [图 2.8(d)]。建立如图 2.8(d) 所示的坐标系，投影并列方程为

$$\sum F_x = 0 \qquad N_5 \times \cos\theta - N_1 \times \cos\theta - N_2 \times \cos\theta = 0$$
$$\sum F_y = 0 \qquad N_1 \times \sin\theta - N_2 \times \sin\theta - N_5 \times \sin\theta - N_4 = 0$$

代入数据有

二维码5

2.1　例题 2.4
计算机求解

$$60\text{kN} \times 0.8 - N_1 \times 0.8 - N_2 \times 0.8 = 0$$
$$N_1 \times 0.6 - N_2 \times 0.6 - 60\text{kN} \times 0.6 - 60\text{kN} = 0$$

解上述方程得

$$N_1 = 110\text{kN}(\text{受拉})$$
$$N_2 = -50\text{kN}(\text{受压})$$

对于桁架，一般都是把所计算出的每根杆所受的力用一带正负号的数值标在该杆的一侧〔见图 2.8(e)〕。

第三节 平面力偶系的合成和平衡方程

一、平面力偶系的合成

平面力偶系是指组成平面力系的全是力偶。如图 2.9 所示的用多轴立钻同时加工某工件四个孔时的情形。

如图 2.10 所示，在一刚体上作用有两个力偶 M_1 和 M_2，设它们分别为 $-16\text{kN} \cdot \text{m}$ 和 $20\text{kN} \cdot \text{m}$。那么它们的合成结果如何呢？这里先给出结论，然后再作一简单的证明。

平面内任意多个力偶均可以合成一个力偶。合力偶的力偶矩等于各分力偶力偶矩的代数和。写成公式有

$$M = M_1 + M_2 + \cdots + M_n = \sum M \tag{2.9}$$

现结合图 2.10 给一简单的证明。

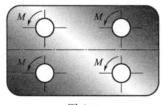

图 2.9

图 2.10

当只作用有 $M_1 = -16\text{kN} \cdot \text{m}$ 时，由力偶的性质，M_1 可表示成如图 2.11 所示的那样。同样地，当只作用有 $M_2 = 20\text{kN} \cdot \text{m}$ 时，M_2 也可表示成如图 2.12 所示的那样。

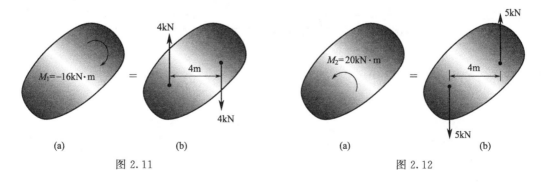

图 2.11　　　　　　　　　　　　　　　　　图 2.12

当同时作用有 $M_1 = -16\text{kN} \cdot \text{m}$，$M_2 = 20\text{kN} \cdot \text{m}$ 时，可转换为如图 2.13 所示的情况。

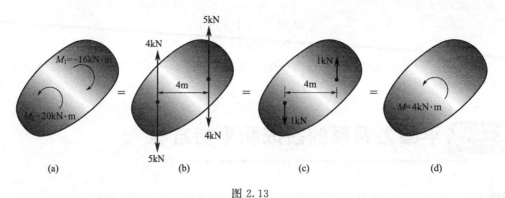

图 2.13

通过一系列转化，$M_1 = -16\text{kN} \cdot \text{m}$，$M_2 = 20\text{kN} \cdot \text{m}$ 最终合成为 $M = 4\text{kN} \cdot \text{m}$，正好等于 $M_1 + M_2$。

二、平面力偶系的平衡方程

与平面汇交力系的平衡条件类似，平面力偶系的平衡条件是：平面力偶系平衡的充分必要条件是组成力偶系的各分力偶的力偶矩的代数和为零，即

$$M_1 + M_2 + \cdots + M_n = 0 \quad 或 \quad \sum M = 0 \tag{2.10}$$

式（2.10）又称为平面力偶系的平衡方程。

三、平面力偶系平衡方程的应用

求解物体在平面力偶系作用下的平衡问题时，一定要注意：力偶只能由力偶去平衡。

例 2.5 求如图 2.14(a) 所示简支梁的约束反力。

解： 隔离梁 AB，并考虑到力偶只能由力偶去平衡，所以 F_A 和 F_B 组成一力偶，且其转向与已知的力偶转向相反，见图 2.14(b)。

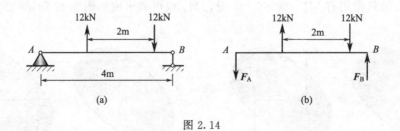

图 2.14

由平衡方程 $\sum M = 0$ 得

$$F_A \times 4\text{m} - 12\text{kN} \times 3\text{m} = 0$$

解得

$$F_A = 9kN(\downarrow)$$

$$F_B = 9kN(\uparrow)$$

从本题的计算过程中可以看到，力偶的具体位置与支座反力无关。

小结

本章主要研究了两种特殊力系——平面汇交力系、平面力偶系的合成与平衡问题。

一、平面汇交力系

（一）平面汇交力系的合成

① 几何法：用力的多边形法则求合力。特点是形象、直观，但不精确。主要用在定性分析上。

② 代数法：用合力投影定理求合力。这是一种精确方法，也是常用的方法。

$$\left.\begin{array}{l} F_{Rx} = F_{1x} + F_{2x} + \cdots + F_{nx} = \sum F_x \\ F_{Ry} = F_{1y} + F_{2y} + \cdots + F_{ny} = \sum F_y \end{array}\right\}$$

$$F_R = \sqrt{F_{Rx}^2 + F_{Ry}^2}, \quad \tan\alpha = \left|\frac{F_{Ry}}{F_{Rx}}\right|$$

（二）平面汇交力系的平衡条件

① 几何条件：力的多边形闭合。

② 解析条件：$\left.\begin{array}{l} \sum F_x = 0 \\ \sum F_y = 0 \end{array}\right\}$

二、平面力偶系

① 平面力偶系的合成：平面内任意多个力偶均可以合成一个力偶。合力偶的力偶矩等于各分力偶的力偶矩的代数和，即

$$M = M_1 + M_2 + \cdots + M_n = \sum M$$

② 平面力偶系的平衡：平面力偶系平衡的充分必要条件是组成力偶系的各力偶的力偶矩的代数和为零，即

$$\sum M = 0$$

三、应用

① 求解平面汇交力系的合力；

② 利用平面汇交力系的平衡方程求解约束反力；

③ 能求解平面力偶系的合力偶矩；

④ 利用平面力偶系的平衡方程求解约束反力。

习题

2.1 已知 F_1、F_2、F_3、F_4 的大小分别为10kN、20kN、5kN 和12kN，方向如题2.1图所示。试求此平面汇交力系的合力。

2.2 题2.2图所示刚架在 D 点受水平力 F 的作用，刚架的自重不计，试求支座 A 和

B 的支座反力。

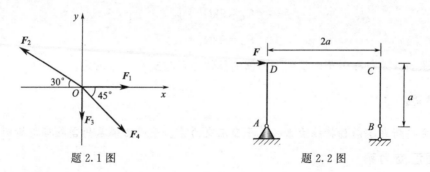

题 2.1 图　　　　　　　　题 2.2 图

2.3　题 2.3 图所示杆 AC、BC 在 C 处用铰链连接，已知 $F_1=50\text{kN}$，$F_2=36\text{kN}$，试求两杆所受的力。

2.4　设有力偶作用于同一刚体，如题 2.4 图所示。已知 $F_1=200\text{N}$，$F_2=600\text{N}$，$F_3=400\text{N}$，试求合力偶矩。

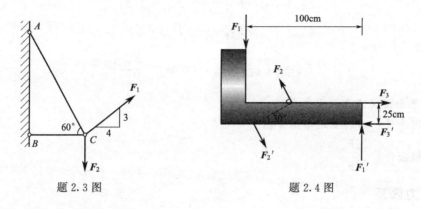

题 2.3 图　　　　　　　　题 2.4 图

2.5　求题 2.5 图所示各梁的支座反力。

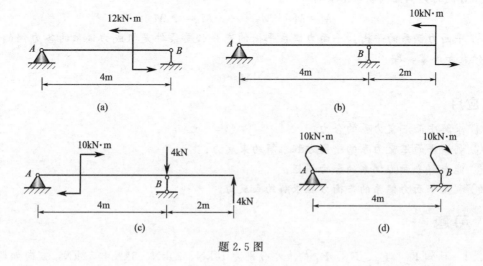

题 2.5 图

第三章 平面一般力系

当组成平面力系的各力任意分布时，此力系称为平面一般力系。上一章所研究的平面汇交力系和平面力偶系均为平面一般力系的特例。工程中的大量问题，包括某些空间结构，在力学分析时都可转化为平面一般力系，因此，研究平面一般力系具有特别重要的意义。

本章主要研究平面一般力系的简化和平衡问题，最终目的是能准确计算各种约束反力。

第一节 力的平移定理

设力 F 作用于刚体上的 A 点，见图 3.1(a)，B 是力的作用平面内的任意一点。根据加减平衡力系公理，可在 B 处加上一对平衡力 F_1 和 F_2，并且使 $F_1 = F$，$F_2 = -F$，见图 3.1(b)。现在的刚体可看成力 F_1 和一个力偶（F，F_2）的共同作用。力 F_1 作用在指定点 B，它可由原力 F 平移到 B 点得到；而力偶可根据力偶的性质用力偶矩 M 代替，则

$$M = -Fd = M_B(F)$$

即力偶矩等于原力 F 对指定点 B 的矩，这个力偶称为附加力偶，见图 3.1(c)。这样就完成了力的平移。

作用于刚体上的力，可以平行移动到力的作用平面内的任意一点，但必须附加一力偶才能与原作用力等效，此附加力偶的力偶矩等于原作用力对新作用点的矩。这就是力的平移定理。

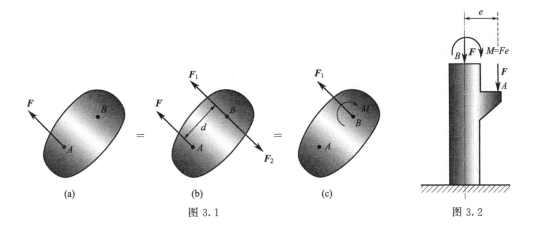

图 3.1   图 3.2

根据力的可传性，一个力可在刚体内无附加条件地沿其作用线任意移动。但如果要这个

力越过其作用线而平移到其他位置，由力的平移定理则必须加一附加力偶。如图 3.2 所示为一牛腿柱的示意图，荷载作用在 A 位置，为了研究其对柱的作用，常把它平移到柱的轴线处，如图 3.2 所示的 B 位置，这样就得到一个与原力大小相等的力和一个力偶，力偶的力偶矩 $M=-Fe$，其中 e 为原力到柱子轴线的距离（称为偏心距）。在位置 B 的力对柱子只产生一个轴向压缩的效果；而力偶则产生使柱子顺时针转动的效果。试感觉当力 F 作用在 A 位置时，它对柱子的作用效果与前述的效果是否相同。

值得说明的是，力的平移定理相当于把一个力分解成一个力和一个力偶，即由图 3.1(a) 转化成图 3.1(c)；反之，同一平面内的一个力和一个力偶也可转化成一个力，即也可由图 3.1(c) 转化成图 3.1(a)。

第二节 平面一般力系的简化

一、平面一般力系向一点简化

现在，根据力的平移定理来研究平面一般力系向一点简化的问题。

设在刚体上作用着平面一般力系 F_1、F_2、$\cdots$、F_n，各力的作用点分别为 A_1、A_2、$\cdots$、A_n。为了简明起见，在图 3.3 中只画了三个力的情况。

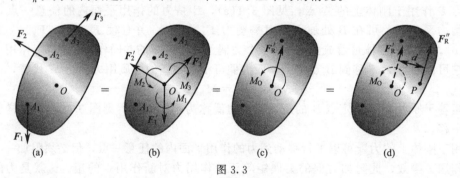

图 3.3

在力系平面内任取一点 O，这个点称为简化中心。把力系中的每一个力都平移到简化中心 O，根据力的平移定理，每个力还必须附加一个力偶 [图 3.3(b)]。于是，原力系等效于一个作用点在 O 点的平面汇交力系和一个平面力偶系。

平面汇交力系 F_1'、F_2'、$\cdots$、F_n' 可合成为一个合力 F_R'，也作用于 O 点，且 F_R' 可表达成

$$F_R'=F_1'+F_2'+\cdots+F_n'=F_1+F_2+\cdots+F_n=\sum F \tag{3.1}$$

力系中各力的矢量和称为该力系的主矢，主矢和简化中心 O 的位置无关。因此，F_R' 的撇可省去不写。F_R 的大小和方向可由上章介绍的几何法或代数法求出。

平面力偶系可以合成为一个力偶，其力偶矩记为 M_O，且它为

$$M_O=M_O(F_1)+M_O(F_2)+\cdots+M_O(F_n)=\sum M_O(F) \tag{3.2}$$

力系中各力对简化中心的矩的代数和称为该力系对该点的主矩。当简化中心的位置变化时，其主矩一般也要发生变化，因此，式(3.2) 中的 O 不能省去。

综上所述，平面一般力系向其作用面内任意一点简化后，一般得到一个力和一个力偶。这个力矢量等于力系中各力的矢量和，即力系的主矢，且主矢和简化中心 O 的位置无关；这个力偶的力偶矩等于各力对简化中心的矩的代数和，即力系对简化中心的主矩，且主矩一

般与简化中心的位置有关。

二、平面一般力系的简化结果

平面一般力系向一点简化后，可能出现下列四种情况：

① 主矢不等于零，而主矩等于零，即

$$\boldsymbol{F}_R \neq 0, \quad M = 0$$

此时力系合成一个合力，其大小和方向由主矢确定并通过简化中心。

② 主矢等于零，而主矩不等于零，即

$$\boldsymbol{F}_R = 0, \quad M \neq 0$$

此时力系合成一个力偶，其力偶矩与主矩相等。由于力偶可在其作用平面内任意移动和转动，所以该力系的简化结果与简化中心无关。

③ 主矢不等于零，而主矩也不等于零，即

$$\boldsymbol{F}_R \neq 0, \quad M \neq 0$$

这是一般的结果。由上节已经知道，一个力和一个力偶不是最终的简化结果，它仍可继续合成一个力，见图 3.3(d)。这时作用在 O 点的 $\boldsymbol{F}_R$ 和 M_O 合成为作用在 P 点的一个力（其中 P 点到 $\boldsymbol{F}_R$ 作用线的垂直距离 $d = |M_O|/F_R$，至于 P 点是在 O 点以左还是以右，可由 M_O 的转向确定），为了区分用 $\boldsymbol{F}_R''$ 表示。实际上 $\boldsymbol{F}_R''$ 和 $\boldsymbol{F}_R$ 大小相等，方向一致。

也就是说，当主矢和主矩都不等于零时，其最终简化结果与第一种情况相同，即与一个力等效。这时的 $\boldsymbol{F}_R''$ 是真正意义上的合力。可以发现图 3.3(a) 所示的平面一般力系对 O 点的矩 $M_O(\boldsymbol{F}_1) + M_O(\boldsymbol{F}_2) + \cdots + M_O(\boldsymbol{F}_n) = \sum M_O(\boldsymbol{F})$ 就等于图 3.3(d) 所示的该平面一般力系的合力 $\boldsymbol{F}_R''$ 对 O 点的矩 $\sum M_O(\boldsymbol{F}_R'')$。这就证明了一个重要的定理——合力矩定理，即平面一般力系的合力对平面内任一点的矩等于原力系中各个力对该点的矩的代数和。

④ 主矢等于零，主矩也等于零，即

$$\boldsymbol{F}_R = 0, M = 0$$

此时力系平衡。这是下面要重点研究的。

总之，平面一般力系最终的简化结果要么是一个力，要么是一个力偶，要么平衡，只有这三种情况。

三、合力矩定理的应用——确定分布力系合力作用点的位置

例 3.1 试求图 3.4 所示三角形分布荷载的合力大小及其作用点的位置。

解：

(1) 求合力

分布力的集度可表示为

$$q(x) = \frac{q_0}{l}x$$

作用在 dx 微段上的力为

$$dF = q(x)dx$$

所以，合力 $\boldsymbol{F}_R$ 的大小为

$$F_R = \int dF = \int_0^l q(x)dx = \int_0^l \frac{q_0}{l}x dx = \frac{1}{2}q_0 l \quad (3.3)$$

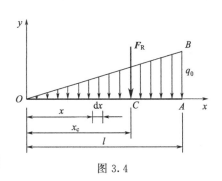

图 3.4

即三角形分布力的合力等于三角形的"面积",加引号是因为其单位是 N(牛顿)而不是通常意义上的 m²(平方米)。该结论适用于任意分布力的情况,即任意分布力的合力都等于它与轴线所包围的面积。

(2)求合力作用点的位置

设该分布力系的合力为 $\boldsymbol{F}_\mathrm{R}$,作用点位置 C 的坐标为 x_C,见图 3.4。

作用在 $\mathrm{d}x$ 微段上的力对 O 点的矩为

$$\mathrm{d}M = x\,\mathrm{d}F = xq(x)\,\mathrm{d}x = \frac{q_0}{l}x^2\,\mathrm{d}x$$

则分布力对 O 点的矩为

$$M_\mathrm{O} = \int_0^l \mathrm{d}M = \int_0^l \frac{q_0}{l}x^2\,\mathrm{d}x = \frac{q_0 l^2}{3}$$

根据合力矩定理

$$F_\mathrm{R}x_\mathrm{C} = \frac{q_0 l^2}{3}$$

把 $F_\mathrm{R} = \dfrac{1}{2}q_0 l$ 代入上式,得 $\dfrac{1}{2}q_0 l x_\mathrm{C} = \dfrac{q_0 l^2}{3}$

$$x_\mathrm{C} = \frac{2}{3}l \tag{3.4}$$

即三角形分布荷载合力的作用点到长边(图 3.4 中的 AB)的距离比到尖端(图 3.4 中的 O)的距离要短,且其比值为 1∶2。

第三节 平面一般力系的平衡方程及其应用

平面一般力系平衡的充分必要条件是:力系的主矢以及其对任一点的主矩都等于零。

主矢等于零相当于 $\sum F_\mathrm{x} = 0$,同时 $\sum F_\mathrm{y} = 0$;主矩等于零,即 $\sum M_\mathrm{O}(\boldsymbol{F}) = 0$。把这三个条件写到一块

$$\left.\begin{array}{l} \sum F_\mathrm{x} = 0 \\[4pt] \sum F_\mathrm{y} = 0 \\[4pt] \sum M_\mathrm{O}(\boldsymbol{F}) = 0 \end{array}\right\} \tag{3.5}$$

式(3.5)称为平面一般力系的平衡方程,这是应用最广的一种形式。另外,平面一般力系的平衡方程还有其他两种形式,即

$$\left.\begin{array}{l} \sum F_\mathrm{x} = 0 \\[4pt] \sum M_A(\boldsymbol{F}) = 0 \\[4pt] \sum M_B(\boldsymbol{F}) = 0 \end{array}\right\} \tag{3.6}$$

且 A、B 连线不和 x 轴垂直。

$$\left.\begin{array}{l} \sum M_A(\boldsymbol{F}) = 0 \\[4pt] \sum M_B(\boldsymbol{F}) = 0 \\[4pt] \sum M_C(\boldsymbol{F}) = 0 \end{array}\right\} \tag{3.7}$$

且 A、B、C 三点不共线。

其中式(3.5)～式(3.7)又分别称为一矩式、二矩式和三矩式。

值得说明的是，尽管上述三式有九个方程，但是真正独立的方程却只有三个，因此，平面一般力系的静力平衡方程只能求解三个未知数。

对于平面汇交力系，由于对其汇交点的力矩为零，所以式(3.5)中的第三式自然满足；只有前两式与平面汇交力系的平衡方程一致，即式(3.5)包含了平面汇交力系的情况。

对于平面力偶系，由于其在任何轴上投影的代数和均为零，所以式(3.5)中的前两式自然满足；只有第三式与平面力偶系的平衡方程一致，即式(3.5)也包含了平面力偶系的情况。

下面举例说明单个物体在平面一般力系作用下的平衡问题。

例 3.2 如图 3.5(a) 所示，已知 F 的大小为 60kN，试求支座 A 和 B 的约束反力。

解： 选刚架 ACB 为研究对象，画出隔离体，并分析其受力情况。支座 B 为活动铰支座，所以约束反力 F_B 的方向竖直向上。支座 A 为固定铰支座，其约束反力可用 F_{Ax} 和 F_{Ay} 表示 [图 3.5(b)]。

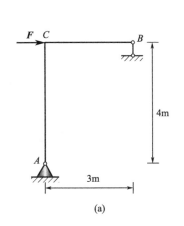 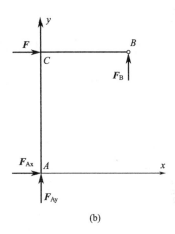

图 3.5

由 $\sum M_A(F) = 0$，得
$$-60\text{kN} \times 4\text{m} + F_B \times 3\text{m} = 0, \quad F_B = 80\text{kN}(\uparrow)$$

由 $\sum F_x = 0$，得
$$F_{Ax} + 60\text{kN} = 0, \quad F_{Ax} = -60\text{kN}$$

负号说明力的方向与图示假设的方向相反，即
$$F_{Ax} = 60\text{kN}(\leftarrow)$$

由 $\sum F_y = 0$，得
$$F_{Ay} + 80\text{kN} = 0, \quad F_{Ay} = -80\text{kN}$$

负号说明力的方向与图示假设的方向相反，即
$$F_{Ay} = 80\text{kN}(\downarrow)$$

讨论： 本题实际是上一章的例 2.2。只不过上一章是按平面汇交力系求解的，解出的是合力；而现在是按平面一般力系求解的，解出的是分力。请读者自行去验证两者等效。

再认真观察图 3.5(b)，它实际上还是个平面力偶系。由 (F, F_{Ax}) 构成一个力偶，因 F 是已知的，所以 $F_{Ax} = 60\text{kN}(\leftarrow)$，且力偶矩为顺时针的 240kN·m；由平面力偶系的平衡条件，肯定有一逆时针的力偶矩和它抵消，此力偶刚好由 F_B 和 F_{Ay} 提供，这两个力的大小均为 240kN·m/3m = 80kN，由力偶矩的转向为逆时针，不难判断 $F_B = 80$kN（↑），$F_{Ay} = 80$kN（↓）。

本题的求解提供了三种方法，不同的方法其繁简程度不一样，应加强练习，不仅能算得准，而且还须算得快。

例 3.3 如图 3.6(a) 所示，已知 $q_0 = 10$kN/m，$l = 3$m，试求支座 A 的约束反力。

解： 一端为固定端约束，而另一端自由的梁称为悬臂梁。它也是建筑工程中常见的结构形式，如阳台挑梁。本题即为一悬臂梁的例子。选梁 AB 为研究对象，画出隔离体，并分析其受力情况。由于 A 端为固定端约束，所以约束反力可用 F_{Ax}、F_{Ay} 和 M_A 表示 [图 3.6(b)]。

由于荷载为三角形分布，利用例 3.1 的结果，用其合力代替：

$$F_R = \frac{1}{2}q_0 l = \frac{1}{2} \times 10 \times 3 \text{kN} = 15 \text{kN}$$

其作用点的位置为 $x_c = \frac{1}{3} \times 3\text{m} = 1\text{m}$

由 $\sum F_x = 0$，得 $F_{Ax} = 0$

由 $\sum F_y = 0$，得 $F_{Ay} - 15\text{kN} = 0$，$F_{Ay} = 15\text{kN}$（↑）

由 $\sum M_A(\boldsymbol{F}) = 0$，得 $-15\text{kN} \times 1\text{m} + M_A = 0$，$M_A = 15\text{kN·m}$（逆时针）

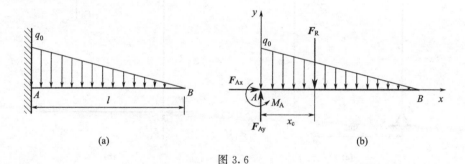

图 3.6

例 3.4 如图 3.7(a) 所示，已知 $F = 6$kN，$q = 3$kN/m，$M = 12$kN·m，试求支座 A、B 的约束反力。

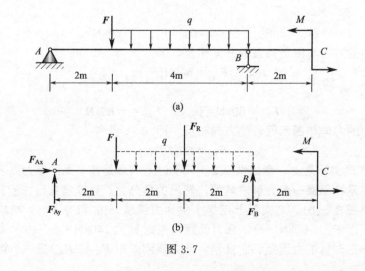

图 3.7

解：　简支梁的一端或两端向支座外伸出，这样的梁称为外伸梁。这也是建筑工程中常见的结构形式，本题即为一外伸梁的例子。选梁 ABC 为研究对象，画出隔离体，并分析其受力情况。由于 A 端为固定铰支座，所以约束反力可用 $\boldsymbol{F}_{Ax}$、$\boldsymbol{F}_{Ay}$ 表示，而 B 端为活动铰支座，所以约束反力可用 $\boldsymbol{F}_B$ 表示 [图 3.7(b)]。首先把均布力用其合力代替，合力的大小为

$$F_R = 4m \times 3kN/m = 12kN$$

其作用点距 A 端 4m。

由 $\sum F_x = 0$，得 $F_{Ax} = 0$

由 $\sum M_A(\boldsymbol{F}) = 0$，得

$$-F \times 2m - F_R \times 4m + F_B \times 6m + M = 0$$

$$-6kN \times 2m - 12kN \times 4m + F_B \times 6m + 12kN \cdot m = 0$$

$$F_B = \frac{6kN \times 2m + 12kN \times 4m - 12kN \cdot m}{6m} = \frac{6kN \times 2m}{6m} + \frac{12kN \times 4m}{6m} - \frac{12kN \cdot m}{6m}$$

$$= 8kN(\uparrow) \tag{3.8}$$

由 $\sum F_y = 0$，得

$$F_{Ay} - F - F_R + F_B = 0$$

$$F_{Ay} - 6kN - 12kN + 8kN = 0$$

$$F_{Ay} = 10kN(\uparrow)$$

讨论：

① 在列方程 $\sum F_x = 0$ 和 $\sum F_y = 0$ 时均未出现力偶，这是因为力偶在任何轴上的投影都为零。

② 事实上，为了快速求解约束反力，可采用叠加的方法。下面介绍此方法。

模型一：如图 3.8(a) 所示为一简支梁上作用一集中力的情况。很显然，$F_{Ax} = 0$。

由 $\sum M_A(\boldsymbol{F}) = 0$，得 $-Fa + F_B l = 0$，即

$$F_B = \frac{a}{l}F(\uparrow) \tag{3.9}$$

同理，由 $\sum M_B(\boldsymbol{F}) = 0$，得 $Fb - F_{Ay} l = 0$，即

$$F_{Ay} = \frac{b}{l}F(\uparrow) \tag{3.10}$$

从式(3.9) 和式(3.10) 中可看到集中力 F 离哪个支座近则哪个支座就给梁较大的支座反力，由牛顿第三定律，该支座就要承受较大的压力，这其实就和两个人一起抬货物一样，货物离哪个人近哪个人就要费力些。

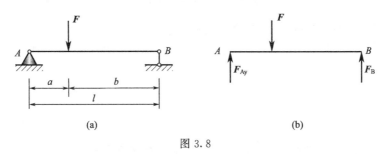

图 3.8

把式(3.9) 和式(3.10) 应用到例 3.4。

当只有集中力 $F = 6kN$ 作用在梁上时：

$$F_{Ay1} = \frac{b}{l}F = \frac{4m}{6m} \times 6kN = 4kN(\uparrow) \tag{3.11}$$

$$F_{B1} = \frac{a}{l}F = \frac{2m}{6m} \times 6kN = 2kN(\uparrow) \tag{3.12}$$

观察式(3.12)，实际是式(3.8)的第一项。

当只有均布力 $q = 3kN/m$ 作用在梁上时，可先转换为集中力，对本题来说即 $F_R = 12kN$：

$$F_{Ay2} = \frac{b}{l}F_R = \frac{2m}{6m} \times 12kN = 4kN(\uparrow) \tag{3.13}$$

$$F_{B2} = \frac{a}{l}F_R = \frac{4m}{6m} \times 12kN = 8kN(\uparrow) \tag{3.14}$$

观察式(3.14)，实际是式(3.8)的第二项。

模型二：如图3.9(a)所示为一简支梁上作用一集中力偶的情况。很显然也有 $F_{Ax} = 0$。

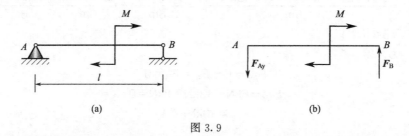

图3.9

这是一个平面力偶系的平衡问题，且我们知道，力偶 M 的位置与支座反力无关。由于力偶的转向有两种，所以支座反力也有两种情况。

当 M 为顺时针转向时，见图3.9(b)，则

$$F_{Ay} = \frac{M}{l}(\downarrow), F_B = \frac{M}{l}(\uparrow) \tag{3.15}$$

当 M 为逆时针转向时，则

$$F_{Ay} = \frac{M}{l}(\uparrow), F_B = \frac{M}{l}(\downarrow) \tag{3.16}$$

把式(3.15)应用到上个例题。

当只有集中力偶 $M = 12kN \cdot m$ 作用在梁上时：

$$F_{Ay3} = \frac{12kN \cdot m}{6m} = 2kN(\uparrow) \tag{3.17}$$

$$F_{B3} = \frac{12kN \cdot m}{6m} = 2kN(\downarrow) \tag{3.18}$$

仔细观察式(3.18)，实际是式(3.8)的第三项。

当三种荷载同时作用时，只要把式(3.12)、式(3.14)和式(3.18)相加，同时考虑到方向即可。

特别有意义的是，当把式(3.11)、式(3.13)和式(3.17)相加即

$$4kN + 4kN + 2kN = 10kN$$

就是 F_{Ay}。

叠加法是在建筑力学中常用的一种方法，有时它可使问题简化。

用叠加法求支座反力时，我们可同时得到两个支座反力，并可通过用 $\Sigma F_y = 0$，进行检验。若能熟练掌握这种方法，在求解某些问题时可不用列方程，而直接口算出结果。

例 3.5 用叠加法计算图 3.10 所示的两支座反力。

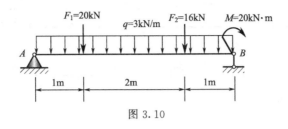

$F_1=20kN$　　$q=3kN/m$　　$F_2=16kN$　　$M=20kN\cdot m$

图 3.10

项目	F_1	F_2	M	q	合计
F_{Ay}	$\dfrac{3}{4}\times20kN=15kN(\uparrow)$	$\dfrac{1}{4}\times16kN=4kN$ ($\uparrow$)	$\dfrac{20kN\cdot m}{4m}=5kN(\downarrow)$	$\dfrac{1}{2}\times4m\times3kN/m=6kN(\uparrow)$	$20kN(\uparrow)$
F_B	$\dfrac{1}{4}\times20kN=5kN(\uparrow)$	$\dfrac{3}{4}\times16kN=12kN$ ($\uparrow$)	$\dfrac{20kN\cdot m}{4m}=5kN(\uparrow)$	$\dfrac{1}{2}\times4m\times3kN/m=6kN(\uparrow)$	$28kN(\uparrow)$

所以 $F_x=0$，$F_{Ay}=20kN$（$\uparrow$），$F_B=28kN$（$\uparrow$）。

由上面几个例题的求解过程可知，在利用平衡方程求解单个物体所受约束反力时，一般需解三个方程。为了简化计算，三个平衡方程的选择应有一定的顺序，选择平衡方程的原则是应尽量使每个方程只含有一个未知数，避免解联立方程组。

第四节 物体系统的平衡问题

在工程中，常会遇到由若干物体通过一定的约束联结在一起的所谓物体系统的平衡问题。在这些问题中，不仅需要求出物体所受外界的约束反力，而且还常需要求出物体间的相互约束反力。为了求出这些约束反力，研究对象有时选单个物体，有时须利用第一章公理 5 的刚化原理，选某个局部或选整个物体系。在选单个物体或某个局部时，要注意作用力和反作用的关系。

若物体系统由 n 个物体组成，每一个物体可列出 3 个方程，所以，整个系统可列 $3n$ 个独立的方程，由此可解出 $3n$ 个未知数（包括外约束和内约束）。

在求解物体系统的平衡问题时，首先要选择合适的研究对象；然后按避免解联立方程组的原则，选择合适的平衡方程求解未知力。下面举例说明解题方法和步骤。

例 3.6 计算图 3.11(a) 所示的支座 A、B 和 D 的支座反力。

解： 本题属于多跨静定梁的问题。

首先选梁 CD 为研究对象，画出隔离体，并分析其受力情况，见图 3.11(b)。

由于荷载为均布荷载，用其合力代替：

$$F_R=q_0 l=(3\times4)kN=12kN$$

其作用点的位置在 CD 梁的正中间。

由 $\sum F_x=0$，得 $F_{Cx}=0$

由 $\sum M_C(F)=0$，得 $-12kN\times2m+F_D\times4m=0$，$F_D=6kN(\uparrow)$

由 $\sum F_y=0$，得 $F_{Cy}+F_D-12kN=0$，$F_{Cy}=6kN(\uparrow)$

再选梁 ABC 为研究对象，画出隔离体，并分析其受力情况。在画梁 ABC 的受力图时，

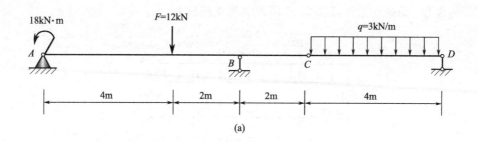

(a)

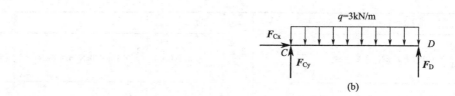

(b)

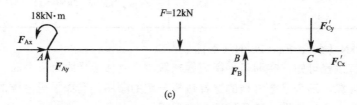

(c)

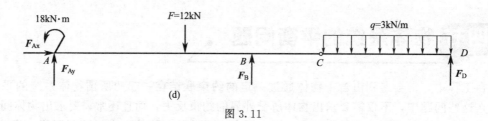

(d)

图 3.11

注意利用牛顿第三定律把 F_{Cx}、F_{Cy} 反方向加在位置 C，见图 3.11(c)。

由 $\sum F_x = 0$，得 $F_{Ax} = 0$

由 $\sum M_A(F) = 0$，得

$$18\text{kN} \cdot \text{m} - 12\text{kN} \times 4\text{m} + F_B \times 6\text{m} - 6\text{kN} \times 8\text{m} = 0$$

$$F_B = 13\text{kN}(\uparrow)$$

由 $\sum F_y = 0$，得

$$F_{Ay} + F_B - 12\text{kN} - 6\text{kN} = 0$$

$$F_{Ay} = 5\text{kN}(\uparrow)$$

当然，为了求 F_{Ax}、F_{Ay} 和 F_B 也可以不选梁 ABC 为研究对象，而是选整个物体系 $ABCD$ 为研究对象，见图 3.11(d)。根据刚化原理，当变形体在力系的作用下处于平衡状态时，如果把变形后的变形体换成刚体（刚化），则平衡状态保持不变，即整个多跨梁 $ABCD$ 可看成一个通长为 12m 的大刚体。这时 F_D 已求出，$F_D = 6\text{kN}(\uparrow)$。

由 $\sum F_x = 0$，得 $F_{Ax} = 0$

由 $\sum M_A(F) = 0$，得

$$18\text{kN} \cdot \text{m} - 12\text{kN} \times 4\text{m} + F_B \times 6\text{m} - 12\text{kN} \times 10\text{m} + F_D \times 12\text{m} = 0$$

$$F_B = 13\text{kN}(\uparrow)$$

由 $\sum F_y = 0$，得

$$F_{Ay} + F_B - 12\text{kN} - 12\text{kN} + F_D = 0$$
$$F_{Ay} = 5\text{kN}(\uparrow)$$

例 3.7 已知 $F = 16\text{kN}$，求图 3.12(a) 所示的支座 A、B 的约束反力。

解： 本题属于三铰拱的问题。

首先选整个拱 ACB 为研究对象，画出隔离体，并分析其受力情况，见图 3.12(b)。

由 $\sum M_A(F) = 0$，得

$$-F \times 2\text{m} + F_{By} \times 8\text{m} = 0$$
$$-16\text{kN} \times 2\text{m} + F_{By} \times 8\text{m} = 0$$
$$F_{By} = 4\text{kN}(\uparrow)$$

由 $\sum F_y = 0$，得

$$F_{Ay} + F_{By} - 16\text{kN} = 0$$
$$F_{Ay} + 4\text{kN} - 16\text{kN} = 0$$
$$F_{Ay} = 12\text{kN}(\uparrow)$$

由 $\sum F_x = 0$，得

$$F_{Ax} - F_{Bx} = 0$$
$$F_{Ax} = F_{Bx}$$

二维码6

3.1　例题 3.6 的计算机求解

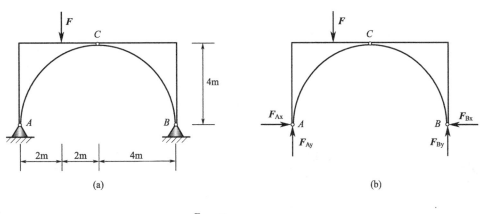

(a)　　　　　　　　　　　(b)

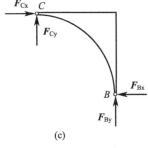

(c)

图 3.12

但具体的 F_{Ax}、F_{Bx} 是多少，须另选其他物体为研究对象，因为当选整体为研究对象时，

已经列了三个独立的方程，而现在有四个未知数。注意到位置 C 为铰链，对其求力矩为零这个条件，就可以解出 F_{Ax}、F_{Bx} 的具体数值。

选右半拱 CB 为研究对象（比选左半拱要简单些），画出隔离体，并分析其受力情况，见图 3.12(c)。

由 $\sum M_C(F) = 0$，得

$$-F_{Bx} \times 4m + F_{By} \times 4m = 0$$
$$-F_{Bx} \times 4m + 4kN \times 4m = 0$$
$$F_{Bx} = 4kN(\leftarrow)$$

再由 $F_{Ax} = F_{Bx}$，得

$$F_{Ax} = 4kN(\rightarrow)$$

❉讨论：$\boldsymbol{F_{Ax}}$、$\boldsymbol{F_{Bx}}$ 通常称为水平推力，正是因为有了它，才使得拱的承载能力大大提高。

第五节 静定和超静定的概念

一个结构，如果其所有的未知力仅用平衡方程即可完全确定，这种结构称为静定结构。如图 3.13(a) 所示的刚架就是静定结构。它有三个未知力，刚好可列三个方程求出。

一个结构，如果其所有的未知力不能仅用平衡方程确定，这种结构称为超静定结构，如图 3.13(b) 所示的刚架就是超静定结构。它有四个未知力，可只能列三个方程，所以未知力在静力分析的范围内是不能求出的。未知数的数目比独立方程的个数多几个，就说这个结构是几次超静定。图 3.13(b) 所示的结构为一次超静定。再如图 3.14 所示的结构，它在 A、B 处各有三个未知力，共有六个未知数，但只能列三个独立的方程，因此该结构为三次超静定。

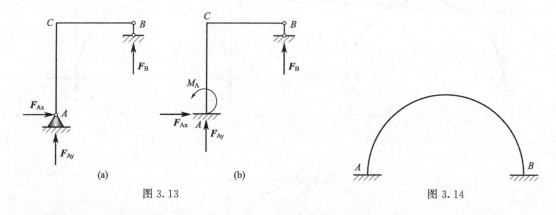

图 3.13   图 3.14

在超静定结构中，结构超静定几次，就需要补充几个方程。所补充的方程一般由变形协调条件给出。

在本书中只研究静定结构，至于超静定结构，可参考赵志平主编的《建筑力学（下）》（第二版）中的相关内容。

📖 小结

本章主要研究了平面一般力系的简化与平衡。

一、力的平移定理

作用于刚体上的力，可以平行移动到力的作用平面内的任意一点，但必须附加一个力偶才能与原作用力等效，此附加力偶的力偶矩等于原作用力对新作用点的矩。它是平面一般力系简化的依据。

二、平面一般力系的简化

① 简化过程：把所有的力向指定点平移，得到一个平面汇交力系和一个平面力偶系。

② 最终简化结果：要么是一个力，要么是一个力偶，要么平衡三种情况。

三、合力矩定理

平面一般力系的合力对平面内任一点的矩等于原力系中各个力对该点的矩的代数和。该定理的一个重要应用是确定分布力或平行力系合力作用点的位置。

四、平面一般力系的平衡方程

有三种形式，即

$$\left.\begin{array}{l} \sum F_x = 0 \\ \sum F_y = 0 \\ \sum M_O(\boldsymbol{F}) = 0 \end{array}\right\}$$

这是应用较广的一种形式。

$$\left.\begin{array}{l} \sum F_x = 0 \\ \sum M_A(\boldsymbol{F}) = 0 \\ \sum M_B(\boldsymbol{F}) = 0 \end{array}\right\}$$

且 A、B 连线不和 x 轴垂直。

$$\left.\begin{array}{l} \sum M_A(\boldsymbol{F}) = 0 \\ \sum M_B(\boldsymbol{F}) = 0 \\ \sum M_C(\boldsymbol{F}) = 0 \end{array}\right\}$$

且 A、B、C 三点不共线。

五、应用

① 把力从某一位置平移到另一位置。

② 利用平面一般力系的平衡方程求解约束反力。

习题

3.1　沿着刚体上正三角形 ABC 的三个边分别作用着力 $\boldsymbol{F}_1$、$\boldsymbol{F}_2$、$\boldsymbol{F}_3$，如题 3.1 图所示。已知三角形的边长为 a，各力大小均为 F。试证明这三个力可以合成一个力偶，并求出它的力偶矩。

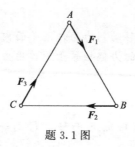

题 3.1 图

3.2 求题 3.2 图所示各梁的支座反力。

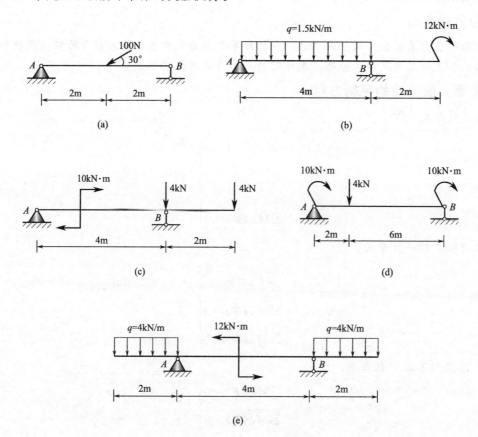

(a)

(b)

(c)

(d)

(e)

(f)

(g)

题 3.2 图

3.3 求题 3.3 图所示各斜梁的支座反力。

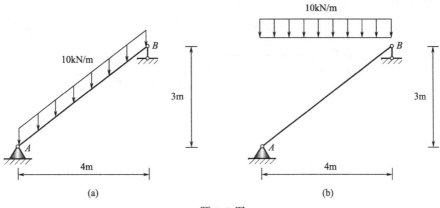

题 3.3 图

3.4 求题 3.4 图所示各多跨静定梁的支座反力。

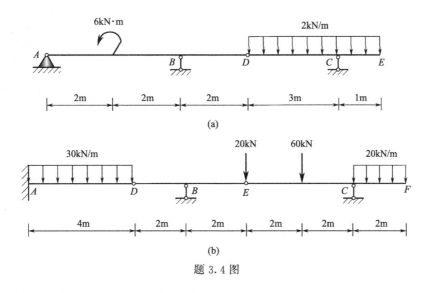

题 3.4 图

3.5 求题 3.5 图所示各刚架的支座反力。

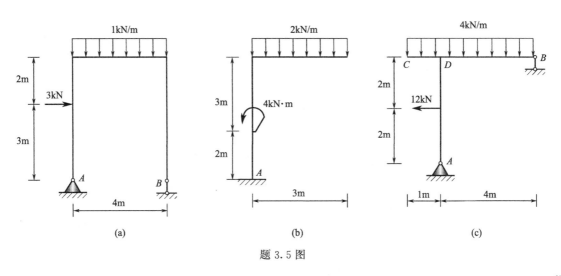

题 3.5 图

3.6 求题3.6图所示组合刚架的支座反力。

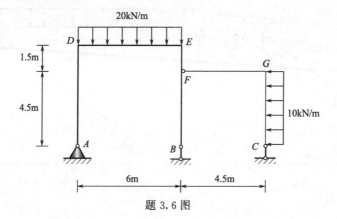

题 3.6 图

第四章 轴向拉伸和轴向压缩

本书从第四章到第十章，研究对象为杆件。主要研究杆件在荷载作用下的内力和应力、变形和应变，还要对组成杆件材料的力学性质进行研究，并建立起强度理论，从而达到最终目标——杆件设计，即在满足强度、刚度和稳定性的要求下，以最经济的代价，为杆件选择合适的材料并确定合理的截面形状和尺寸。

第一节 概述

一、变形体及其基本假设

在前面的内容中，研究了力系的等效、简化和平衡，或者说研究的是力系的外效应。此时忽略了物体的变形，把物体看成是刚体。现在要研究物体在力系作用下的变形以及同时在物体内部产生的各部分之间的相互作用力。因此，这时的物体已不能再看成刚体，而必须如实地将受力物体视为变形体。

各种杆件一般均由固体材料制成。在外力作用下，固体将发生变形，故称为变形固体，简称变形体。

工程材料是多种多样的，材料的物质结构及性能各不相同。为了便于研究，须略去次要因素，对变形体作某些假设，把其抽象成理想模型。建筑力学中对变形体作如下的基本假设，它们是以后所有研究的基础。

（1）连续性假设

认为组成固体的物质毫无空隙地充满了固体的几何空间。从物质结构来说，组成固体的粒子之间实际上并不连续。但它们之间的空隙与杆件的尺寸相比是极其微小的，可以忽略不计，这样就可以认为在其整个几何空间内是连续的。

（2）均匀性假设

认为固体各点处的力学性质完全相同。如对从固体内任意一点处取出的体积微元进行研究，其力学性质都是相同的。这当然是一种抽象和简化，它忽略了材料各点处实际存在的不同晶格结构和缺陷等引起的差异。

（3）各向同性假设

认为固体在各个方向上的力学性质完全相同。满足该条件的材料称为各向同性材料，如工程中使用的金属材料、素混凝土等。相反，不满足该条件的材料称为各向异性材料，如木材，其顺纹方向和横纹方向的力学性质有着显著的差异。

（4）线弹性假设

杆件在外力作用下会产生变形。变形分为弹性变形和塑性变形。能随外力的卸去而消失的变形称为弹性变形；而不能随外力卸去而消失的变形称为塑性变形。建筑力学一般研究的是弹性变形且是弹性变形中的直线阶段——线弹性阶段，两者的区别见后述材料的力学性质部分。

线弹性假设认为外力的大小和杆件的变形均在弹性限度内，外力与变形成正比，即服从胡克定律。

线弹性假设是以后常用的叠加原理的前提条件。

（5）小变形假设

认为杆件的变形远小于其原始尺寸。这样，在研究杆件的平衡以及其内部受力时，均可按杆件的原始尺寸和形状进行计算。

二、杆件变形的基本形式

作用在杆件上的荷载各种各样，杆件相应的变形也有各种形式。但通过分析可以发现它们总不外乎是几种基本变形或这几种基本变形的组合。杆件的基本变形形式有：轴向拉伸或轴向压缩、剪切、扭转和弯曲四种，如图 4.1 所示。在建筑力学中一般只研究除剪切以外的其他三种基本变形形式。这三种基本变形将在后面的章节中详细讨论。

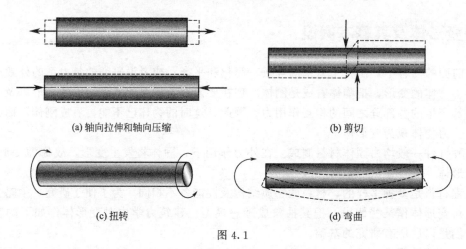

(a) 轴向拉伸和轴向压缩　　　　　　　　　　(b) 剪切

(c) 扭转　　　　　　　　　　(d) 弯曲

图 4.1

三、杆件的承载能力

为了保证结构能安全工作，每一个杆件都必须有足够的能力来担负其所承受的荷载。杆件的这种承载能力主要由以下三个方面来衡量。

① 杆件应有足够的强度。所谓强度是指构件在荷载作用下抵抗破坏的能力，例如，氧气瓶在规定压力下不应爆破。对杆件的设计应保证在规定的条件下能够正常工作而不发生破坏。

② 杆件应有足够的刚度。所谓刚度是指杆件在荷载作用下抵抗变形的能力。任何杆件在荷载作用下都不可避免地要发生变形，但这种变形必须要限制在一定范围内，否则杆件将

不能正常工作。

③ 杆件应有足够的稳定性。所谓稳定性是指杆件在荷载作用下保持其原有平衡形态的能力。一根轴向受压的细长直杆，当压力荷载增大到某一值时，会突然从原来的直线形状变成弯曲形状，这种现象称为失稳。杆件失稳后将失去继续工作的能力，并将可能使整个结构垮塌。对于压杆来说，满足稳定性的要求是其正常工作必不可少的条件。

四、分析杆件承载能力的目的

决定杆件承载能力的因素有两个：其一是杆件的截面形状和尺寸；其二是组成杆件的材料。因此，为了满足强度、刚度和稳定性的要求可通过多用材料或选用优质材料来实现。但多用材料或选用优质材料，又会造成浪费，增加生产成本。显然，构件的安全可靠性与经济性是矛盾的。

分析构件承载能力的目的就是在保证构件既安全又经济的前提下，为构件选择合适的材料，确定合理的截面形状和尺寸，为构件设计提供必要的理论基础和计算方法。

五、内力与截面法

（一）内力

物体因受外力而变形，其内部各部分之间由于相对位置改变而引起的相互作用力称为内力。我们知道，即使物体不受外力，物体内部依然存在着相互作用的分子力。建筑力学中的内力（internal force）是指在外力作用下，上述原有作用力的变化量，因此这里所研究的内力是物体内部各部分之间因外力作用而引起的附加作用力。该内力将随外力的增加而增大，当达到某一限度时就会引起构件的破坏，因此它与构件的强度密切相关。

在建筑力学中，内力是一个非常重要的概念，它将贯穿于以后几乎所有内容之中。

（二）截面法

内力存在于物体的内部，为了确定某处的内力必须把物体从该处截开，然后再通过一定的步骤计算出该内力，这就是截面法。

如图 4.2 所示，为了确定 $m—m$ 截面上的内力，假想用平面将杆件截开，分成 A、B 两部分，每部分均称为截离体。任取其中的一部分，例如 A 部分为研究对象。在 A 部分上作用着外力 F_1 和 F_3，欲使 A 部分保持平衡，则 B 部分必有力作用在 A 部分的截面上，这样才可使其与外力相平衡。由牛顿第三定律，A 部分必然也以大小相等、方向相反的力作用在 B 部分上。A、B 部分之间的相互作用力就是杆件在 $m—m$ 截面上的内力。根据连续性假设，在 $m—m$ 截面上各处都有内力作用，即内力是分布于截面上的一个分布力系。

把这个分布内力系向某一点简化后所得到的主矢或主矩，称为截面上的内力。今后所说的内力一般均为该主矢或主矩。

尽管截面上的内力系多种多样，但它们的主矢和主矩总不外乎以下四种基本形式或其组合。

① 轴力 N：分布内力系的与杆件轴线相重合的合力。

② 扭矩 T：分布内力系的作用平面与横截面平行的合力偶矩。

③ 剪力 V：分布内力系的相切于截面的合力。

④ 弯矩 M：分布内力系的作用平面与横截面垂直的合力偶矩。

在本章中要经常用到截面法求内力，为了便于学习，把其计算步骤归纳如下：

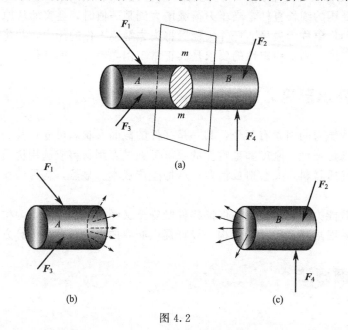

图 4.2

第一步"切"：欲求哪个截面的内力，就沿该截面假想把构件切成两部分。

第二步"去"：弃去任意一个截离体，并选另一截离体为研究对象。

第三步"代"：用作用于截面上的内力代替弃去部分对留下部分的作用。

第四步"平"：对研究对象列平衡方程，解方程确定未知的内力。

第二节 轴向拉（压）杆的内力及内力图

一、轴向拉（压）杆的工程实例及受力变形特点

轴向拉伸或压缩是基本变形中最简单的也是最常见的一种变形形式，在建筑工程中有许多是承受轴向拉伸或压缩的构件。例如图 4.3(a) 所示的为轴向压缩的柱子；图 4.3(b) 所

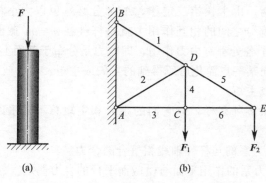

图 4.3

示的桁架中，每根杆均为二力构件，由例 2.4 我们知道杆 2、3、6 为轴向受压，而杆 1、4、5 为轴向拉伸。

　　轴向拉（压）杆的受力特点是：外力合力的作用线与杆件的轴线重合。这正是"轴向"的含义；否则，当外力合力的作用线与杆件的轴线不重合时称为偏心受拉（压），这要比轴向拉（压）复杂得多，它属于组合变形。

　　轴向拉杆的变形特点是沿轴线方向伸长而同时横向尺寸变小；轴向压杆则正好相反，沿轴线方向缩短而同时横向尺寸变大。

二、轴向拉（压）杆的内力——轴力的计算

　　按前述计算内力的步骤，确定图 4.4(a) 所示的 m—m 截面上的内力。

　　第一，假想把杆件沿 m—m 截面分成两部分，见图 4.4(a)。

　　第二，可选任一截离体为研究对象，见图 4.4(b)、(c)。

　　第三，在截离体的截开处，用作用于截面上的内力代替弃去部分对留下部分的作用。它是一个分布力系，其合力为 N（分布力系可不用画出，而直接画其合力即可），见图 4.4 (b)、(c)。

　　第四，对截离体列平衡方程。如对左侧的截离体，由 $\sum F_x = 0$，得

$$N - F = 0$$
$$N = F$$

　　因为外力 F 的作用线与杆件的轴线重合，内力的合力 N 的作用线也必然与杆件的轴线重合，所以轴向拉（压）杆的内力称为轴力（normal force）。

　　规定：轴力是拉力时为正；轴力是压力时为负。对截面而言，当轴力为拉力时表现为轴力的方向离开截面，因此也可这样规定：若轴力的方向是离开截面的则为正；反之为负。

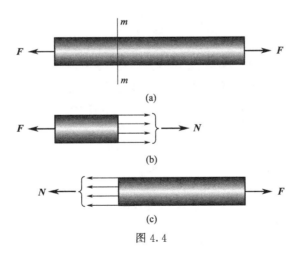

图 4.4

三、轴向拉（压）杆的内力图——轴力图

　　若沿杆件轴线作用的外力超过两个，则在杆件的各横截面上，轴力一般不尽相同。这时往往用轴力图（normal force diagram）表示轴力沿杆件轴线的变化情况。关于轴力图的绘制，通过下面的例题来说明。

例 4.1 轴心拉（压）杆如图 4.5 所示，作其轴力图。

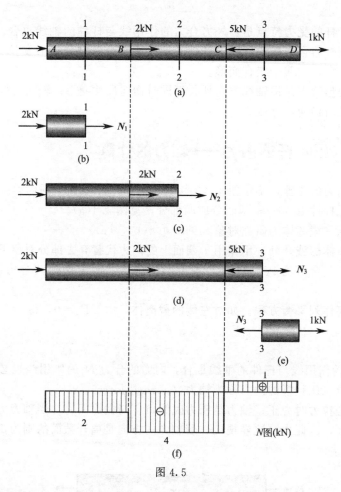

图 4.5

解： 利用截面法。首先，分别沿 1—1、2—2、3—3 截面假想把杆件分成两部分，并选左边部分为研究对象。再画出其受力图，在画内力时均是按正方向画出，若计算结果为正说明该截面的轴力为拉力，否则为压力。分别见图 4.5(b)～(d)。然后，对各截离体列平衡方程（以后若无特别说明，在列方程时均选水平向右的方向为 x 轴的正方向），求出轴力。具体如下：

对 1—1 截面，由 $\sum F_x = 0$，得

$$N_1 + 2\text{kN} = 0$$
$$N_1 = -2\text{kN}(\text{压力})$$

对 2—2 截面，由 $\sum F_x = 0$，得

$$N_2 + 2\text{kN} + 2\text{kN} = 0$$
$$N_2 = -4\text{kN}(\text{压力})$$

对 3—3 截面，由 $\sum F_x = 0$，得

$$N_3 + 2\text{kN} + 2\text{kN} - 5\text{kN} = 0$$
$$N_3 = 1\text{kN}(\text{拉力})$$

另外，对 3—3 截面亦可选右边部分为研究对象，列方程为

$$1\text{kN} - N_3 = 0, N_3 = 1\text{kN}$$

所得结果与前述相同，计算却比较简单。因此计算时应选取受力较简单的截离体作为研究对象。

若选取一个坐标系，其横坐标表示横截面的位置，纵坐标表示相应截面上的轴力，便可用图线表示轴力沿杆件轴线的变化情况，这种图线称为轴力图。在画轴力图时，将拉力画在 x 轴的上侧；压力画在 x 轴的下侧。这样，轴力图不但显示出了杆件各段内轴力的大小，而且还可表示出各段的变形是拉伸还是压缩，见图 4.5(f)。在轴力图中表示轴力为正的区域画上符号"⊕"；表示轴力为负的区域画上符号"⊖"。

从图 4.5(f) 所示的轴力图中可以看出，在集中力作用处，轴力图要发生突变，即在集中力作用的截面左侧和右侧的轴力值是不同的，或用数学语言描述为轴力函数在此位置是不连续的。例如 B 截面，在该截面左侧的轴力为 $-2\mathrm{kN}$，而在该截面右侧的轴力为 $-4\mathrm{kN}$。为了描述轴力的这种突变，用符号 N 加两个下标的方法来区分它们，其中第一个下标表示截面的位置，第二个下标表示相邻截面一侧方向上所取字符。例如 B 截面左侧的轴力为 $-2\mathrm{kN}$，可用 $N_{BA} = -2\mathrm{kN}$ 来表示；而在该截面右侧的轴力为 $-4\mathrm{kN}$，可用 $N_{BC} = -4\mathrm{kN}$ 来表示。同样地有：$N_{AB} = -2\mathrm{kN}$，$N_{CB} = -4\mathrm{kN}$，$N_{CD} = 1\mathrm{kN}$，$N_{DC} = 1\mathrm{kN}$。类似地，其他内力也按此方法表示。

同时，从图 4.5(f) 所示的轴力图中还可以看出，当该杆件粗细均匀且组成该杆件材料的抗拉、压能力相同时，BC 段是最危险的，BC 段每一截面都是危险截面。在进行设计时，只要保证 BC 段安全，则整个构件就是安全的。确定危险截面以及其上的内力是绘制内力图的主要目的之一。

第三节　轴向拉（压）杆的应力

在确定了拉（压）杆的轴力之后，还不能够判断杆件是否有足够的强度。例如，用同种材料制成粗细不同的两根杆，在相同的拉力下，两根杆的轴力相同。但当拉力逐渐增大时，细杆必定先被拉断。这说明拉杆的强度不仅与轴力的大小有关，而且还与杆件的横截面面积有关。轴力只是拉杆横截面上分布内力的合力，而要判断杆件是否会因强度不足而破坏，还必须知道用来度量分布内力大小的分布内力集度，即应力（stress）。

一、应力的概念

如图 4.6(a) 所示的杆件，沿截面 m—m 截开，选左侧的截离体为研究对象［图 4.6(b)］，在 m—m 截面上任一点 K 的周围取一微小面积 ΔA，设在 ΔA 上内力的合力为 $\Delta \boldsymbol{P}$，则 $\Delta \boldsymbol{P}$ 与 ΔA 的比值 $\dfrac{\Delta \boldsymbol{P}}{\Delta A}$ 表示 ΔA 内的分布内力的平均集度，称为 ΔA 内的平均应力。一般来说，m—m 截面上的内力并不是均匀分布的，因此平均应力 $\dfrac{\Delta \boldsymbol{P}}{\Delta A}$ 随所取 ΔA 的大小而不同。当 ΔA 趋向于零时，此平均应力的极限值就是 K 处的应力 $\boldsymbol{p}$，即

$$\boldsymbol{p} = \lim_{\Delta A \to 0} \frac{\Delta \boldsymbol{p}}{\Delta A}$$

$\boldsymbol{p}$ 是一个矢量，一般既不与截面垂直，也不与截面相切。通常把应力 $\boldsymbol{p}$ 分解成垂直于截面的分量 σ 和相切于截面的分量 τ［图 4.6(c)］。σ 称为正应力（normal stress），τ 称为切

应力（shearing stress）。

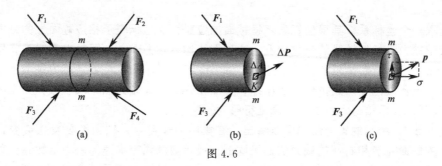

图 4.6

在国际单位制中，应力的单位是 Pa（帕），$1Pa=1N/m^2$。由于这个单位太小，使用不便，工程上常用 MPa（兆帕）、GPa（吉帕），$1MPa=10^6 Pa$，$1GPa=10^9 Pa$。

二、轴向拉（压）杆横截面上的应力

由于轴力 N 垂直于横截面，所以在横截面上应存在有正应力 σ，这是因为只有与 σ 相应的法向元素 σdA 才能合成为轴力 N。但是因为 σ 在横截面上的分布规律还不知道，故仅仅由静力关系还不能求出 σ 与 N 之间的关系。因此，必须通过试验，从观察杆件的变形入手来研究。

现以拉杆为例，如图 4.7 所示的等直杆，拉伸变形前，在其侧面上画垂直于杆轴的直线 ab 和 cd，然后在杆的两端施加轴向拉力 F，使杆发生轴向拉伸。变形后可以观察到 ab 和 cd 仍为直线，且仍然垂直于轴线，只是分别平行地移至 $a'b'$ 和 $c'd'$，如图 4.7（a）中虚线所示。

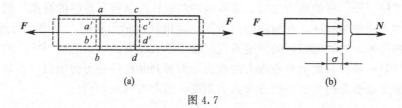

图 4.7

根据从杆表面观察到的变形现象，可以对杆件内部的变形情况作出如下假设：变形前原为平面的横截面，变形以后仍保持为平面，且仍垂直于杆轴，只是各横截面沿杆轴做相对平移。这就是轴向拉压的平面假设。如果设想拉杆是由无数根纵向纤维所组成的，根据平面假设，则任意两个横截面间所有纵向纤维的伸长量相等，即伸长变形是均匀的。由于假设材料是均匀的（均匀性假设），各纵向纤维力学性质相同。由它们的伸长变形均匀和力学性质相同，可以推出各纵向纤维受力是相同的，所以横截面上各点处的正应力 σ 都相等，即正应力均匀分布于横截面且为常量，如图 4.7（b）所示。这就是轴向拉伸杆件横截面上的正应力分布规律。

若拉（压）杆的横截面面积为 A，轴力为 N，则正应力 σ 为

$$\sigma = \frac{N}{A} \qquad (4.1)$$

关于正应力的符号，通常规定拉应力为正，压应力为负。

当杆件受到几个轴向外力作用的时候，由截面法及轴力图得到最大轴力 N_{max}。对于等

直杆，将它代入公式，即可得到杆内的最大正应力为

$$\sigma_{max} = \frac{N_{max}}{A} \qquad (4.2)$$

最大轴力所在横截面称为危险截面，由此式算得的正应力称为最大工作应力。对于变截面杆，应考虑轴力与横截面面积两个因素，以寻求最大工作应力。

例4.2 简单桁架如图4.8(a)所示。AB为圆钢，直径 $d = 20\text{mm}$，AC为8号槽钢，若 $F = 25\text{kN}$，试求各杆的应力。

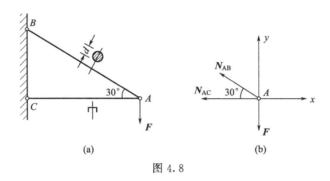

图4.8

解：如图4.8(b)所示，研究结点 A，画出其受力图。

由 $\sum F_y = 0$，　　　　$N_{AB} = F/\sin30° = 2F = 2 \times 25\text{kN} = 50\text{kN}(拉)$

由 $\sum F_x = 0$，　　$N_{AC} = -N_{AB}\cos30° = -50\text{kN} \times \frac{\sqrt{3}}{2} = -43.3\text{kN}(压)$

AB 杆的横截面面积为

$$A_{AB} = \frac{\pi}{4}(20 \times 10^{-3}\text{m})^2 = 314.16 \times 10^{-6}\text{m}^2$$

AC 杆为8号槽钢，由型钢表（见附录）查出横截面面积为 $A_{AC} = 1024.8 \times 10^{-6}\text{m}^2$

利用式(4.1) 计算 AB 和 AC 两杆的应力分别为

$$\sigma_{AB} = \frac{N_{AB}}{A_{AB}} = \frac{50 \times 10^3 \text{N}}{314.16 \times 10^{-6}\text{m}^2} = 159.2 \times 10^6 \text{N/m}^2 = 159.2\text{MPa}(拉)$$

$$\sigma_{AC} = \frac{N_{AC}}{A_{AC}} = \frac{-43.3 \times 10^3 \text{N}}{1024.8 \times 10^{-6}\text{m}^2} = -42.3 \times 10^6 \text{N/m}^2 = -42.3\text{MPa}(压)$$

第四节 轴向拉（压）杆的变形

直杆在轴向拉力或压力的作用下，将引起轴线方向的伸长或缩短。同时，其横向尺寸也相应地发生缩短或伸长。杆件沿轴线方向的变形称为纵向变形；杆件沿垂直于轴线方向的变形称为横向变形。下面分别进行讨论。

一、纵向变形与线应变

设有一等直杆受轴向拉力 F 的作用，如图4.9(a)所示。受拉力前杆件原长为 l，受力变形后为 l_1，则其纵向伸长量为

$$\Delta l = l_1 - l \qquad (4.3)$$

Δl 称为杆件的纵向变形或绝对伸长。规定 Δl 以伸长为正，缩短为负，其单位为 m 或 mm。Δl 反映了杆件的总的纵向变形量。对于均匀伸长的拉杆，其每单位长度的伸长，称为线应变（strain），用 ε 表示，即

$$\varepsilon = \frac{\Delta l}{l} \qquad (4.4)$$

ε 反映杆件的变形程度，是无量纲的量，其正负规定与 Δl 相同，拉伸时 ε 为正，压缩时 ε 为负。

上述概念同样适用于受压杆，如图 4.9(b) 所示，只是 Δl 与 ε 均为负值。

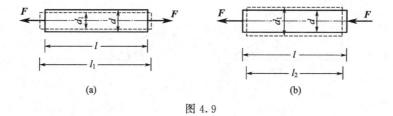

图 4.9

二、胡克定律

现在讨论杆件变形与其所受外力之间的关系。这种关系与材料的力学性质有关，只能通过试验获得。

由一系列试验证实，工程中常用的材料，当正应力 σ 不超过某一极限值时，杆件的伸长（缩短）Δl 与外力 F 及杆件的原长 l 成正比，而与横截面面积 A 成反比，即 $\Delta l \propto \dfrac{Fl}{A}$。引进比例常数 E，则有

$$\Delta l = \frac{Fl}{EA} \qquad (4.5)$$

如用轴力 N 表示，式(4.5) 又可改写为

$$\Delta l = \frac{Nl}{EA} \qquad (4.6)$$

这一比例关系，是英国科学家胡克在 1678 年首先提出的，故称为胡克定律。式中的比例常数 E 称为弹性模量（modulus of elasticity），它表示了材料抵抗拉伸和压缩变形的能力，其值随材料而异，并由试验测定。工程上几种常用材料的弹性模量 E 值可查表 4.1。E 的单位与应力 σ 的单位相同。

由式(4.6) 可以看出，当轴力 N 和长度 l 一定时，乘积 EA 越大，Δl 就越小。EA 反映了杆件抵抗拉伸（压缩）变形的能力，称为杆件的抗拉（压）刚度。

把式(4.6) 改写为

$$\frac{N}{A} = E\,\frac{\Delta l}{l}$$

并将 $\sigma = \dfrac{N}{A}$ 及 $\varepsilon = \dfrac{\Delta l}{l}$ 代入上式，得到

$$\sigma = E\varepsilon \qquad (4.7)$$

式(4.7) 是胡克定律的另一种表达式，它应用得更为广泛。这一形式的胡克定律可以简

述为：当杆内应力未超过某一极限值时，正应力与线应变成正比。

胡克定律是材料力学中的一个重要定律，将在许多重要问题中应用。

三、横向变形

拉杆在纵向伸长的同时，还将产生横向缩小，由图 4.9(a) 可知，拉杆的横向缩小量为

$$\Delta d = d_1 - d$$

式中，d、d_1 分别为变形前、后杆件的横向尺寸。

与纵向线应变 ε 的概念类似，拉杆的横向线应变 ε' 为

$$\varepsilon' = \frac{\Delta d}{d} \tag{4.8}$$

由于拉杆的 Δd 为负，所以 ε' 也为负。

上面两式也同样适用于压杆，但此时 Δd 及 ε' 均为正值。试验的结果表明，杆件的横向线应变与纵向线应变之比的绝对值为一常数，即

$$\mu = \left| \frac{\varepsilon'}{\varepsilon} \right| \tag{4.9}$$

式中，μ 称为横向变形系数或泊松比。它是一个无量纲的量，其值随材料而异，可由试验测定。

由于杆拉伸时纵向伸长，横向缩短；压缩时纵向缩短，横向伸长，所以 ε 和 ε' 的符号总是相反的，故有

$$\varepsilon' = -\mu\varepsilon \tag{4.10}$$

弹性模量 E 和泊松比 μ 是材料的两个弹性常量，表 4.1 中给出了几种常用材料的 E 和 μ 值。

表 4.1　几种常用材料的 E 和 μ 的约值（常温、静载）

材料名称	E/GPa	μ
钢	200～220	0.24～0.30
铝合金	70～72	0.26～0.33
铸铁	80～160	0.23～0.27
混凝土	15～36	0.16～0.20
木材(顺纹)	8～12	
砖石料	2.7～3.5	0.12～0.20

例 4.3　如图 4.10(a) 所示为一等直钢杆，材料的弹性模量 $E = 210\text{GPa}$。试计算：①每段杆的伸长；②每段杆的线应变；③全杆的总伸长。

解：　画轴力图，如图 4.10(b) 所示。

① AB 段的伸长为 Δl_{AB}，根据式(4.6) 可得

$$\Delta l_{AB} = \frac{N_{AB} l_{AB}}{EA} = \frac{8 \times 10^3 \text{N} \times 2\text{m}}{210 \times 10^9 \text{Pa} \times \dfrac{\pi \times 8^2 \times 10^{-6}}{4} \text{m}^2} = 1.52 \times 10^{-3} \text{m}$$

BC 段的伸长为

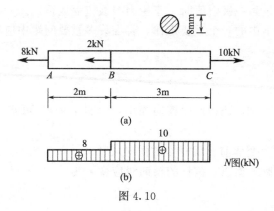

图 4.10

$$\Delta l_{BC} = \frac{N_{BC} l_{BC}}{EA} = \frac{10 \times 10^3 \text{N} \times 3\text{m}}{210 \times 10^9 \text{Pa} \times \dfrac{\pi \times 8^2 \times 10^{-6}}{4}\text{m}^2} = 2.8 \times 10^{-3}\text{m}$$

② AB 段的线应变 ε_{AB}，根据式（4.4）可得

$$\varepsilon_{AB} = \frac{\Delta l_{AB}}{l_{AB}} = \frac{1.52 \times 10^{-3}\text{m}}{2\text{m}} = 7.6 \times 10^{-4}$$

BC 段的线应变 ε_{BC} 为

$$\varepsilon_{BC} = \frac{\Delta l_{BC}}{l_{BC}} = \frac{2.8 \times 10^{-3}\text{m}}{3\text{m}} = 9.33 \times 10^{-4}$$

③ 全杆总伸长 Δl_{AC} 为

$$\Delta l_{AC} = \Delta l_{AB} + \Delta l_{BC} = 1.52 \times 10^{-3}\text{m} + 2.8 \times 10^{-3}\text{m} = 4.32 \times 10^{-3}\text{m} = 4.32\text{mm}$$

第五节 材料在拉伸和压缩时的力学性质

在对构件进行强度、刚度和稳定性计算时，还须知道材料的力学性质。所谓材料的力学性质，就是指材料在受外力作用时在强度和变形方面所表现的性能。在前面的讨论中，已经涉及材料在拉伸和压缩时的力学性质，例如弹性模量 E 等，这些力学性质都要通过材料的拉伸和压缩试验来测定。

材料的拉伸和压缩试验，通常是在室温下，以缓慢平稳的方式加载进行的，称为常温静载试验，它是测定材料力学性质的基本试验。低碳钢和铸铁是工程中广泛使用的材料，它们的力学性质又比较典型，故本节主要介绍这两种材料在常温静载试验下的力学性质。

一、低碳钢拉伸时的力学性质

低碳钢是指含碳量在 0.3% 以下的碳素钢。拉伸试验是将试件装置在万能试验机上进行的。为了比较不同材料的试验结果，应按照国家规定，把材料做成标准试件。常用的标准试件有圆形截面和矩形截面两种。对于金属材料，通常采用圆柱形试件，如图 4.11 所示。试件中间一段为等截面，在该段中标出长度为 l 的一段称为试验段或工作段，试验时测量该段的变形量。

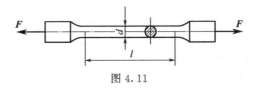

图 4.11

（一）拉伸图和应力-应变曲线

试验时，将试件两端固定在万能试验机的夹具中，然后开动试验机，对试件缓慢加载，试件逐渐伸长，直到最后拉断。荷载大小 F 可从试验机上读出，标距 l 的伸长量 Δl 可以利用变形仪表测出。在试验过程中，记下一系列荷载 F 的数值以及与其相对应的工作段伸长量 Δl 的值。以 Δl 为横坐标，F 为纵坐标，可以画出 $F\text{-}\Delta l$ 曲线，此曲线称为试件的拉伸图。万能试验机上附有绘图设备，可以自动绘出 $F\text{-}\Delta l$ 曲线，图 4.12 为低碳钢试件的拉伸图。

试件的拉伸图与试件的尺寸有关。为了消除试件尺寸的影响，常根据工作段的原始尺寸 l、A，以 $F/A=\sigma$ 作为纵坐标和 $\Delta l/l=\varepsilon$ 作为横坐标，将 $F\text{-}\Delta l$ 曲线改画为 $\sigma\text{-}\varepsilon$ 曲线，这样得到的曲线与试件尺寸无关，而只反映材料本身的力学性质，便于不同材料的性质比较。该曲线称为应力-应变曲线。由于 A 与 l 均为常数，故 $\sigma\text{-}\varepsilon$ 曲线与 $F\text{-}\Delta l$ 曲线相似。低碳钢拉伸时的 $\sigma\text{-}\varepsilon$ 曲线如图 4.13 所示。

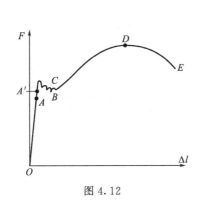

图 4.12

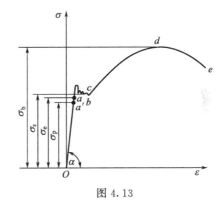

图 4.13

（二）变形发展的四个阶段

由低碳钢的 $\sigma\text{-}\varepsilon$ 曲线或 $F\text{-}\Delta l$ 曲线都可以看出，整个加载和变形过程呈现四个阶段。下面着重讨论 $\sigma\text{-}\varepsilon$ 曲线各阶段中的几个特殊点及其对应的应力值含义。

（1）弹性阶段（图中 Oa 段）

若试件内应力不超过 a 点的应力值，那么卸除荷载后，应力和应变沿 Oa 退回原点，变形可以完全消失，即变形是弹性的，这一阶段称为弹性阶段。a 点的应力值是材料只产生弹性变形时应力的最高限，称为弹性极限（elastic limit），以 σ_e 表示。

这一阶段又可分为两部分：Oa' 段和 $a'a$ 段。Oa' 段为直线段，即应力和应变成正比，有 $\sigma=E\varepsilon$，此时材料符合胡克定律，弹性模量

$$E=\tan\alpha$$

a' 点的应力值为该段应力的最高限，称为比例极限（proportional limit），以 σ_p 表示。

应力超过比例极限的 $a'a$ 段，是一段很短的微弯曲线，它表明应力和应变间呈非线性关系，此时材料并不符合胡克定律。低碳钢的比例极限 σ_p 约为 200MPa。

（2）屈服阶段（图中 ac 段）

当应力超过弹性极限后，图中出现一段接近水平的锯齿形线段 ac。此时应力基本不变而应变却继续增加。这表明材料已经失去抵抗变形的能力，这种现象称为屈服或流动，这个阶段称为屈服阶段或流动阶段。屈服阶段内曲线最低点 b 所对应的应力称为屈服极限（yield limit），以 σ_s 表示。到达屈服阶段后材料将出现显著的塑性变形，对于工程构件，一般来说是不允许的，所以 σ_s 是衡量材料强度的重要指标。低碳钢的屈服极限 σ_s 约为 235MPa。

若试件的表面经过抛光，则当材料进入屈服阶段时，在试件表面将出现一系列与试件轴线约成 45°倾角的条纹，如图 4.14 所示，称为滑移线。它是由于轴向拉伸时 45°斜截面上最大切应力的作用，使得材料内部晶格发生相对滑移的结果。

（3）强化阶段（图中 cd 段）

经过屈服阶段后，材料的内部结构重新得到了调整，抵抗变形的能力有所恢复，表现为曲线自 c 点开始又继续上升，直到最高点 d 为止，这一现象称为强化，这一阶段称为强化阶段。d 点所对应的应力值，是材料所能承受的最大应力，称为强度极限（ultimate strength），用 σ_b 表示。低碳钢的强度极限 σ_b 约为 400MPa。

（4）局部变形阶段（图中 de 段）

当应力达到最大值 σ_b 时，σ-ε 曲线开始下降。此时试件工作段的某一局部开始显著变细，出现颈缩现象，如图 4.15 所示。这一阶段称为局部变形阶段或颈缩阶段。由于颈缩部位截面面积急剧减小，以致使得试件变形的拉力 F 反而下降，到 e 点时试件在颈缩处被拉断。

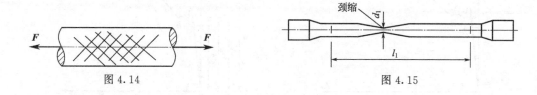

图 4.14　　　　　　　　　　　　　　图 4.15

（三）延伸率和截面收缩率

试件拉断后，其变形中的弹性变形消失，仅留下塑性变形。标距的长度由原来的 l 变为 l_1，用百分比表示的比值为

$$\delta = \frac{l_1 - l}{l} \times 100\% \tag{4.11}$$

称为延伸率。它是衡量材料塑性的一个重要指标。低碳钢的延伸率很高，可达 20%～30%，是塑性很好的材料。

有时也采用截面收缩率 ψ 作为衡量材料塑性的另一个指标：

$$\psi = \frac{A - A_1}{A} \times 100\% \tag{4.12}$$

式中，A_1 为试件拉断后断口横截面面积；A 为试件原始横截面面积。低碳钢的截面收缩率 ψ 为 60%～70%。

δ、ψ 越大，说明材料的塑性性能越好。工程中通常按延伸率的大小把材料分成两大类，

$\delta \geqslant 5\%$ 的材料称为塑性材料，如碳钢、黄铜、铝合金等；而将 $\delta < 5\%$ 的材料称为脆性材料，如铸铁、玻璃、砖石、混凝土等。

二、铸铁拉伸时的力学性质

铸铁拉伸时的应力-应变关系是一段微弯曲线，如图 4.16 所示。它没有明显的直线部分，应力和应变不成正比关系。铸铁在较小的应力时就会被拉断，没有屈服和颈缩现象，拉断前的应变很小，延伸率小于 0.5%，是典型的脆性材料。拉断时的强度极限 σ_b 是衡量铸铁强度的唯一指标。铸铁试件大体上沿横截面被拉断，如图 4.16(a) 所示。

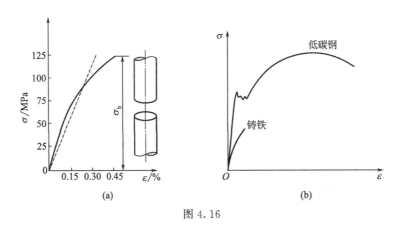

图 4.16

三、材料压缩时的力学性质

金属材料的压缩试件，一般做成短圆柱体，以免被压弯。试件高度一般为直径的 1.5~3 倍。混凝土、石料等则制成立方体试块。

试验时，将试件置于万能试验机的两压座之间，使其产生压缩变形，与拉伸试验一样，可以画出材料在压缩时的应力-应变曲线。

低碳钢压缩时的应力-应变曲线如图 4.17 所示。试验结果表明，低碳钢压缩时的弹性模量 E、比例极限 σ_p、屈服极限 σ_s 都与拉伸时基本相同。屈服阶段后，试件越压越扁，横截面面积不断增大，试件抗压能力也继续提高，因而得不到压缩时的强度极限。由于可以从拉伸试验了解到低碳钢压缩时的主要力学性质，所以对于低碳钢，通常不一定进行压缩试验。

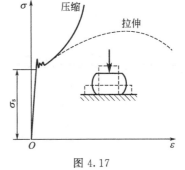

图 4.17

脆性材料在压缩时的力学性质与拉伸时是有较大差别的。以铸铁为例，由压缩试验得到的应力-应变曲线如图 4.18 所示。铸铁压缩时的延伸率和强度极限都比其拉伸时大很多，压缩时的强度极限 σ_b 为拉伸时的 4~5 倍，由此可见，铸铁宜于制作受压构件。铸铁压缩试件破坏斜面与轴线成 35°~45° 的倾角，这是因为斜面上切应力过大而发生破坏，这与拉伸时的破坏现象不同。其他脆性材料，如混凝土、石料等，它们的抗压强度也远高于抗拉强度。混凝土压缩时的应力-应变曲线如图 4.19 所示，从图中曲线可以看出，混凝土的抗压强度极限要比抗拉强度极限大 10 倍左右。所以，脆性材料宜于作为抗压构件的材料，其压缩试验也比拉伸试验更为重要。

表 4.2 列出了工程中一些常用材料的力学性质。

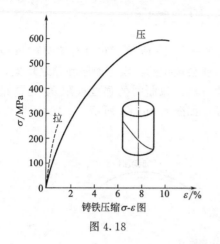

铸铁压缩 σ-ε 图

图 4.18

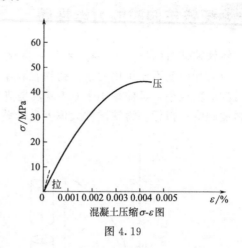

混凝土压缩 σ-ε 图

图 4.19

表 4.2 常用工程材料拉伸和压缩时的力学性质（常温、静载）

材料名称	牌号	屈服极限 σ_s /MPa	拉伸强度极限 σ_b /MPa	压缩强度极限 σ_b /MPa	延伸率 δ_s /%
普通碳素钢	Q235	235	375～500		26
普通低合金钢	16Mn 15MnV	280～350 340～420	480～520 500～560		19～21 17～19
灰口铸铁	HT15-33 HT20-40		100～280 160～320	650 750	
铝合金	LY11 LD9	110～240 280	210～420 420		18 13
混凝土	C20 C30		1.6 2.1	13.7 20.6	
松木(顺纹) 杉木(顺纹)			96 76	31 39	

四、塑性材料和脆性材料力学性质的比较

关于塑性材料和脆性材料的力学性质，归纳起来其主要区别如下。

① 塑性材料断裂时延伸率大，塑性性能好；脆性材料断裂时延伸率小，塑性性能很差。所以，用脆性材料做成的构件，其断裂破坏总是突然发生的，破坏前没有征兆；而塑性材料做成的构件通常是在显著的形状改变后才破坏的。

② 多数塑性材料在拉伸和压缩变形时，其弹性模量及屈服极限基本一致，即其抗拉和抗压的性能基本相同，所以应用范围广；而多数脆性材料的抗压能力远大于抗拉能力，所以宜用于制作受压构件。

③ 多数塑性材料在弹性范围内，应力与应变关系符合胡克定律；而多数脆性材料在拉伸时，应力-应变曲线没有直线段，是一条微弯曲线，应力与应变间的关系不符合胡克定律，只是由于应力-应变曲线的曲率小，所以应用上假设它们成正比关系。

④ 表征塑性材料力学性质的指标有 σ_p、σ_s、σ_b、E、δ、ψ 等；表征脆性材料力学性质的指标只有 E 和 σ_b。

第六节 轴向拉（压）杆的强度条件及应用

一、材料的极限应力和许用应力

通过材料的拉伸和压缩试验，可以确定材料的各种强度指标。将材料破坏时的应力称为极限应力，用 σ_u 表示。对于塑性材料，当应力达到屈服极限 σ_s 时，构件已经发生明显的塑性变形，往往会影响它的正常工作。所以一般认为这时材料已经破坏，从而把屈服极限 σ_s 作为塑性材料的极限应力。对于脆性材料，直到断裂也无明显的塑性变形，断裂是脆性材料破坏的唯一标志，因而断裂时的强度极限 σ_b 就是脆性材料的极限应力。

为了保证构件有足够的强度，它在荷载作用下的工作应力显然应低于材料的极限应力。在强度计算中，把极限应力除以一个大于 1 的系数 n，并将所得结果称为许用应力，用 $[\sigma]$ 来表示，即

$$[\sigma] = \frac{\sigma_u}{n} \tag{4.13}$$

对于塑性材料

$$[\sigma] = \frac{\sigma_s}{n_s} \tag{4.14}$$

对于脆性材料

$$[\sigma] = \frac{\sigma_b}{n_b} \tag{4.15}$$

式中，系数 n_s 和 n_b 分别为塑性材料和脆性材料的安全系数。因为多数塑性材料各自的拉伸和压缩屈服极限相等，所以同一种材料在拉、压时的许用应力也相等。但脆性材料拉伸和压缩时的强度极限一般不等，因而同种材料的许用拉应力和许用压应力也不相等。

二、强度条件

为了保证拉（压）杆能正常工作，即具有足够的强度，将许用应力作为杆件实际工作应力的最高限值，即要求工作应力不超过材料的许用应力 $[\sigma]$，于是得到拉（压）杆的强度条件为

$$\sigma = \frac{N}{A} \leqslant [\sigma] \tag{4.16}$$

根据以上强度条件，可以解决下列三种类型的强度计算问题。

（一）强度校核

已知构件几何尺寸、荷载数值以及材料的许用应力，即可根据式(4.16)验算构件是否满足强度要求。

（二）设计截面

已知作用在构件上的荷载及材料的许用应力，可把强度条件改写成

$$A \geqslant \frac{N}{[\sigma]} \tag{4.17}$$

来确定杆件所需的最小横截面面积，进而确定截面几何尺寸。

（三）确定许用荷载

已知构件的横截面尺寸及材料的许用应力，可把强度条件改写成

$$N_{max} = [\sigma]A \tag{4.18}$$

由此就可以确定构件所能承担的最大轴力，然后根据构件的最大轴力再进一步确定许用荷载。

三、安全系数

通过强度条件的讨论可以看出，如安全系数选定，就能确定构件材料的许用应力，而许用应力的大小直接影响构件的设计。如果安全系数选得过大，以致许用应力过小，设计的构件尺寸就偏大，增加了材料的用量和构件自重，不经济；反之，如果安全系数选得过小，以致许用应力过大，设计的构件尺寸就偏小，可能危及安全。因此安全系数的确定就不仅仅是一个单纯的力学问题，而应该权衡经济和安全两方面，作出合理设计。

确定安全系数时，一般应考虑以下几点因素。

① 极限应力的差异。材料的极限应力值是根据材料试验结果按统计方法确定的，工程中实际使用的材料的极限应力可能低于给定值。

② 荷载值的差异。实际荷载有可能超过设计计算中所采用的标准荷载。

③ 实际结构与计算简图之间的差异。将实际结构简化为计算简图时，有时会引入偏于不安全的因素；另外，构件在加工后，其横截面尺寸有可能比设计尺寸小。

④ 计算理论与实际情况之间的差异。计算理论和公式都是在一定的假设基础上建立起来的，与实际构件存在差异。

⑤ 构件的重要性、工作环境以及损坏后引起的严重后果也要加以考虑。

安全系数通常由国家有关部门在规范中作出具体规定。在目前的土建设计中，常温静载条件下，塑性材料取 $n_s = 1.4 \sim 1.8$；脆性材料取 $n_b = 2.0 \sim 3.0$，当材料的均匀性很差时，可取 3.0 以上。一般来说，n_b 比 n_s 更大，这是由于脆性材料组织的均匀性比塑性材料差，同时脆性材料的破坏是以断裂为标志，而塑性材料的破坏是以发生明显的塑性变形（即屈服）为标志的，两者的危险程度不同。

例 4.4 如图 4.20(a) 所示为一钢筋混凝土组合屋架，受均布荷载 q 作用。屋架上弦杆 AC 和 BC 由钢筋混凝土制成，下弦杆 AB 为圆截面钢拉杆，其长 $l = 8.4m$，直径 $d = 22mm$，屋架高 $h = 1.4m$，钢的许用应力 $[\sigma] = 170MPa$，试校核拉杆的强度。

解：

(1) 求支座反力 F_A 和 F_B

因为结构及荷载左右对称，所以

$$F_A = F_B = \frac{ql}{2} = \frac{1}{2} \times 10kN/m \times 8.4m = 42kN$$

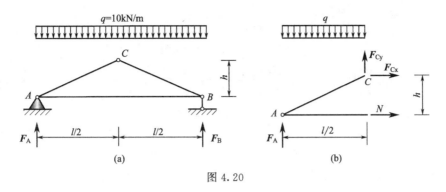

图 4.20

（2）求拉杆的内力 N_{AB}

用截面法截取左半个屋架作为隔离体，如图 4.20(b) 所示。设铰 C 处的内力为 F_{Cx} 和 F_{Cy}。

由

$$\sum M_C = 0, \quad F_A\frac{l}{2} - q\frac{l}{2}\times\frac{l}{4} - N_{AB}h = 0$$

得

$$N_{AB} = \frac{1}{h}\left(F_A\frac{l}{2} - \frac{1}{8}ql^2\right) = \frac{1}{1.4}\times\left(42\times 4.2 - \frac{1}{8}\times 10\times 4.4^2\right) = 63(\text{kN})$$

（3）求拉杆横截面上的正应力 σ

$$\sigma = \frac{N_{AB}}{A} = \frac{63\times 10^3\text{N}}{\frac{\pi}{4}(22\times 10^{-3})^2\text{m}^2} = 165.7\times 10^6\text{Pa} = 165.7\text{MPa} < [\sigma] = 170\text{MPa}$$

故满足强度要求。

例 4.5　如图 4.21(a) 所示，简单支架在节点 B 受竖直荷载 F 作用，其中钢拉杆 AB 的长 $l_1 = 2\text{m}$，横截面面积 $A_1 = 600\text{mm}^2$，许用应力 $[\sigma]_1 = 160\text{MPa}$；木压杆 BC 的横截面面积 $A_2 = 10000\text{mm}^2$，许用应力 $[\sigma]_2 = 7\text{MPa}$，试确定许用荷载 $[F]$。

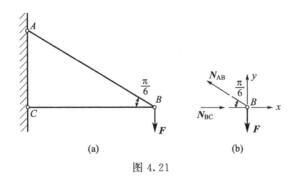

图 4.21

解：

① 取结点 B 为隔离体，如图 4.21(b) 所示，求出两杆内力与 F 的关系：

由 $\sum F_y = 0$，$N_{AB}\times\sin\frac{\pi}{6} = F$，得　$N_{AB} = 2F(\text{拉})$

由 $\sum F_x = 0$，$N_{AB}\times\cos\frac{\pi}{6} = N_{BC}$，得 $N_{BC} = \sqrt{3}F(\text{压})$

② 对于 AB 杆，由 $\dfrac{N_{AB}}{A_1} \leqslant [\sigma]_1$，即 $\dfrac{2F_1}{600} \leqslant 160$，得

$$F_1 \leqslant 48 \times 10^3\,\text{N} = 48\,\text{kN} \tag{a}$$

对于 BC 杆，由 $\dfrac{N_{BC}}{A_2} \leqslant [\sigma]_2$，即 $\dfrac{\sqrt{3}F_2}{10000} \leqslant 7$，得

$$F_2 \leqslant 40.4 \times 10^3\,\text{N} = 40.4\,\text{kN} \tag{b}$$

为了保证 AB 杆和 BC 杆都安全，则许用荷载应为式(a)、式(b) 中的较小者，即

$$[F] = \min(F_1, F_2) = 40.4\,\text{kN}$$

例 4.6 一桁架受力如图 4.22(a) 所示，各杆都由两根等边角钢组成。已知材料的许用应力 $[\sigma] = 170\,\text{MPa}$，试选择 AC 杆和 CD 杆的截面型号。

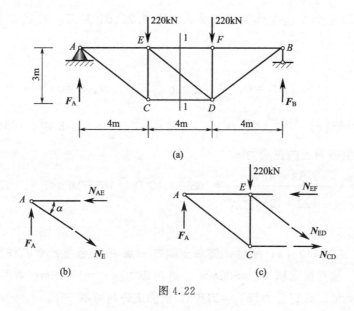

图 4.22

解： 因为结构及荷载左右对称，故有 $F_A = F_B = 220\,\text{kN}$，且有 $\overline{AC} = \sqrt{4^2 + 3^2}\,\text{m} = 5\,\text{m}$

(1) 求两杆的轴力

由结点 A 的平衡，如图 4.22(b) 所示，由 $\sum F_y = 0$ 得

$$N_{AC}\sin\alpha = F_A$$

$$N_{AC} = \frac{F_A}{\sin\alpha} = \frac{220\,\text{kN} \times 5}{3} = 367\,\text{kN}$$

以 1—1 截面以左为隔离体，如图 4.22(c) 所示，由 $\sum M_E = 0$ 可得

$$N_{CD} \times 3 = 220\,\text{kN} \times 4$$

即

$$N_{CD} = 293\,\text{kN}$$

(2) 选择两杆的截面

因为 AC、CD 两杆都是由两根等边角钢组成的，所以每根角钢的截面面积可由强度条件分别求得，即

$$\sigma_{AC} = \frac{N_{AC}}{2A_{AC}} \leqslant [\sigma]$$

$$A_{AC} \geqslant \frac{N_{AC}}{2[\sigma]} = \frac{367 \times 10^3\,\text{N}}{2 \times 170 \times 10^6\,\text{Pa}} = 1.08 \times 10^{-3}\,\text{m}^2 = 10.8\,\text{cm}^2$$

查型钢表可知，AC 杆可以选用 $80\text{mm} \times 80\text{mm} \times 7\text{mm}$ 的两个等边角钢。

$$\sigma_{CD} = \frac{N_{CD}}{2A_{CD}} \leqslant [\sigma]$$

$$A_{CD} \geqslant \frac{N_{CD}}{2[\sigma]} = \frac{293 \times 10^3 \text{N}}{2 \times 170 \times 10^6 \text{Pa}} = 0.862 \times 10^{-3} \text{m}^2 = 8.62 \text{cm}^2$$

查型钢表可知，CD 杆可以选用 $75\text{mm} \times 75\text{mm} \times 6\text{mm}$ 的两个等边角钢。

第七节　应力集中的概念

等截面直杆受轴向拉伸或压缩时，横截面上的应力分布是均匀的。但由于实际需要，有些构件必须有切口、切槽、油孔等，使得在这些部位上截面尺寸发生突然变化。试验结果表明，在构件尺寸发生突然改变的横截面上，应力分布并不是均匀的。例如开有圆孔和带有切口的板条，当其受轴向拉伸时，在圆孔和切口附近的局部区域内，应力将急剧增加，但在离开这一区域稍远处，应力就迅速降低而趋于均匀，如图 4.23(a)、(b) 所示。这种因杆件外形突然变化而引起局部应力急剧增大的现象，称为应力集中。

设发生在应力集中的截面上的最大应力为 σ_{max}，同一截面按削弱后的净面积计算的平均应力为 σ_0，则比值

$$K = \frac{\sigma_{max}}{\sigma_0}$$

式中，K 称为理论应力集中系数。它反映了应力集中的程度，是一个大于 1 的系数。试验结果表明：截面尺寸改变越急剧，角越尖，孔越小，应力集中的程度就越严重。因此，构件上应尽可能地避免带尖角的孔和槽。在阶梯轴的轴肩处要用圆弧过渡，而且尽量使圆弧半径大一些。

各种材料对应力集中的敏感程度并不相同。塑性材料有屈服阶段，当局部的最大应力 σ_{max} 达到屈服极限 σ_s 时，该处材料的变形可以继续增长，而应力却不再加大。如外力继续增加，增加的力就由截面上尚未屈服的材料来承担，使得截面上其他点的应力相继增大到屈服极限，如图 4.23(c) 所示。这就使截面上的应力逐渐趋于平均，降低了不均匀程度，也限制了最大应力 σ_{max} 的数值。因此，用塑性材料制成的构件在静荷载作用下，可以不考虑应力集中的影响。对于组织均匀的脆性材料来说，因为材料没有屈服阶段，当拉伸时最大局

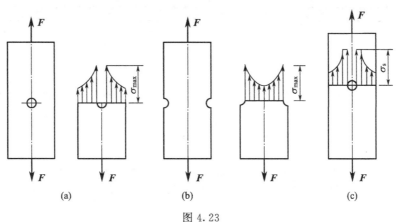

图 4.23

部应力 σ_{max} 达到材料的强度极限 σ_b 时，构件将在该处首先开裂，并迅速导致整个构件破坏，所以应力集中使组织均匀的脆性材料的承载能力大为降低。这样，即使在静荷载作用下，也必须考虑应力集中的影响。但是，必须指出，在静荷载作用下，对于铸铁这一类组织不均匀的脆性材料制成的构件，却又可以不考虑这种应力集中的影响。这是因为在这种材料内部，本来就因为存在许多缺陷而有严重的应力集中，使得由构件外形改变引起的应力集中就可能成为次要因素，对构件的承载力不一定构成明显的影响。

当构件受动荷载作用时，则对任何材料制成的构件都应考虑应力集中的影响。

小结

本章主要讨论的是轴向拉（压）杆的强度和变形。

一、内力

轴向拉（压）杆的内力为轴力，用符号 N 表示。轴力的正负号的规定：拉力为正，压力为负。轴力可用截面法求得。通过轴力图可很清楚地看到轴力在杆件内的分布情况。

二、应力

杆件轴向拉伸和压缩时，横截面上的正应力是均匀分布的，正应力的计算公式为

$$\sigma = \frac{N}{A}$$

三、强度条件

$$\sigma_{max} = \frac{N_{max}}{A} \leqslant [\sigma]$$

四、变形

纵向伸长量为：$\Delta l = l_1 - l$，$\Delta l = Fl/EA$。
线应变：$\varepsilon = \Delta l / l$。
胡克定律：$\sigma = E\varepsilon$。

习题

4.1 试画出题 4.1 图所示轴向拉（压）杆的轴力图。

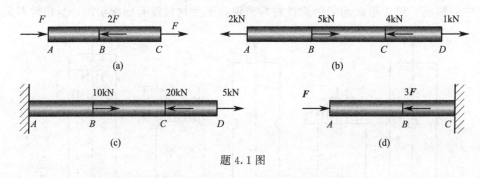

题 4.1 图

4.2 如题 4.2 图所示的钢筋混凝土竖柱 AB。已知其横截面为 $500mm \times 500mm$ 的正方形，柱高为 4m，材料的容重 $\gamma = 25kN/m^3$，柱顶还作用一集中荷载 $F = 100kN$，试画出它的轴力图。

题 4.2 图

4.3　题 4.3 图所示桁架的下弦杆 AC 用两根等边角钢 $50\text{mm} \times 50\text{mm} \times 5\text{mm}$ 组成，并在某截面处钻有直径 $d=12\text{mm}$ 的两个孔，求杆 AC 的横截面上的最大工作应力。

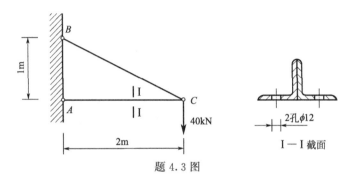

题 4.3 图

4.4　一根直径 $d=20\text{mm}$，长度 $l=1\text{m}$ 的轴心拉杆，在弹性范围内承受拉力 $F=40\text{kN}$。已知材料的弹性模量 $E=2.1 \times 10^5 \text{MPa}$，泊松比 $\mu=0.3$，求该杆的长度改变量 Δl 和直径改变量 Δd。

4.5　等直杆如题 4.5 图所示。已知 $A=200\text{mm}^2$，$E=200\text{GPa}$，求各段杆的应变、伸长及全杆的总伸长。

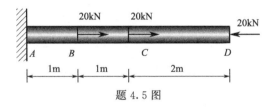

题 4.5 图

4.6　用吊索起吊一钢管如题 4.6 图所示。已知钢管重量 $W=10\text{kN}$，吊索直径 $d=$

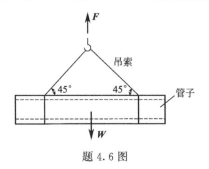

题 4.6 图

71

40mm，试计算吊索的应力。

4.7 题 4.7 图所示为一个三角形托架，已知杆 AB 为圆截面钢杆，许用应力为170MPa；杆 AC 为正方形截面木杆，许用应力为 12MPa，荷载 $F=60$kN，试选择钢杆截面的直径和木杆截面的边长。

4.8 题 4.8 图所示三脚架由杆 AB 和杆 AC 组成。杆 AB 由两根 No.12b 的槽钢组成，许用应力为160MPa；杆 AC 为一根 No.22a 的工字钢，许用应力为 100MPa，求该结构承受的许可荷载 $[F]$。

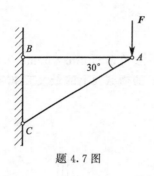

题 4.7 图

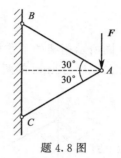

题 4.8 图

第五章　扭转

　　本章主要研究杆件在扭转时的内力、应力和变形，最终目的是能够进行扭转轴的强度设计和刚度校核。

第一节　扭转轴的内力及内力图

一、扭转轴的工程实例及受力变形特点

　　在荷载作用下产生扭转（torsion）变形的杆件，往往还伴随有其他形式的变形。以扭转变形为主的杆件通常称为轴。如图 5.1(a) 所示的汽车转向轴 AB，驾驶员通过方向盘把力偶作用于转向轴的 A 端，在转向轴的 B 端，则受到来自转向器的阻抗力偶的作用，所以转向轴 AB 承受扭转变形。又如图 5.1(b) 所示的雨篷梁，雨篷上的荷载会引起雨篷梁的扭转。如图 5.1(c) 所示的框架结构中的边梁，作用在与该边梁相垂直的梁上的荷载也会在边梁上引起扭转变形。扭转变形也是一种基本变形。

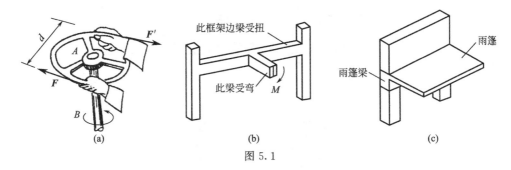

图 5.1

　　从上述的三个扭转实例中，可看到扭转轴的受力特点是：受扭杆件上作用着其作用面与杆件的轴线相垂直的外力偶（external couple）。

　　扭转轴的变形特点是任意两个横截面之间产生绕杆件轴线的相对转角。该相对转角称为扭转角，用 φ 来表示，见图 5.2。

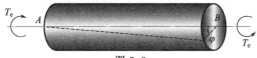

图 5.2

三、扭转轴内力——扭矩的计算

对于机械中的轴而言，作用于轴上的外力偶 T_e 往往不是直接给出的，给出的经常是轴所传送的功率 P 和轴的转速 n。根据动力学知识，可以导出 T_e、P 和 n 的关系如下：

$$T_e = 9549 \frac{P}{n} \tag{5.1}$$

式中，T_e 为外力偶的力偶矩大小，$\mathrm{N \cdot m}$；P 为传递的功率，kW；n 为轴的转速，$\mathrm{r/min}$。

当功率的单位为马力，而其他的单位不变时：

$$T_e = 7024 \frac{P}{n} \tag{5.2}$$

在作用于轴上的外力偶矩都求出后，就可以用截面法计算横截面上的内力。下面求如图 5.3 所示的扭转轴 m—m 横截面上的内力。

第一，假想把杆件沿 m—m 截面分成两部分。

第二，选左侧截离体 A 为研究对象，见图 5.3(b)。

第三，在截离体的截开处，用作用于截面上的内力代替弃去部分对留下部分的作用。由于整个轴是平衡的，所以 A 截离体也处于平衡状态，这就要求 m—m 截面上的内力系必须合成为一个力偶，其力偶矩就是扭转轴的内力——扭矩（torsional moment，torque），用符号 T 来表示。

扭矩的正负按右手螺旋法则确定：伸开右手，让四指的绕向与截面上力偶的绕向一致，若拇指指向截面的外法线方向，则扭矩为正；反之为负。图 5.3(b) 所示的扭矩为正的。

第四，对截离体列平衡方程。对截离体 A，由 $\sum M = 0$，得 $T - T_e = 0$，即

$$T = T_e$$

如果取右侧的截离体 B 为研究对象，如图 5.3(c) 所示，仍可得到 $T = T_e$ 的结果。从图 5.3(b)、(c) 中可看到，同一截面上的扭矩尽管转向相反，但有了扭矩正负的规定后，

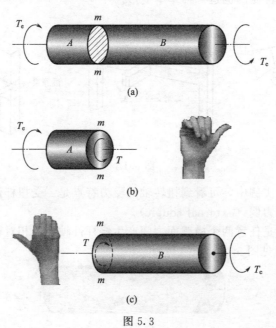

图 5.3

当任选一截离体为研究对象时所计算出的同一截面上的内力均相同（包括内力的大小和正负号），即同一截面上内力的确定与截离体的选择无关。这也正是规定内力正负的意义所在。

三、扭转轴的内力图

若作用与扭转轴上的外力偶超过两个，则在杆件的各横截面上，扭矩一般不尽相同。这时往往用扭矩图（torque diagram）表示扭矩沿杆件轴线的变化情况。关于扭矩图的绘制，通过下面的例题来说明。

例 5.1 如图 5.4 所示的传动轴，轴的转速为 300r/min，主动轮 A 输入的功率 P_A = 60kW，两个被动轮 B、C 输出的功率分别为 P_B = 20kW、P_C = 40kW。作其扭矩图。

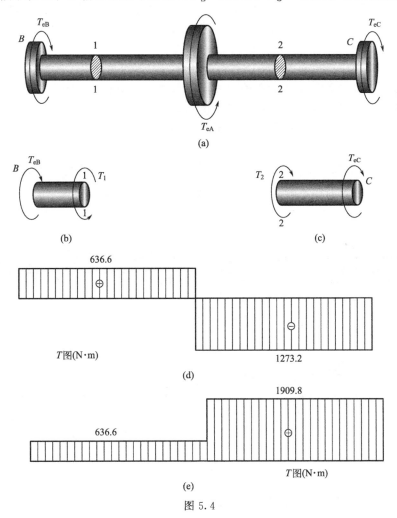

图 5.4

解：

① 计算外力偶矩。

$$T_{eA} = 9549 \frac{P_A}{n} = 9549 \times \frac{60}{300} \text{N} \cdot \text{m} = 1909.8 \text{N} \cdot \text{m}$$

$$T_{eB} = 9549 \frac{P_B}{n} = 9549 \times \frac{20}{300} \text{N} \cdot \text{m} = 636.6 \text{N} \cdot \text{m}$$

$$T_{eC} = 9549\frac{P_C}{n} = 9549 \times \frac{40}{300}\text{N} \cdot \text{m} = 1273.2\text{N} \cdot \text{m}$$

② 利用截面法，计算各段的扭矩。

首先，沿 1—1 截面假想把杆件分成两部分，并选左边部分为研究对象。画出其受力图，见图 5.4(b)。由 $\sum M = 0$，得

$$T_1 - T_{eB} = 0, \quad T_1 = T_{eB} = 636.6\text{kN} \cdot \text{m}$$

其次，沿 2—2 截面假想把杆件分成两部分，并选右边部分为研究对象。画出其受力图，注意在画内力时均是按正方向画出的，见图 5.4(c)。由 $\sum M = 0$，得

$$T_2 + T_{eC} = 0, \quad T_2 = -T_{eC} = -1273.2\text{kN} \cdot \text{m}$$

若选取一个坐标系，其横坐标表示横截面的位置，纵坐标表示相应截面上的扭矩，便可用图线表示扭矩沿杆件轴线的变化情况，这种图线称为扭矩图。在画扭矩图时，将正扭矩画在 x 轴的上侧；负扭矩画在 x 轴的下侧。且在扭矩图中扭矩为正的区域画上符号 "$\oplus$"；扭矩为负的区域画上符号 "$\ominus$"，见图 5.4(d)。

从图 5.4(d) 所示的扭矩图中可以看出，在集中力偶作用处，扭矩图要发生突变。

若把例 5.1 中的主动轮安置于轴的一侧，如右侧，则轴的扭矩图将变成如图 5.4(e) 所示的形式。这时轴的最大扭矩是 1909.8N·m。由此可见，传动轴上主动轮和从动轮安放的位置不同，轴所承受的最大扭矩也就不相同。两者相比，显然图 5.4(a) 所示的布局较合理。

⤷ **例 5.2** 如图 5.5(a) 所示为雨篷梁的计算简图，雨篷上的均布荷载在雨篷梁上产生均布外力偶矩 t（均布力偶矩的集度），作雨篷梁的扭矩图。已知雨篷梁的跨度为 l。

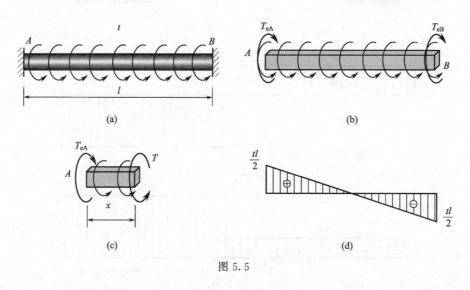

图 5.5

解： 去掉雨篷梁两端的约束，加力偶分别用 T_{eA} 和 T_{eB} 表示。由力偶的对称性可知：

$$T_{eA} = T_{eB} = \frac{tl}{2}$$

见图 5.5(b)。用截面法，设从距 A 端为 x 的地方把雨篷梁截开，选左侧截离体为研究对象，并按正方向画出该截面上的扭矩，见图 5.5(c)。由 $\sum M = 0$，得

$$T + tx - \frac{tl}{2} = 0 \qquad T = \frac{tl}{2} - tx \qquad (0 \leqslant x \leqslant l)$$

然后作扭矩图。由于扭矩方程为一直线，只要确定两点即可。设

$$x = 0, \quad T = \frac{tl}{2}$$

$$x = l, \quad T = -\frac{tl}{2}$$

最后画出的扭矩图见图5.5(d)。

第二节 扭转轴的应力

在确定了扭转轴的内力之后，还不能够判断该轴是否有足够的强度和刚度。本节主要讨论扭转轴的应力和变形，以及其强度计算问题。

一、圆轴扭转时的应力

（一）实心圆轴扭转时的应力

取一易于变形的实心圆轴，在其表面上画上等间距的纵向线和圆周线，形成了一些小矩形（正视图），如图5.6所示。在圆轴的两端面上施加外力偶，使其产生扭转变形。当变形不大时，可以观察到以下现象：

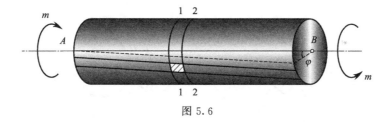

图5.6

① 圆周线的形状、大小及间距均没有改变，只是各圆周线绕轴线相对转动了一个角度；
② 纵向线都倾斜了相同的角度，变形前的小矩形变成了平行四边形。
根据上述变形现象，得出如下假设和推论。
① 圆轴扭转变形的平面假设：圆轴扭转变形前为平面的横截面，变形后仍然保持为平面，圆周线的形状、大小不变，半径仍保持为直线，而且两相邻横截面间的距离不变。
② 由于圆周线的形状、大小不变，而且两相邻横截面间的距离不变，可以推断：横截面和纵向截面上没有正应力。
③ 由于圆周线仅绕轴线相对转动，且使纵向线有相同的倾角，说明横截面上有切应力，且同一圆周上各点处的切应力相等。
根据以上所述，可以证明圆轴扭转时横截面上任一点处切应力的计算公式为

$$\tau_\rho = \frac{T}{I_P}\rho \tag{5.3}$$

式中，τ_ρ 为横截面上任一点处的切应力；T 为横截面上的扭矩；I_P 为横截面对圆心 O 点的极惯性矩，其具体计算见下述内容。
式(5.3)表明，切应力在横截面上是沿径向线性分布的，如图5.7所示。最大切应力

$\tau_{\max}$ 发生在横截面周边上各点处，而在圆心处切应力为零。

设圆截面的半径为 R，当 $\rho=R$ 时，τ_ρ 达到最大值 $\tau_{\max}$，即

$$\tau_{\max}=\frac{T}{I_\mathrm{P}}\rho_{\max}=\frac{T}{I_\mathrm{P}}R \tag{5.4}$$

引入记号

$$W_\mathrm{t}=\frac{I_\mathrm{P}}{R} \tag{5.5}$$

W_t 称为抗扭截面系数，它也是一个只与横截面尺寸有关的几何量，其具体计算见下述内容。代入式(5.4) 得

$$\tau_{\max}=\frac{T}{W_\mathrm{t}} \tag{5.6}$$

这表明，圆轴扭转时，横截面上的最大切应力与该截面上的扭矩成正比，与抗扭截面系数成反比。

（二）空心圆轴扭转时的应力

由式(5.3) 可知，实心截面扭转时，在靠近杆的轴线处，切应力很小，使该处材料未得到充分利用。如果将圆周中心处部分材料移至周边处，就可以充分发挥材料的作用，因而在工程中常常采用空心圆截面杆。

实心圆轴扭转时的平面假设同样适用于空心圆轴，因此，前面得到的公式也适用于空心圆截面轴。空心圆轴扭转时横截面上的切应力分布规律如图5.8所示。

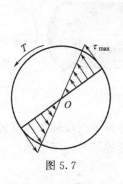

图 5.7

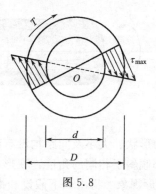

图 5.8

（三）极惯性矩和抗扭截面系数

式(5.3)、式(5.4) 和式(5.6) 中，引进了截面极惯性矩 I_P 和抗扭截面系数 W_t，它们都是与截面形状、尺寸有关的量。

对于实心圆截面：

$$I_\mathrm{P}=\frac{\pi D^4}{32} \tag{5.7}$$

所以其抗扭截面系数 W_t 为

$$W_\mathrm{t}=\frac{I_\mathrm{P}}{R}=\frac{\pi D^4/32}{D/2}=\frac{\pi D^3}{16} \tag{5.8}$$

而对于空心圆截面：

$$I_P = \frac{\pi}{32}(D^4 - d^4) = \frac{\pi D^4}{32}\left[1 - \left(\frac{d}{D}\right)^4\right] \tag{5.9}$$

令 $\alpha = \dfrac{d}{D}$，则空心圆截面的极惯性矩可表示为

$$I_P = \frac{\pi D^4}{32}(1 - \alpha^4) \tag{5.10}$$

所以空心圆截面的抗扭截面系数为

$$W_t = \frac{I_P}{R} = \frac{\pi D^4(1 - \alpha^4)/32}{D/2} = \frac{\pi D^3}{16}(1 - \alpha^4) \tag{5.11}$$

式中，I_P 的量纲是长度的四次方，常用单位是 m^4 或 mm^4；W_t 的量纲是长度的三次方，常用单位是 m^3 或 mm^3。

例 5.3 如图 5.9(a) 所示为阶梯状圆轴，AB 段直径 $d_1 = 120mm$，BC 段直径 $d_2 = 100mm$。外力偶矩 $m_A = 22kN \cdot m$，$m_B = 36kN \cdot m$，$m_C = 14kN \cdot m$，试求该轴的最大切应力 τ_{max}。

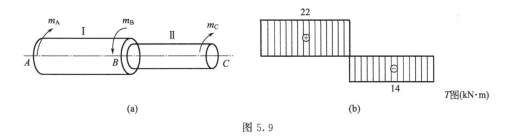

图 5.9

解：

(1) 画扭矩图

如图 5.9(b) 所示。

(2) 计算最大切应力

由扭矩图可以知道，AB 段的扭矩较 BC 段扭矩大。但是由于两段轴直径不同，因此需分别计算各段的最大切应力。由公式(5.6) 可以得到：

① AB 段内：$\tau_{1max} = \dfrac{T_1}{W_{t1}} = \dfrac{22 \times 10^3 N \cdot m}{\dfrac{\pi}{16} \times (0.12)^3 m^3} = 64.84 \times 10^6 Pa = 64.84 MPa$

② BC 段内：$\qquad \tau_{2max} = \dfrac{14 \times 10^3 N \cdot m}{\dfrac{\pi}{16} \times (0.1)^3 m^3} = 71.3 \times 10^6 Pa = 71.3 MPa$

比较上述计算结果可知，该轴的最大切应力位于 BC 段内任一截面的周边各点处。

二、切应力互等定理

从圆轴某点处取出微小正六面体，如图 5.10 所示，其边长为 dx、dy、dz，称为单元体。由于单元体是研究这一点处的受力情况和变形情况的，因此单元体每个面上的应力可视为均布，每对相对的面上的应力可视为相同。设以 x 轴为法线的面上有切应力 τ_x，则 τ_x 所在面上的剪力等于 $\tau_x dy dz$，其对 z 轴的矩等于 $\tau_x dy dz dx$，使得单元体有发生顺时针转动

的趋势。但单元体实际上处于平衡状态，所以在单元体的以 y 轴为法线的面上必有切应力 τ_y，产生对 z 轴的大小为 $\tau_y dx dz dy$ 的逆时针力矩，以保持单元体的平衡。

根据平衡条件 $\sum M_z=0$，即 $\tau_x dy dz dx - \tau_y dx dz dy=0$，可得出

$$\tau_x=\tau_y \tag{5.12}$$

式(5.12)表明，在相互垂直的两个平面上，切应力必然成对存在，且数值相等；两者都垂直于两个平面的交线，方向则共同指向或共同背离这一交线。这就是切应力互等定理。

三、剪切胡克定律

如图 5.10 所示的微元体在切应力的作用下产生剪切变形，互相垂直的两侧边所夹直角发生了微小改变（图 5.11），直角的改变量称为切应变，用 γ 表示，其单位为 rad（弧度）。

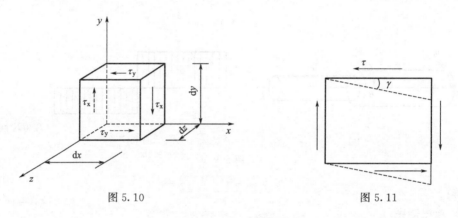

图 5.10   图 5.11

从试验得知，当切应力 τ 不超过材料的剪切比例极限 τ_p 时，切应力 τ 与切应变 γ 成正比关系，可以表示为

$$\tau=G\gamma \tag{5.13}$$

这就是剪切胡克定律。式中比例系数 G 称为材料的剪切弹性模量。它的单位与拉、压弹性模量 E 相同，常用单位为 GPa。对于不同材料，其 G 值不相同，可由试验测定。钢材的剪切弹性模量 G 约为 80GPa。

另外，对于各向同性材料，可以证明三个弹性常量 E、G、μ 之间存在下列关系：

$$G=\frac{E}{2(1+\mu)} \tag{5.14}$$

所以，对于各向同性材料，在三个弹性常量中，只要用试验求得其中两个值，则另一个即可确定。

第三节 圆轴扭转时的强度条件及应用

为了保证圆轴在扭转时有足够的强度，必须使轴内的最大工作切应力 τ_{max} 不超过材料的许用扭转切应力。于是，可建立圆轴在扭转时的强度条件为

$$\tau_{max} \leqslant [\tau] \tag{5.15}$$

由于等直圆轴的最大工作切应力 τ_{max} 发生在最大扭矩 T_{max} 所在横截面（危险截面）的周边上任一点处，因此上述强度条件也可写为

$$\tau_{max}=\frac{T_{max}}{W_t}\leqslant[\tau] \tag{5.16}$$

式中，$[\tau]$ 为材料的许用扭转切应力，其值可查有关资料。

试验指出，在静荷载作用下，材料的许用切应力 $[\tau]$ 和许用拉应力 $[\sigma]$ 之间存在有一定关系，对于塑性材料，$[\tau]=(0.5\sim0.6)[\sigma]$；对于脆性材料，$[\tau]=(0.8\sim1.0)[\sigma]$。

例 5.4 实心圆轴如图 5.12(a) 所示。已知外力偶矩 $m_A=318\text{N}\cdot\text{m}$，$m_B=382\text{N}\cdot\text{m}$，$m_C=1273\text{N}\cdot\text{m}$，$m_D=573\text{N}\cdot\text{m}$。材料的剪切弹性模量 $G=80\text{GPa}$，若 $[\tau]=50\text{MPa}$，试按照强度条件设计此轴的直径。

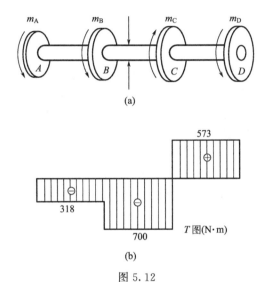

图 5.12

解：

① 画转矩图，如图 5.12(b) 所示。

由图可知，最大转矩发生在 BC 段，其值为 $T_{max}=700\text{N}\cdot\text{m}$。因为该轴为等截面圆轴，所以危险截面为 BC 段内各横截面，其周边各点处切应力达到最大值。

② 按强度条件设计轴的直径。

由强度条件

$$\tau_{max}=\frac{T_{max}}{W_t}\leqslant[\tau]$$

式中，$W_t=\dfrac{\pi D^3}{16}$，则

$$D\geqslant\sqrt[3]{\frac{16\,T_{max}}{\pi[\tau]}}=\sqrt[3]{\frac{16\times700\text{N}\cdot\text{m}}{\pi\times50\times10^6\text{Pa}}}=0.0415\text{m}$$

故应该选用直径 $D=41.5\text{mm}$ 的实心圆轴。

第四节 圆轴扭转时的变形

一、圆轴扭转变形计算

由扭转变形现象可知，圆轴扭转时，各横截面之间绕轴线发生相对转动。因此，圆轴扭转时的变形，可用两个横截面绕轴线转动的相对转角即扭转角来度量。长为 l 的圆轴，其两端面的相对扭转角为

$$\varphi = \frac{Tl}{GI_P} \tag{5.17}$$

这就是计算圆轴扭转变形的基本公式。式中，GI_P 称为圆轴的抗扭刚度；φ 称为长度为 l 的圆轴的扭转角。

由式 (5.17) 可见，扭转角与扭矩和圆轴长度 l 成正比，与圆轴的抗扭刚度 GI_P 成反比。扭转角的单位是 rad（弧度）。

如果在圆轴的两截面间，扭矩 T 为变量，或者轴为阶梯轴（I_P 为变量），则扭转角应取各段相对扭转角的代数和，即

$$\varphi = \sum \varphi_i = \sum \frac{T_i l_i}{GI_{Pi}} \tag{5.18}$$

对于单根圆轴来讲，其变形的强弱程度由单位长度的扭转角 θ 来反映，按其定义有

$$\theta = \frac{\varphi}{l}$$

根据式 (5.17) 可得

$$\theta = \frac{T}{GI_P} \tag{5.19}$$

式中，θ 的单位是 rad/m。

当 θ 的单位采用（°）/m 时，式 (5.19) 变为式 (5.20)：

$$\theta = \frac{T}{GI_P} \times \frac{180}{\pi} \tag{5.20}$$

对于等截面轴来说，最大单位长度扭转角 θ_{max} 发生在最大转矩 T_{max} 所在的段上。对于变截面轴来说，应按 T 和 I_P 两个因素来判断，分段计算 θ，然后比较得到 θ_{max}。

例 5-5 如图 5.13(a) 所示为圆截面轴，直径 $d = 70$mm，第一段的长度 $l_1 = 0.4$m，第二段的长度 $l_2 = 0.6$m，所受荷载如图 5.13 所示。材料的剪切弹性模量 $G = 8 \times 10^4$MPa，求最大单位长度扭转角 θ_{max} 及全轴的扭转角 φ。

解：

① 画扭矩图如图 5.13(b) 所示。两段中的扭矩分别为

$$T_1 = -1.6\text{kN} \cdot \text{m} \qquad T_2 = 0.8\text{kN} \cdot \text{m}$$

② 容易判断 θ_{max} 是在所在的第一段内。

③ 截面几何参数：

$$I_\rho = \frac{\pi d^4}{32} = \frac{3.14 \times 7^4 \text{cm}^4}{32} = 236\text{cm}^4$$

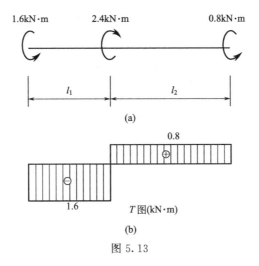

图 5.13

④ 计算 $\theta_{\max}$ 及 φ:

$$\theta_{\max} = \frac{T_1}{GI_P} = \frac{1.6 \times 10^3 \text{N} \cdot \text{m}}{8 \times 10^{10} \text{Pa} \times 236 \times 10^{-8} \text{m}^4} = 0.0085 \text{rad/m}$$

$$\varphi = \sum \frac{T_i l_i}{GI_P} = \frac{T_1 l_1}{GI_P} + \frac{T_2 l_2}{GI_P} = \frac{-1.6 \times 10^3 \text{N} \cdot \text{m} \times 0.4\text{m} + 0.8 \times 10^3 \text{N} \cdot \text{m} \times 0.6\text{m}}{8 \times 10^{10} \text{Pa} \times 236 \times 10^{-8} \text{m}^4}$$

$$= -0.00085 \text{rad}$$

结果的负号表明 φ 的转向与负扭矩 T_1 的转向相同。

二、圆轴扭转的刚度校核

为了避免受扭的轴产生过大的变形，除了要保证强度条件以外，还要满足刚度要求。工程中，通常是用单位长度扭转角 θ 来限制轴的扭转变形。因此，其刚度条件为

$$\theta_{\max} \leqslant [\theta] \tag{5.21}$$

根据式(5.19)，即可得到刚度条件为

$$\theta_{\max} = \frac{T_{\max}}{GI_P} \leqslant [\theta] \tag{5.22}$$

式中，$[\theta]$ 为单位长度许用扭转角，其单位为 rad/m，具体数值可从有关手册中查得。若以 (°)/m 为单位，则上述公式左边的 T/GI_P 应乘以 $180/\pi$，即

$$\theta_{\max} = \frac{T_{\max}}{GI_P} \times \frac{180}{\pi} \leqslant [\theta]$$

例 5.6 如图 5.14 所示为汽车的传动轴，转动时输入的力偶矩 $T_e = 1.6$kN·m，轴由无缝钢管制成。外径 $D = 90$mm，内径 $d = 84$mm。已知许用单位长度扭转角为 $[\theta] = 0.026$rad/m，材料的剪切弹性模量 $G = 80$GPa，试对该轴作刚度校核。

图 5.14

※解:

(1) 计算扭矩

圆轴横截面上的扭矩为：

$$T = T_e = 1.6\text{kN} \cdot \text{m}$$

(2) 计算圆轴的极惯性矩

$$I_P = \frac{\pi}{32}(D^4 - d^4) = \frac{\pi D^4}{32}\left[1 - \left(\frac{d}{D}\right)^4\right] = \frac{\pi \times (90 \times 10^{-3})^4}{32} \times \left[1 - \left(\frac{84}{90}\right)^4\right]$$

$$= 155.3 \times 10^{-8}(\text{m}^4)$$

(3) 校核轴的刚度

轴的最大单位长度扭转角为

$$\theta_{max} = \frac{T}{GI_P} = \frac{1.6 \times 10^3}{80 \times 10^9 \times 155.3 \times 10^{-8}} = 0.01288\text{rad/m} < [\theta]$$

故该轴的刚度要求是满足的。

第五节 矩形截面扭转轴简介

　　工程中，除了圆截面的受扭杆件外，还有一些非圆截面的受扭杆，如内燃机曲轴的曲柄臂、石油钻机的主轴以及雨篷梁等都是矩形截面杆受扭的情况。因此，有必要研究非圆截面杆，特别是矩形截面杆的扭转问题。

　　取一根横截面为矩形的等直杆，在其侧面画出纵向线和横向周界线，如图5.15(a)所示，扭转变形后，横向周界线变为空间曲线，如图5.15(b)所示。这表明变形后杆件的横截面不再保持为平面，而变成曲面，这种现象称为翘曲。所以，平面假设对非圆截面杆件的扭转已不再适用，同时，根据平面假设建立起来的圆轴扭转时的应力和变形计算公式也不再适用。

　　矩形截面杆的扭转问题需用弹性力学的方法来研究。下面只将矩形截面杆在自由扭转时由弹性力学研究的主要结果简述如下（见图5.16）：

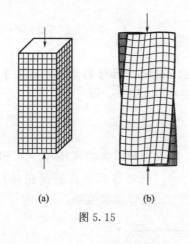

(a)　　　　(b)

图5.15

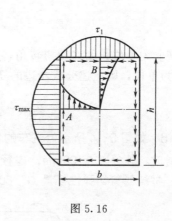

图5.16

① 横截面的四个角点处切应力恒等于零。

② 横截面周边各点处的切应力必与周边相切，组成一个与扭矩转向相同的环流。

③ 最大切应力 $\tau_{\max}$ 发生在横截面长边的中点处，其值为

$$\tau_{\max} = \frac{T}{\beta b^3} \tag{5.23}$$

④ 在短边的中点处存在较大的切应力 τ_1，其值为

$$\tau_1 = \gamma \tau_{\max} \tag{5.24}$$

⑤ 单位长度相对扭转角的计算公式为

$$\theta = \frac{T}{G\alpha b^4} \tag{5.25}$$

在以上三式中，T 为横截面上的扭矩；α、β、γ 为与边长比 h/b 有关的系数，其数值已列于表 5.1 中。

表 5.1   α、β、γ 系数表

h/b	1.0	1.5	2.0	2.5	3.0	4.0	6.0	8.0	10.0
α	0.140	0.294	0.457	0.622	0.790	1.123	1.789	2.456	3.123
β	0.208	0.346	0.493	0.645	0.801	1.115	1.789	2.456	3.123
γ	1.000	0.858	0.796	0.766	0.753	0.745	0.743	0.743	0.743

小结

本章主要研究扭转轴的强度设计和刚度校核。

① 扭矩：扭矩是与横截面相平行的分布内力系的合力偶矩，用符号 T 表示。扭矩的正负按右手螺旋法则确定。

② 应力：圆轴扭转时，横截面上的切应力沿径向呈线性分布，距离圆心越远，应力就越大，其计算公式为

$$\tau = \frac{T}{I_P} \rho$$

③ 强度条件为

$$\tau_{\max} = \frac{T_{\max}}{W_t} \leqslant [\tau]$$

④ 扭转轴的变形计算及刚度条件为

$$\theta_{\max} = \frac{T_{\max}}{GI_P} \leqslant [\theta]$$

习题

5.1 试画出题 5.1 图所示扭转轴的扭矩图。

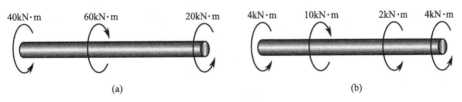

(a)   (b)

题 5.1 图

5.2 如题 5.2 图所示的传动轴。已知在 A 截面处输入的功率为 $P_A=10\text{kW}$，在 B、C 截面处输出的功率相等即 $P_B=P_C=5\text{kW}$，轴的转速 $n=60\text{r/min}$，试画出它的扭矩图。

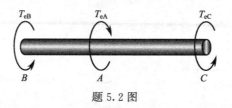

题 5.2 图

5.3 题 5.3 图所示空心圆截面轴，外径 $D=40\text{mm}$，内径 $d=20\text{mm}$，扭矩 $T=1\text{kN}\cdot\text{m}$，试计算 $\rho=15\text{mm}$ 的 A 点处的切应力及横截面上的最大和最小切应力。

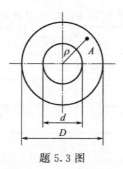

题 5.3 图

5.4 阶梯圆轴 AB 尺寸和所受荷载如题 5.4 图所示。已知：$l=2\text{m}$，$d=100\text{mm}$，$m_1=m_2=2\text{kN}\cdot\text{m}$，材料的剪切弹性模量 $G=80\text{GPa}$，试作出其扭矩图，并求出最大切应力和最大扭转角。

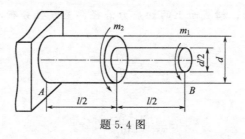

题 5.4 图

5.5 两段直径 $d=100\text{mm}$ 的圆轴由法兰盘和螺栓加以连接，八个螺栓布置在 $D_0=200\text{mm}$ 的圆周上，如题 5.5 图所示。已知圆轴扭转时的最大切应力为 70MPa，螺栓容许切应力 $[\tau]=60\text{MPa}$，求螺栓所需的直径 d_0。

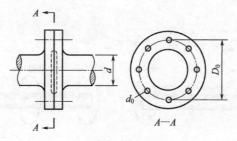

题 5.5 图

5.6　扭转轴的横截面如题 5.6 图所示。其上的扭矩 $T=4\mathrm{kN}\cdot\mathrm{m}$，截面尺寸 $b=5\mathrm{cm}$，$h=9\mathrm{cm}$，材料的剪切弹性模量 $G=80\mathrm{GPa}$。求：①横截面上的最大切应力；②短边中点的切应力 τ_1；③单位长度扭转角 θ。

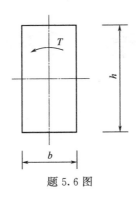

题 5.6 图

5.7　一钢制圆轴，材料的许用剪应力 $[\tau]=50\mathrm{MPa}$，剪切弹性模量 $G=8\times10^4\mathrm{MPa}$。轴在两端受扭转力偶矩 $m=18\mathrm{kN}\cdot\mathrm{m}$ 的作用，其许用单位长度扭转角 $[\theta]=0.3°/\mathrm{m}$，试按照强度条件和刚度条件确定轴的直径。

第六章 弯曲内力

本章主要研究弯曲梁的内力——弯矩和剪力，最终目的是能够准确、快速地画出弯矩图和剪力图。

第一节 平面弯曲梁的内力

一、平面弯曲梁的工程实例及受力变形特点

凡以弯曲为主要变形的杆件，当水平放置或倾斜放置时，通常称为梁（beam）。梁在建筑工程中有着广泛的应用，如图 6.1(a) 所示的阳台挑梁，图 6.1(b) 所示的车轴，图 6.1 (c) 所示的桥式吊车梁。

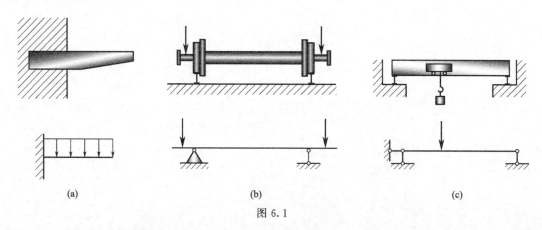

(a)   (b)   (c)

图 6.1

工程中最常见的梁，其横截面通常都采用对称的形状，如矩形、工字形、T 形及圆形等。梁横截面的竖向对称轴与梁轴线所确定的平面称为梁的纵向对称面。如图 6.2 所示的阴影区显示了该梁的纵向对称面。当所有的荷载都作用在梁的纵向对称面内时，梁的纵向轴线将弯曲成一条平面曲线，这条曲线也在梁的这个纵向对称面内，把这种弯曲称为平面弯曲。平面弯曲是要研究的又一种形式的基本变形。本书对梁弯曲的研究主要是围绕平面弯曲展开的。

平面弯曲梁的受力特点是：所受的外力都作用在梁的对称平面内且均与梁的纵向轴线相

垂直；所受的外力偶也都作用在梁的对称平面内，见图 6.2。

平面弯曲梁的变形特点是：梁变形后，其原为直线的轴线变成了纵向对称平面内的一条曲线。

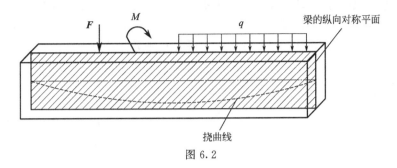

图 6.2

二、静定梁的三种基本形式

作用在梁上的荷载通常有三种，即集中荷载 F、分布荷载 q 和集中力偶 M。这三种荷载在前面均作过讨论。

在平面弯曲中，要研究的静定梁有三种基本形式，即简支梁、外伸梁和悬臂梁，见图 6.1。这三种形式的静定梁在前面也都作过讨论。

三、平面弯曲梁内力——剪力和弯矩的计算

如图 6.3 所示为一平面弯曲梁，现用截面法求 m—m 横截面上的内力。首先，求支座反力 F_A 和 F_B，我们很容易求得 $F_A = F_B = 4\text{kN}$。然后，沿 m—m 截面假想把梁分成两部分，并选左边部分为研究对象。由于整个梁是平衡的，所以截离体也处于平衡状态。

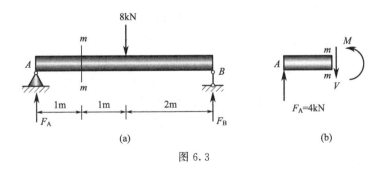

图 6.3

由 $\sum F_y = 0$ 可知，在该截面上肯定作用着一个竖直向下的力与 F_A 平衡，见图 6.3(b)，此力称为剪力（shearing force），用符号 V 来表示，它实际上是与横截面相切的分布力系的合力。剪力是弯曲梁的内力之一。

另外，从图 6.3(b) 中可看出，剪力 V 和支座反力 F_A 共同组成一个顺时针的力偶。由 $\sum M = 0$ 可知，在该截面上肯定还作用着一个逆时针的内力偶，其力偶矩称为弯矩（bending moment），用符号 M 来表示，它实际上是与横截面相垂直的分布内力系的合力偶矩，它是弯曲梁的另一个内力。显然，该例中的 M 大小为 $4\text{kN} \times 1\text{m} = 4\text{kN} \cdot \text{m}$。

由此可见，平面弯曲梁的内力与前两种基本变形不同，它有两个内力：一个是剪力 V，

另一个是弯矩 M。

不难想象，当选右侧的截离体为研究对象时，所得到的两个内力均与选左侧截离体时大小相等，但方向相反。为了使上述两种算法得到的同一截面上的弯矩和剪力，不但数值相同而且符号也一致，即为了使弯矩和剪力的计算与截离体的选择无关，特作如下的规定：使截离体顺时针转动的剪力为正，反之为负；使梁下侧受拉的弯矩为正，反之为负。如图 6.3 (b) 所画出的剪力和弯矩均为正。弯矩和剪力正负的规定，可用图 6.4 进行直观说明。

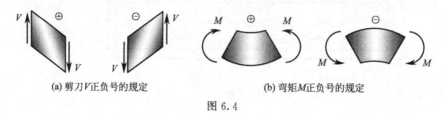

(a) 剪刀 V 正负号的规定   (b) 弯矩 M 正负号的规定

图 6.4

第二节 剪力方程和弯矩方程 剪力图和弯矩图

在梁上所取的横截面不同，其剪力和弯矩一般也不相同。为了进行强度和刚度计算，需要知道剪力和弯矩沿梁轴线的变化情况，以及剪力和弯矩的极值及其所在的位置。用图线表示剪力和弯矩的变化情况最为方便，把这种图线分别称为剪力图（shearing force diagram）和弯矩图（bending moment diagram）。画剪力图和弯矩图的方法有很多种，以后将会陆续介绍。在这一节，将介绍画剪力图和弯矩图最基本的方法，即首先列出梁上剪力的函数表达式 $V = V(x)$ 和弯矩的函数表达式 $M = M(x)$，它们分别称为剪力方程和弯矩方程；然后，再根据函数表达式即可画出其剪力图和弯矩图。

下面举例说明根据剪力方程和弯矩方程画剪力图和弯矩图的方法。

例 6.1 如图 6.5(a) 所示的简支梁上作用着集中荷载 F，试画出其剪力图和弯矩图。已知梁的跨度为 l。

解： 首先，求支座反力 F_A 和 F_B。

由 $\sum M_B = 0$，得 $Fb - F_A l = 0$，$F_A = \dfrac{b}{l} F$

由 $\sum F_y = 0$，得 $F_B = \dfrac{a}{l} F$

然后，沿 $m—m$ 截面假想把梁分成两部分，并选左边部分为研究对象，见图 6.5(b)。画出其受力图，在画内力时均是按正方向画出的。由于

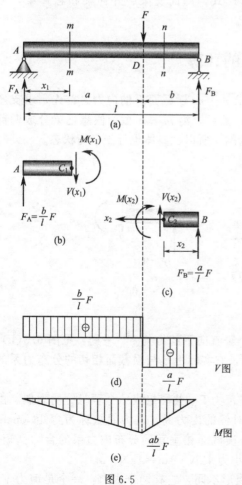

图 6.5

整个梁是平衡的，所以截离体也处于平衡状态。由 $\sum F_y = 0$，得

$$V(x_1) = \frac{b}{l}F \quad (0 < x_1 < a)$$

上式即该梁左段 AD 的剪力方程。

对截面的形心 C_1 求力矩，由 $\sum M_{C1} = 0$，得

$$M(x_1) - \frac{b}{l}Fx_1 = 0$$

$$M(x_1) = \frac{b}{l}Fx_1 \quad (0 \leqslant x_1 \leqslant a)$$

上式即该梁左段 AD 的弯矩方程。再沿 n—n 截面假想把梁分成两部分，并选右边部分为研究对象，见图 6.5(c)。画出其受力图，在画内力时均是按正方向画出的。注意，为了简化计算，选向左的方向为坐标轴 x_2 的正方向。若 $x_2 = 0$，所代表的是 B 截面；若 $x_2 = b$，所代表的是 D 截面。由 $\sum F_y = 0$，得

$$V(x_2) = -\frac{a}{l}F \quad (0 < x_2 < b)$$

上式即该梁右段 DB 的剪力方程。

对 n—n 截面的形心 C_2 求力矩，由 $\sum M_{C2} = 0$，得

$$-M(x_2) + \frac{a}{l}Fx_2 = 0$$

$$M(x_2) = \frac{a}{l}Fx_2 \quad (0 \leqslant x_2 \leqslant b)$$

上式即该梁右段 DB 的弯矩方程。

最后分段画出剪力图和弯矩图，见图 6.5(d)、(e)。

注意画弯矩图与画其他的内力图（即 N 图、T 图和 V 图）有所不同。

① 在建筑力学中把弯矩图画在梁受拉的一侧，且在弯矩图上不用标出正负。

② 又因为规定了梁的下侧受拉为正，所以当所计算的弯矩为正时，弯矩图要画在轴的下侧，这与其他内力图的画法正好相反，请读者要特别留意。

由本例题可以得到这样一个结论：当简支梁的上作用着一个集中荷载 F 时，最大弯矩出现在集中荷载作用的截面上，且

$$M_{max} = \frac{ab}{l}F \tag{6.1}$$

特别地，当集中荷载作用在梁的正中间时，即 $a = b = \dfrac{l}{2}$ 时：

$$M_{max} = \frac{Fl}{4} \tag{6.2}$$

另外还发现，在集中力作用处，剪力图要发生突变；弯矩图在此处为一折点。

例 6.2　如图 6.6(a) 所示的简支梁上作用着均布荷载 q，试画出其剪力图和弯矩图。已知梁的跨度为 l。

解：　首先，求支座反力 F_A 和 F_B。由于荷载的对称性，我们很容易求得 $F_A = F_B = ql/2$。然后，沿 m—m 截面假想把梁分成两部分，并选左边部分为研究对象。再画出其受力图，在画内力时均是按正方向画出的。由于整个梁是平衡的，所以截离体也处于平衡状态。

由 $\sum F_y = 0$，得

$$\frac{ql}{2} - V(x) - qx = 0$$

$$V(x) = \frac{ql}{2} - qx \quad (0 < x < l) \tag{6.3}$$

式(6.3)即该梁的剪力方程。然后作剪力图。由于剪力方程为一直线，只要确定两点即可。最后画出的剪力图见图6.6(c)。

对截面的形心 C 求力矩，由 $\sum M_C = 0$，得

$$M(x) + qx \times \frac{x}{2} - \frac{ql}{2} x = 0$$

$$M(x) = \frac{ql}{2} x - \frac{q}{2} x^2 \quad (0 \leqslant x \leqslant l) \tag{6.4}$$

式(6.4)即该梁的弯矩方程。然后作弯矩图。

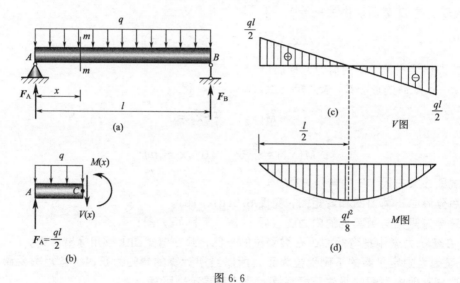

图 6.6

由于弯矩方程为一抛物线，需按画抛物线的方法来画出弯矩图。先确定抛物线的极值位置及其大小，由中学所学的抛物线知识可知，当

$$x = -\frac{b}{2a} = -\frac{\dfrac{ql}{2}}{2 \times \left(-\dfrac{q}{2}\right)} = \frac{l}{2} \text{时，}$$

$$M_{max} = \frac{4ac - b^2}{4a} = \frac{4 \times \left(-\dfrac{q}{2}\right) \times 0 - \left(\dfrac{ql}{2}\right)^2}{4 \times \left(-\dfrac{q}{2}\right)} = \frac{ql^2}{8}$$

所以，极值位于跨中且为正的，应画在轴线的下方。另外，当 $x = 0$ 和当 $x = l$ 时，M 均为零，即可画出弯矩图，见图6.6(d)。当然了，也可利用高等数学中的微积分来画出弯矩图。

由本例题我们得到这样一个结论：当简支梁的整跨上都作用着均布荷载 q 时，最大弯矩出现在梁的正中间，且

$$M_{\max} = \frac{ql^2}{8} \tag{6.5}$$

例6.3　如图6.7(a)所示的简支梁上作用着集中力偶 M_e，试画出其剪力图和弯矩图。已知梁的跨度为 l。

解：　首先，求支座反力 F_A 和 F_B。

$$F_A = \frac{M_e}{l}(\downarrow), \quad F_B = \frac{M_e}{l}(\uparrow)$$

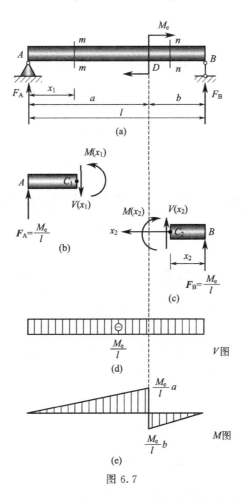

图6.7

然后，沿 m—m 截面假想把梁分成两部分，并选左边部分为研究对象，见图6.7(b)。画出其受力图，在画内力时均是按正方向画出的。由于整个梁是平衡的，所以截离体也处于平衡状态。由 $\sum F_y = 0$，得

$$V(x_1) = -\frac{M_e}{l} \qquad (0 < x_1 < a)$$

上式即该梁左段 AD 的剪力方程。对截面的形心 C_1 求力矩，由 $\sum M_{C1} = 0$，得

$$M(x_1) + \frac{M_e}{l}x_1 = 0$$

$$M(x_1) = -\frac{M_e}{l}x_1 \quad (0 \leqslant x_1 \leqslant a)$$

上式即该梁左段 AD 的弯矩方程。再沿 n—n 截面假想把梁分成两部分，并选右边部分为研究对象，见图 6.7(c)。注意，为了简化计算，选向左的方向为坐标轴 x 的正方向。若 $x_2 = 0$，所代表的是 B 截面；若 $x_2 = b$，所代表的是 D 截面。由 $\sum F_y = 0$，得

$$V(x_2) = -\frac{M_e}{l} \qquad (0 < x_2 < b)$$

上式即该梁右段 DB 的剪力方程。

对 n—n 截面的形心 C_2 求力矩，由 $\sum M_{C2} = 0$，得

$$-M(x_2) + \frac{M_e}{l}x_2 = 0$$

$$M(x_2) = \frac{M_e}{l}x_2 \quad (0 \leqslant x_2 \leqslant b)$$

上式即该梁右段 DB 的弯矩方程。

最后分段画出剪力图和弯矩图，见图 6.7(d)、(e)。

由本例题可以得到这样一个结论：在集中力偶作用处，弯矩图要发生突变；而剪力图无任何变化。

第三节 弯矩、剪力和分布荷载集度间的微分关系

一、M、V 和 q 间的微分关系

前面几个例题中的荷载尽管只有一个，而此时用列剪力方程和弯矩方程的方法画内力图时已较麻烦了。试想当荷载的个数较多时，分段也会相应地增多，绘制内力图的过程将会非常烦琐。下面讨论弯矩、剪力和荷载的关系，并试图由此寻找画内力图的简单方法。

在例 6.2 中，得到了简支梁作用均布荷载时的剪力方程和弯矩方程，为了方便讨论，现把它们再重新写出来，即

$$V(x) = \frac{ql}{2} - qx$$

$$M(x) = \frac{ql}{2}x - \frac{q}{2}x^2$$

把 $M(x)$ 对 x 分别求一阶导数和二阶导数得

$$\frac{\mathrm{d}M(x)}{\mathrm{d}x} = \frac{ql}{2} - qx = V(x)$$

$$\frac{\mathrm{d}^2 M(x)}{\mathrm{d}x^2} = \frac{\mathrm{d}V(x)}{\mathrm{d}x} = -q$$

于是得到这样的结论：在梁的任何截面处，将弯矩函数 $M(x)$ 对 x 求导，就会得到剪力函数 $V(x)$；而再将剪力函数 $V(x)$ 对 x 求导，就会得到分布荷载的集度 q（以向上为正）。这个规律是普遍成立的，请读者自行验证一下例 6.1 和例 6.3 的这个关系。利用高等数学中的微积分知识就可以进行这个结论的一般性推导，有兴趣的读者可看其他书籍。

q、V、M 间的微分关系，从几何上来说就是剪力图在某点的切线斜率等于相应截面分布荷载的集度，而弯矩图在某点的切线斜率等于相应截面的剪力值。这些关系对于绘制剪力

图和弯矩图有重要的应用价值。

根据 q、V、M 间的微分关系，再结合前面的几个例题，可得到梁上的荷载、剪力图和弯矩图三者有如下的一些关系：

① 在无荷载作用的梁段上，$q(x)=0$，剪力图为一段平行于梁轴的直线；弯矩图为一段倾斜的直线。

② 在作用有向下均布荷载的梁段，q 为负常数，所以 $V(x)$ 为 x 的线性函数，即在该梁段的剪力图为倾斜的直线，且其倾斜方向为向右下方；弯矩图为向下凹的二次抛物线。

③ 在集中力作用处，由于剪力图要发生突变，即弯矩图的切线斜率在此处突变，因此弯矩图在此处形成折角。

④ 在集中力偶作用处，弯矩图发生突变，而剪力图并无任何变化。

上述剪力和弯矩之间的微分关系反映在图形上所表现出来的特征，见表 6.1。

表 6.1 剪力和弯矩的微分关系在图形上表现的特征

外力的类型	无荷载梁段	向下的均布荷载 q	集中力 F	集中力偶 M M
剪力图的特征	与杆件轴线平行的直线 ⊕ 或 ⊖ 或与轴线重合	向右下方倾斜的直线 ⊕ 或 ⊖	在作用点 A 处有突变	无影响
弯矩图的特征	或 或与轴线平行	下凹的二次抛物线 或	在作用点 C 处有折角	
极值出现的位置		在 $V=0$ 的截面	在 $V=0$ 的截面	在靠近 C 处的某一截面

二、利用剪力图确定弯矩的极值

在高等数学中已经学过，当利用微积分求函数 $f(x)$ 的极值时，首先需求出 $f(x)$ 的一阶导数 $f'(x)$，然后令其等于零，求 $f(x)$ 的驻点。由于弯矩函数 $M(x)$ 对 x 的一阶导数就是剪力函数 $V(x)$，因此在剪力为零处，弯矩有极值。参看例 6.1 和例 6.2 的剪力图和弯矩图，在剪力为零的地方弯矩是否出现了极值。

在求弯矩极值的具体数值时，为了叙述方便，把例 6.2 的剪力图和弯矩图重新画出来，见图 6.8。

在前面弯曲内力图的绘制过程中，已经体会到了画剪力图要比画弯矩图容易得多。现在假设剪力图已经画出，那么如何利用剪力与弯矩的关系来确定弯矩的极值呢？

弯矩函数 $M(x)$ 对 x 的一阶导数就是剪力函数 $V(x)$，由于微分的逆运算为积分，因此，当已知剪力函数时求弯矩，只要对剪力函数积分即可。我们知道，积分的几何含义就是求面积，所以可用求剪力图与梁的轴线所包围面积的方法来求弯矩的极值。

下面以图 6.8 为例来作一说明。在该图中剪力图与轴线的交点（即剪力为零的点）位于

梁的正中间，可判断在该处弯矩有极值。剪力图与轴线所包围的面积即三角形 ACD 的面积为

$$A = \frac{1}{2} \times \frac{l}{2} \times \frac{ql^2}{2} = \frac{ql^2}{8}$$

正好是弯矩图 6.8(b) 中的极值。

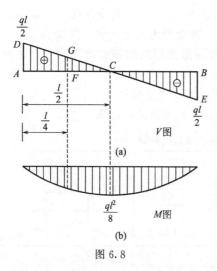

V图

(a)

$$\frac{ql^2}{8} \quad M图$$

(b)

图 6.8

综上所述，可以得到如下结论：在剪力图与轴线的交界处，弯矩会出现极值，极值的大小可由剪力图与轴线所包围的面积求得。

讨论：

① 有了内力的极值，就可从各极值当中确定出内力的最大值（包括最大正弯矩和最大负弯矩）。求内力的最大值是建筑力学的一项重要任务，内力的最大值是结构设计的重要依据。

② "在剪力图与轴线的交界处，弯矩会出现极值"，这只是弯矩出现极值的一种情况；还有另外一种情况，即在集中力偶作用处弯矩也可能出现极值，参看例 6.3。

③ 实际上，利用求剪力图与梁的轴线所包围面积的方法，不仅可以求弯矩的极值，而且还可以求出任何截面的弯矩值。例如图 6.8 中的 F 截面，设该截面到梁左端 A 的距离为 $\frac{l}{4}$，此时剪力图与梁的轴线所包围图形为一梯形，F 截面上的弯矩就等于其面积，为

$$\frac{(FG+AD)}{2}AF = \frac{\frac{ql}{2} + \frac{ql}{4}}{2} \times \frac{l}{4} = \frac{3}{32}ql^2$$

而由弯矩方程即式（6.4）所确定的该截面的弯矩为

$$M\left(\frac{l}{4}\right) = \frac{ql}{2} \times \frac{l}{4} - \frac{q}{2} \times \left(\frac{l}{4}\right)^2 = \frac{ql^2}{8} - \frac{ql^2}{32} = \frac{3}{32}ql^2$$

两者相等。利用求剪力图与梁的轴线所包围面积的方法，可求出弯矩图中任何截面的弯矩值，这说明利用较简单的剪力图即可画出复杂的弯矩图。这就提供了一种不用列弯矩方程即可画弯矩图的方法。

第四节 梁内力图的规律绘制法

"规律绘制法"画梁的内力图的理论基础就是上节讨论的弯矩、剪力和分布荷载集度间的微分关系，不过更加通俗、简单、实用。

在用"规律绘制法"画内力图时，需遵循"从左到右"的原则。所谓的"从左到右"即所有内力图的绘制都是从杆件的左端开始，画至右端终止。它可归纳为下列三种情况。

① 水平的杆件，见图 6.9。从 A 开始，画至 B 结束。

② 倾斜的杆件，见图 6.10。从 A 开始，画至 B 结束。

③ 刚架，见图 6.11。假想钻到（站到）刚架的内侧，俯视每段直杆，从左到右。对

图（a），画内力图的顺序是 $A{\rightarrow}B{\rightarrow}C{\rightarrow}D$；对图（b），画内力图的顺序是 $A{\rightarrow}B{\rightarrow}C$。

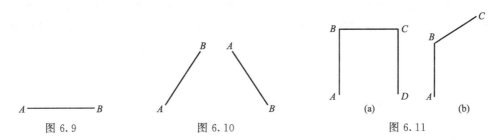

图 6.9　　　　　　　图 6.10　　　　　　　图 6.11

一、剪力图的规律绘制

把前述有关剪力图的具有普遍意义的规律总结如下，该规律也是我们绘制剪力图的依据。

① 在集中力作用处，剪力图发生突变。突变的方向与集中力的方向相同，突变的幅度与集中力的大小相等。

② 在均布荷载作用的区域，剪力图是斜线。其倾斜的方向与均布荷载的方向相同，倾斜的幅度等于均布荷载与轴线包围的面积，或倾斜的斜率为均布荷载的集度 q。

③ 在无荷载作用的区域，剪力图是一条平行于轴线的直线。

④ 剪力图与集中力偶"无关"（之所以加上引号是画剪力图时，根本不用去理会集中力偶。但在画剪力图之前，需先求支座反力，而支座反力是与集中力偶是有关的，因此，剪力图与集中力偶并不是绝对无关）。

例 6.4　试画出如图 6.12(a) 所示外伸梁的剪力图。

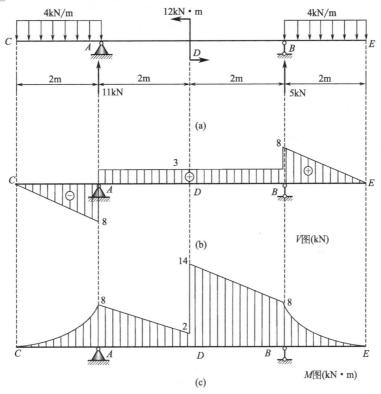

图 6.12

解： 首先，求支座反力 F_A 和 F_B。

可用叠加法求支座反力，当只作用两个均布荷载时，由于对称两支座的支座反力相等都是向上的 8kN；当只作用着集中力偶时，两支座的支座反力将构成一个力偶与该力偶相平衡，因此，这时的两支座的支座反力大小相等都是 $\dfrac{12kN \cdot m}{4m} = 3kN$，只是 A 处的支座反力方向是向上的，而 B 处的支座反力方向却是向下的。于是

$$F_A = 8kN + 3kN = 11kN(\uparrow)$$
$$F_B = 8kN - 3kN = 5kN(\uparrow)$$

然后，按上述总结的画剪力图的规律，画出剪力图。

二维码8

6.1　例题 6.4、
6.5 的手机
求解

从最左端 C 开始，直至截面 A 的左侧，此时的荷载为均布荷载，由规律②可知其剪力图为一向下倾斜的直线，倾斜的幅度等于均布荷载与轴线包围的面积：$4kN/m \times 2m = 8kN$，见图 6.12(b)。

在 A 截面上有集中力 $F_A = 11kN(\uparrow)$，由规律①可知，剪力图要发生突变，突变的方向向上，突变的幅度等于 11kN。注意该突变是在 -8kN 的基础之上的，突变后的剪力值即截面 A 右侧的剪力值为 -8kN + 11kN = 3kN。

从 A 截面到 B 截面，由规律③和④可知，其剪力图为平行于轴线的直线。

当剪力图画到 B 截面时，在 B 截面上又有集中力 $F_B = 5kN(\uparrow)$，再由规律①可知，剪力图要向上突变 5kN。注意该突变是在 3kN 的基础之上的，即突变后的剪力值为 3kN + 5kN = 8kN。

最后，从 B 截面开始，直至最右端截面，此时的荷载也为均布荷载，再由规律可知，其剪力图为一向下倾斜的直线，倾斜幅度为均布荷载与轴线包围的面积：$4kN/m \times 2m = 8kN$；所以，剪力图从 B 截面的 8kN 开始一直向下降，剪力图最后回到零，见图 6.12(b)。

值得说明的是，剪力图最后都必须回到零。当从最左端开始画剪力图，画至最右端时，剪力图是自动封口的（回到零），说明所画的剪力图是正确的；否则，当中间有任何地方画错，剪力图将不能自动封口。因此，用这种方法画剪力图有自动校核的功能。

■ 二、弯矩图的规律绘制

把前述有关弯矩图的具有普遍意义的规律总结如下，此规律也是绘制弯矩图的依据。

① 弯矩图的样式：当剪力图是水平直线时，则对应段的弯矩图就是斜线；而当剪力图是斜线时，则对应段的弯矩图就是曲线。

② 弯矩图的倾斜方向与剪力图所在的轴线位置正好相反。即当剪力图在轴线的上方时，弯矩图向下倾斜；而当剪力图在轴线的下方时，弯矩图向上倾斜。特殊地，当剪力图与轴线重合（即剪力为零）时，弯矩图不向任何方向倾斜，此时的弯矩图为平行于轴线的直线。

③ 弯矩图倾斜的幅度等于剪力图与轴线所包围的面积。

④ 在集中力偶作用处，弯矩图要发生突变。突变的方向为"顺下逆上"，即若集中力偶是顺时针的，则弯矩图向下突变；若集中力偶是逆时针的，则弯矩图向上突变。突变幅度为集中力偶的力偶矩大小。

值得说明的是：在规律②中，当弯矩图是曲线时，且假设是向上倾斜，则其倾斜方式可能有两种情况，见图 6.13(a)、(b)。那么倾斜方式到底是哪一种呢？这要看均布荷载 q 的

方向是向上还是向下。由于简支梁上作用满跨向下的均布荷载时，其弯矩图如图 6.13(c) 所示。因此，当 q 向下，若弯矩图以曲线的形式向上倾斜时，其倾斜的样式只能是如图 6.13(a) 所示的那样；而当弯矩图以曲线的形式向下倾斜时其倾斜的样式也只能是如图 6.13(d) 所示的那样。总之，当 q 向下时，弯矩图始终开口向上。

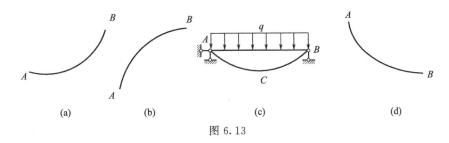

图 6.13

例 6.5　试画出如图 6.12(a) 所示外伸梁的弯矩图。

解：　首先，从最左端 C 开始，直至截面 A。此时的剪力图为斜线，由弯矩图的规律 ① 可知其弯矩图为一曲线；又因为该段的剪力图位于轴线的下方，由弯矩图的规律 ② 可知其弯矩图为一向上倾斜的曲线；倾斜的幅度为该段剪力图与轴线所包围的三角形的面积，即 $\frac{1}{2} \times 2\text{m} \times 8\text{kN} = 8\text{kN} \cdot \text{m}$（在轴线之上），见图 6.12(c) 的 CA 段。

然后，从 A 截面到 D 截面，此时的剪力图为水平直线，由弯矩图的规律 ① 可知其弯矩图为一斜线；又因为该段的剪力图位于轴线的上方，由弯矩图的规律 ② 可知其弯矩图为一向下倾斜的直线；倾斜的幅度为该段剪力图与轴线所包围的矩形的面积，即 $2\text{m} \times 3\text{kN} = 6\text{kN} \cdot \text{m}$，注意此时所要向下倾斜的 $6\text{kN} \cdot \text{m}$ 是在 $8\text{kN} \cdot \text{m}$ 的基础之上的，即经过 2m 的水平距离向下倾斜到达截面 D 的左侧时，其弯矩值为 $8\text{kN} \cdot \text{m} - 6\text{kN} \cdot \text{m} = 2\text{kN} \cdot \text{m}$（在轴线之上），见图 6.12(c) 的 AD 段。

在 D 截面作用有集中力偶 $M_e = 12\text{kN} \cdot \text{m}$（逆时针），由弯矩图的规律 ④ 可知，弯矩图要发生突变。在 D 截面弯矩图要向上突变 $12\text{kN} \cdot \text{m}$，即在 D 截面右侧的弯矩值由在轴线上方的 $2\text{kN} \cdot \text{m}$ 突变到 $14\text{kN} \cdot \text{m}$，见图 6.12(c) 的 D 截面。

类似于 AD 段，DB 段的弯矩图也是向下倾斜的直线，从 $14\text{kN} \cdot \text{m}$ 下降到 $8\text{kN} \cdot \text{m}$，见图 6.12(c) 的 DB 段。

最后，从 B 截面开始，直至最右端截面。类似于 CA 段，此时的弯矩图为一向下倾斜的曲线；倾斜的幅度为该段剪力图与轴线所包围的三角形的面积，即 $2\text{m} \times 8\text{kN}/2 = 8\text{kN} \cdot \text{m}$，弯矩图最后回到零，见图 6.12(c) 的 BE 段。

值得说明的是：

① 弯矩图和剪力图一样，最后都必须回到零。当从最左端开始画弯矩图，当画至最右端时，弯矩图若是自动封口的（回到零），就说明所画的弯矩图是正确的。因此，用这种方法画弯矩图也有自动校核的功能。

② 利用这种方法绘制弯矩图时，需参考剪力图和荷载图（当有集中力偶时），即先画剪力图，然后才能再画弯矩图。

例 6.6　试画出如图 6.14(a) 所示外伸梁的剪力图和弯矩图。

解：　首先，求支座反力 F_A 和 F_B。由 $\sum M_B = 0$ 得

$$F_A = \frac{-24\text{kN} \cdot \text{m} + 1\text{kN/m} \times 12\text{m} \times 6\text{m} + 6\text{kN} \times 8\text{m} - 6\text{kN} \times 2\text{m}}{12\text{m}} = 7\text{kN}(\uparrow)$$

由 $\sum M_A = 0$ 得

$$F_B = \frac{24\text{kN} \cdot \text{m} + 1\text{kN/m} \times 12\text{m} \times 6\text{m} + 6\text{kN} \times 4\text{m} + 6\text{kN} \times 14\text{m}}{12\text{m}} = 17\text{kN}(\uparrow)$$

再由 $\sum F_y = 0$，即 $7\text{kN} + 17\text{kN} - 6\text{kN} - 6\text{kN} - 1\text{kN/m} \times 12\text{m} = 0$，验证上述计算结果是正确的。

然后，画内力图。

先从 CA 段开始，由于该段既无集中力又无均布力，所以剪力图与轴线重合（即剪力为零）；但由于在最左端作用有集中力偶 24kN·m（顺时针），故弯矩并不为零，而是向下突变 24kN·m，又因为该段的弯矩图与轴线所包围的面积为零，所以弯矩图不向任何方向倾斜，是一平行于梁的轴线的直线，见图 6.14(b)、(c) 的 CA 段。

二维码9

6.2 例题 6.6 的计算机求解

由于在 A 处作用有集中力 $F_A = 7\text{kN}(\uparrow)$，所以剪力图从零开始向上突变 7kN。再画 AD 段，因为在 AD 段作用着方向向下的均布荷载 $q = 1\text{kN/m}$，故剪力图从 7kN 开始，向下以直线倾斜，到达 D 截面左侧时，共下降了 $1\text{kN/m} \times 4\text{m} = 4\text{kN}$，剪力已变成了 $7\text{kN} - 4\text{kN} = 3\text{kN}$。因为在该段的剪力图位于轴线之上且为斜线，所以弯矩图应向下以曲线倾斜，倾斜的幅度为剪力图与轴线所包围的梯形的面积，即 $(3\text{kN} + 7\text{kN}) \times 4\text{m}/2 = 20\text{kN} \cdot \text{m}$，所以到达 D 截面时的弯矩为 $24\text{kN} \cdot \text{m} + 20\text{kN} \cdot \text{m} = 44\text{kN} \cdot \text{m}$，见图 6.14(b)、(c) 的 AD 段。

由于在 D 处作用有集中力 6kN($\downarrow$)，所以剪力图从 +3kN 开始向下突变 6kN，最后变成了 -3kN。

再画 DB 段。类似于 AD 段，剪力图是一向下倾斜的直线，到达 B 截面时，共下降了

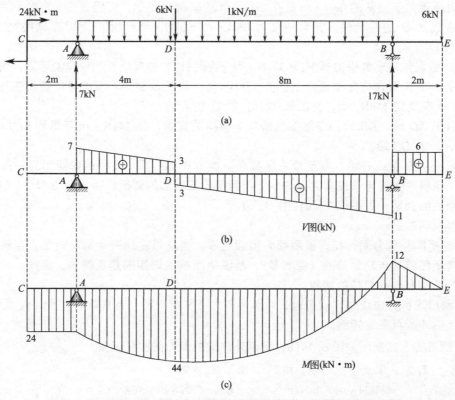

图 6.14

（1kN/m）×8m＝8kN，即到达 B 截面时，剪力已变成了 11kN。由于在该段的剪力图位于轴线之下且为斜线，所以弯矩图应向上以曲线倾斜，也就是说在截面 D，弯矩图发生了变向，即由向下倾斜变成了向上倾斜，因此在该截面上的弯矩肯定是一极值。倾斜的幅度为剪力图与轴线所包围的梯形的面积，即 （3kN＋11kN）×8m/2＝56kN·m，所以到达 D 截面时的弯矩为 44kN·m－56kN·m＝－12kN·m（负号表示在轴线之上），见图 6.14 (b)、(c) 的 DB 段。

由于在 B 处作用有集中力 F_B＝17kN(↑)，所以剪力图从位于轴线之下的 11kN 开始向上突变 17kN，最后变成了位于轴线之上的 6kN。

最后画 BE 段。由于在该段从 B 到 E 无荷载，所以其剪力图是平行于轴线的直线，直到最右端时，作用有一个集中力 6kN(↓)，所以剪力图向下突变 6kN，刚好把口封上。由于在该段的剪力图是位于轴线之上的水平直线，所以其弯矩图是一向下倾斜的直线，其倾斜的幅度等于该段的剪力图与轴线所包围的矩形面积，即 2m×6kN＝12kN·m，也刚好回零。

例 6.7 试画出如图 6.15(a) 所示外伸梁的剪力图和弯矩图。

解： 首先，求支座反力 F_A 和 F_B。由 $\sum M_B = 0$，得

$$F_A = \frac{12kN \times 10m - 16kN \cdot m + 2kN/m \times 8m \times 4m}{8m} = 21kN(\uparrow)$$

由 $\sum M_A = 0$，得

$$F_B = \frac{-12kN \times 2m + 16kN \cdot m + 2kN/m \times 8m \times 4m}{8m} = 7kN(\uparrow)$$

再由 $\sum F_y = 0$，即 21kN＋7kN－12kN－2kN/m×8m＝0，验证上述计

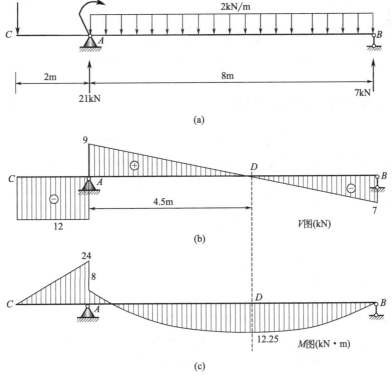

图 6.15

算结果是正确的。

然后，画内力图。由于在 C 处作用有集中力 12kN(↓)，所以剪力图向下突变 12kN。

画 CA 段的内力图。其剪力图是平行于轴线的直线且在轴线的下部；弯矩图为斜向上的直线，其倾斜的幅度等于该段的剪力图与轴线所包围的矩形面积，即 2m×12kN＝24kN·m，见图 6.15(b)、(c) 的 CA 段。

由于在 A 处作用有集中力 F_A＝21kN(↑)，所以剪力图从－12kN 开始向上突变 21kN 至 9kN。而在 A 处还作用有集中力偶 16kN·m（顺时针），所以弯矩图要从位于轴上的 24kN·m 向下突变 16kN·m 至 8kN·m，见图 6.15(b)、(c) 的 A 截面。

再画 AB 段。因为在 AB 段作用着方向向下的均布荷载 q＝2kN/m，故剪力图从 9kN 开始，向下以直线倾斜，到达 B 截面时，共下降了 2kN/m×8m＝16kN，即到达 B 截面时，剪力已变成了 9kN－16kN＝－7kN。到最右端时，作用有一个集中力 F_B＝7kN(↑)，所以剪力图向上突变 7kN，刚好回零。

现在确定剪力图与轴线的交点 D 的位置。斜线的斜率 q＝2kN/m，也就是说，沿水平方向，从左向右每移动 1m，剪力图上的剪力就要向下降落 2kN；因此，要把 9kN 降到零所需在水平方向上移动的距离为 AD＝9kN/(2kN/m)＝4.5m。

在画 AB 段的弯矩图时需分成 AD 和 DB 两段。对 AD 段，因为在该段的剪力图位于轴线之上且为斜线，所以弯矩图应向下以曲线倾斜，倾斜的幅度为剪力图与轴线所包围的三角形的面积，即 9kN×4.5m/2＝20.25kN·m，所以到达 D 截面时的弯矩为－8kN·m＋20.25kN·m＝12.25kN·m（正号表示在轴线之下）。对 DB 段，因为在该段的剪力图位于轴线之下且为斜线，所以弯矩图应向上以曲线倾斜，倾斜的幅度也为剪力图与轴线所包围的三角形的面积，即 7kN×(8m－4.5m)/2＝12.25kN·m，也是刚好把口封上，见图 6.15(b)、(c) 的 AB 段。

第五节 用叠加原理画梁的内力图

一、用叠加原理画梁的内力图

本节将要介绍的是绘制内力图的另一种方法——区段叠加法。它也是一种较实用简便的方法。其特点是把梁划分成若干梁段，通过分段运用叠加原理来画内力图。

叠加原理：构件在多个荷载共同作用下所引起的某量值（例如支座反力、弯矩以及变形等），等于各个荷载分别作用时所引起的该量值的代数和。

首先举例说明如何利用叠加原理来画弯矩图。当同一个简支梁上分别作用着图 6.16(a)、图 6.17(a) 和图 6.18(a) 所示的三种荷载时，已知梁的跨度为 l，分别画出其弯矩图，见图 6.16(b)、图 6.17(b) 和图 6.18(b)。

现在，可利用叠加原理，直接画出图 6.19(a) 所示简支梁的弯矩图，由于这时的荷载包括了前三种情况（见图 6.16～图 6.18），因此在任何一个横截面上的弯矩都是前三种情况下，在同一截面上弯矩的代数和。因为此时的梁上作用有均布荷载，所以其弯矩图为一抛物线。为了画出抛物线需确定三个点的坐标，选两个端截面和跨中，不难看出两个端截面的弯矩分别是 M_{e1} 和 M_{e2}，而梁跨的正中央的弯矩是两个三角形的中位线加上 $ql^2/8$，即 $M_{e1}/2＋M_{e2}/2＋ql^2/8$；或是梯形的中位线加上 $ql^2/8$，即 $(M_{e1}＋M_{e2})/2＋ql^2/8$。注意在图 6.19

（b）中是竖线 DE 的长度为 $ql^2/8$。

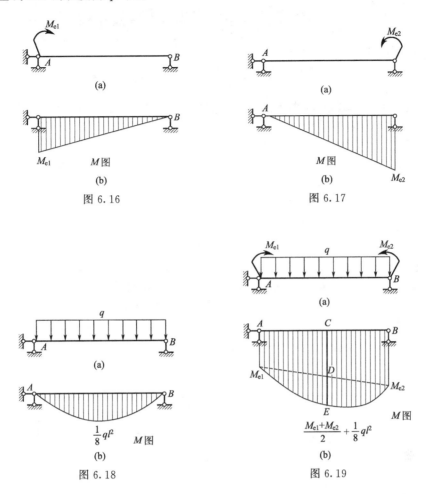

图 6.16　　　　　　　　　图 6.17

图 6.18　　　　　　　　　图 6.19

利用叠加原理画出图 6.20（a）所示情况的弯矩图，已知梁的跨度 l，集中荷载 F 作用在梁的正中间。与图 6.19 相类似，只是跨中的弯矩是从 D 点向下降 $\dfrac{1}{4}Fl$，见图 6.20（b）。

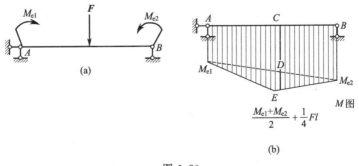

图 6.20

例 6.8　试用区段叠加法画出图 6.21（a）所示简支梁的弯矩图。

解：　第一步，求支座反力 F_A 和 F_B。

由 $\sum M_B = 0$，得

$$F_A = \frac{-20kN \cdot m + 5kN/m \times 6m \times 3m}{10m} = 7kN(\uparrow)$$

由 $\sum M_A = 0$，得

$$F_B = \frac{20kN \cdot m + 5kN/m \times 6m \times 7m}{10m} = 23kN(\uparrow)$$

再由 $\sum F_y = 0$，即 $23kN + 7kN - (5kN/m) \times 6m = 0$，验证上述计算结果是正确的。

第二步，选取适当的截面（也称为控制截面），将梁分成若干段，使每一梁段的弯矩图要么是直线要么是抛物线。一般将梁的端截面、支座截面、集中力和集中力偶作用的截面、均布荷载起始和终止的截面都选作控制截面。对于本题选 A、C、D、B 四个截面为控制截面，把梁分成 AC、CD 和 DB 三段。

第三步，计算各控制截面的弯矩。计算各弯矩一般均用截面法，下列的计算均采用控制截面以左边的截离体为研究对象。

$$M_{AC} = 0$$
$$M_{CA} = 7kN \times 2m = 14kN \cdot m$$
$$M_{CD} = 7kN \times 2m + 20kN \cdot m = 34kN \cdot m$$
$$M_D = 7kN \times 4m + 20kN \cdot m = 48kN \cdot m$$
$$M_{BD} = 0$$

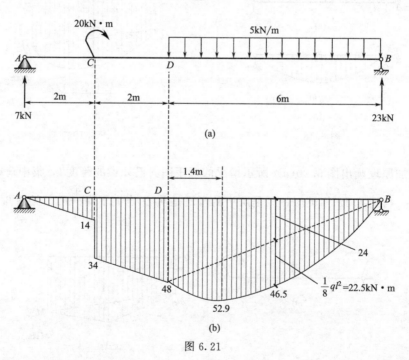

图 6.21

第四步，按上述计算的弯矩值画弯矩图。以所计算出的各控制面的弯矩值作出各纵标线，在无须叠加弯矩的梁段直接连成实线，例如 AC 段和 CD 段。而在要叠加的梁段先连成虚线，然后再以虚线为基线进行叠加，把叠加后的图线用实线画出，例如 DB 段，如图 6.21（b）所示，先连成虚线，用静力平衡可以证明，DB 段可看成是如图 6.19 所示的简支梁，这时：

$$M_{e1} = 48 \text{kN} \cdot \text{m} \quad M_{e2} = 0$$

$$q = 5 \text{kN/m} \quad l = 6 \text{m}$$

二维码11

则 DB 段的正中间截面上的弯矩为：

$$\frac{48 \text{kN} \cdot \text{m}}{2} + \frac{1}{8} \times 5 \text{kN/m} \times (6 \text{m})^2 = 24 \text{kN} \cdot \text{m} + 22.5 \text{kN} \cdot \text{m} = 46.5 \text{kN} \cdot \text{m}$$

6.4　例题 6.8 的
计算机求解

最后用实的曲线把 D 截面、B 截面和正中间截面的纵标连起来，就得到其最终的弯矩图，见图 6.21(b)。

三、画弯曲内力图各种方法的讨论

在前述内容中，共介绍了三种绘制弯曲内力图的方法，即：

① 通过列剪力方程和弯矩方程来画剪力图和弯矩图；

② 利用剪力、弯矩以及荷载之间的规律来快速画剪力图和弯矩图；

③ 通过先求控制截面的内力然后再叠加的区段叠加法。

首先，通过列剪力方程和弯矩方程来画剪力图和弯矩图的方法是最基本的方法，不仅适用于直杆，而且也适用于曲杆等复杂情况。

其次，利用剪力、弯矩以及荷载之间的规律来快速画剪力图和弯矩图的方法，是一个非常实用的方法，它有如下的一些优点：计算量很小，画图速度快；具有自动校核的功能，若从左端开始画至右端时内力图按计算是封口的，则证明计算是正确的；画图准确，只要内力图画出后，即可准确知道内力的每一个极值在什么位置以及其数值是多少。

最后是通过先求控制截面的内力然后再叠加的区段叠加法。这也是常用的一种方法，它要比第一种方法简单，但在一般情况下，不如第二种方法简便、准确。例如在例 6.8 中利用此方法是不能确定最大弯矩的位置和其数值的，而且计算控制截面的内力值工作量也较大。在画超静定结构内力图时该方法表现较优越。

小结

本章主要讨论的是如何绘制平面弯曲梁的剪力图与弯矩图，共介绍了三种方法：截面法、规律绘制法、叠加法。

剪力：是杆件横截面上的分布内力系沿与截面平行方向的合力，用符号 V 表示。其正负号的规定为：使截离体顺时针转动的剪力为正，反之为负。

弯矩：是与横截面相垂直的分布内力系的合力偶矩，用符号 M 表示。其正负号的规定为：使梁下侧受拉的弯矩为正，反之为负。

内力图反映了内力沿截面的变化情况。对于水平放置的直杆，在画 N 图、T 图和 V 图时，正的内力画在杆件轴线的上侧，负的内力画在杆件轴线的下侧，并且在这三个内力的内力图中表示内力为正的区域画上符号"⊕"；表示内力为负的区域画上符号"⊖"。而弯矩图则有所不同，由于规定了使梁的下侧受拉的弯矩为正，因此，与前几个内力相反，正的弯矩画在杆件轴线的下侧，负的弯矩画在杆件轴线的上侧，并且在弯矩图中不用画表示正负的符号。或者说，在弯矩图中，我们总是把弯矩画在杆件受拉的一侧。

工程应用

弯矩和剪力的计算在结构设计中有着重要作用，如图 6.22 所示为一钢筋混凝土梁配筋情况，底部的四根纵向钢筋用以承受弯矩，而箍筋用以承受剪力。如图 6.23 所示为 H 型钢梁，上下翼缘主要用以承受弯矩，而中间的腹板则用以承受剪力。

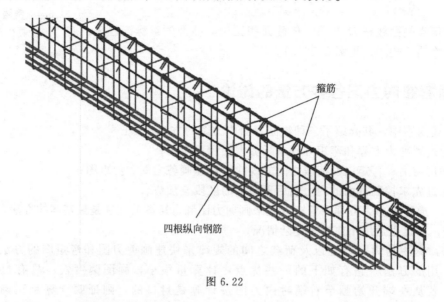

图 6.22

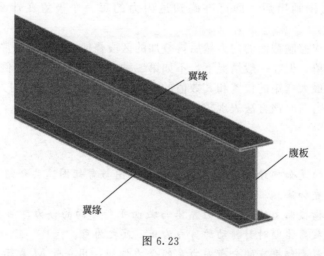

图 6.23

二维码12

6.5　弯曲内力的工程应用之一

二维码13

6.6　弯曲内力的工程应用之二

习题

6.1　对题 6.1 图所示梁 1—1 截面（该截面无限接近于 C 截面）使用截面法，分别取左段和右段为截离体画出截离体的受力图，列平衡方程并求出该截面上的剪力和弯矩。

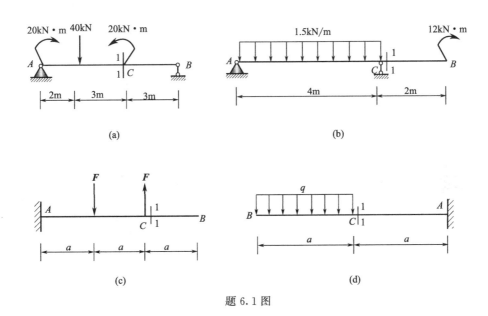

(a)　　　　　　　　　　　　　　　　(b)

(c)　　　　　　　　　　　　　　　　(d)

题 6.1 图

6.2　对题 6.1 图所示各图分段写出内力方程，然后利用内力方程画出内力图。

6.3　试作题 6.3 图所示梁的剪力图和弯矩图。梁在 CD 段的变形称为纯弯曲，试问纯弯曲有何特征？

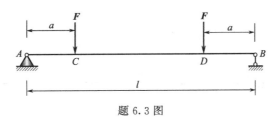

题 6.3 图

6.4　试作题 6.4 图所示各梁的剪力图和弯矩图，设 F、q、M、l、a 均为已知。

二维码14

6.7　作业题 6.4（o）图的手机求解

二维码15

6.8　作业题 6.4（p）图的手机求解

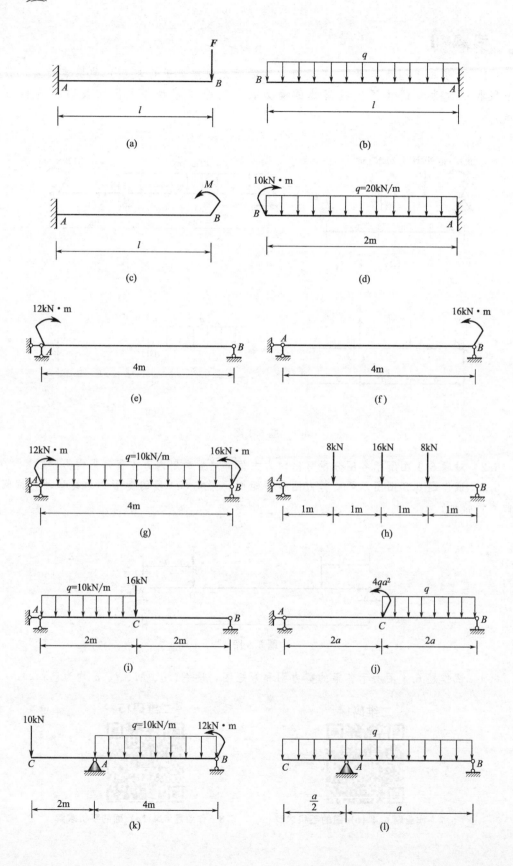

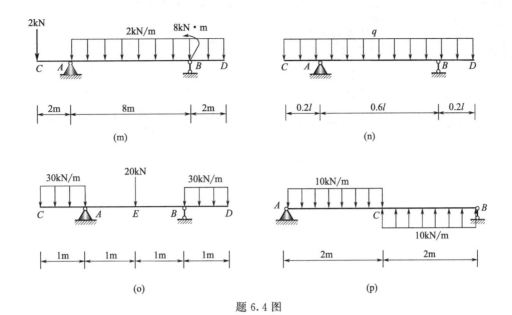

(m)

(n)

(o)

(p)

题 6.4 图

6.5 用区段叠加法作题 6.5 图所示各梁的弯矩图。

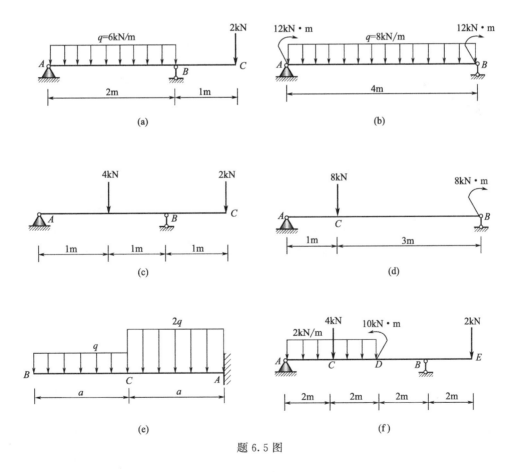

(a)

(b)

(c)

(d)

(e)

(f)

题 6.5 图

6.6 已知梁的弯矩图如题 6.6 图所示，试作梁的荷载图和剪力图。

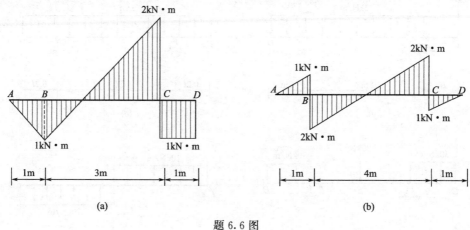

题 6.6 图

第七章　弯曲强度

本章主要讨论弯曲梁与弯矩对应的正应力，与剪力对应的切应力，最终目的是能够进行梁的强度设计。本章是整个建筑力学的核心内容。

第一节　平面图形的几何参数

建筑力学所研究的杆件，其横截面都是具有一定几何形状的平面图形。与平面图形形状及尺寸有关的几何量统称为平面图形的几何参数，例如截面面积、形心位置、惯性矩、抗弯截面模量、静矩等。杆件的强度、刚度和稳定性均与这些几何参数密切相关。

一、形心位置和静矩

（一）形心坐标的公式

（1）定义

如图 7.1 所示为一任意平面图形，它可以是假想的杆件横截面。其中 C 点位于整个平面图形的中心，称为平面图形的形心（center of an area）。

设想有一等厚度的均质薄板，其形状与图 7.1 所示的平面图形相同，显然，在图示 yz 坐标系中，上述均质薄板的重心与平面图形的形心有相同的坐标 y_C 和 z_C。

显然，简单图形的形心位于其几何中心上。

（2）组合图形形心坐标公式

如图 7.2 所示为一 T 形均质薄板，水平放置，其平面图形可看成是由两个矩形组成的，像这样由简单图形组成的平面图形，称之为组合图形。设该均质薄板的厚度为 t，密度为 ρ，在重力作用下，T 形板可绕位于 A、B 处的活页（即 y 轴）转动。设 T 形板翼缘的形心位于 C_1 处，其面积为

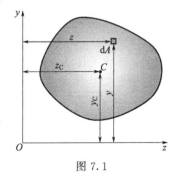

图 7.1

A_1，到转轴 y 的距离为 z_1；T 形板腹板的形心位于 C_2 处，其面积为 A_2，到转轴 y 的距离为 z_2；整个 T 形板的形心位于 C 处，到转轴 y 的距离为 z_C，见图 7.2(b)。

在重力作用下，整个 T 形板绕 y 轴的力矩为：$(A_1 + A_2)t\rho g z_C$。

翼缘和腹板绕 y 轴力矩的代数和为 $A_1 t\rho g z_1 + A_2 t\rho g z_2$。

由合力矩定理得

$$(A_1+A_2)t\rho g z_C = A_1 t\rho g z_1 + A_2 t\rho g z_2 \tag{7.1}$$

等式两边消去 $t\rho g$：

$$(A_1+A_2)z_C = A_1 z_1 + A_2 z_2 \tag{7.2}$$

则该 T 形板的形心坐标公式为

$$z_C = \frac{A_1 z_1 + A_2 z_2}{A_1 + A_2} \tag{7.3}$$

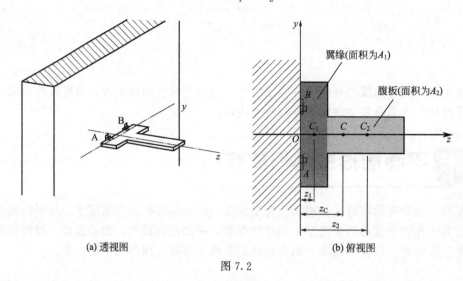

(a) 透视图   (b) 俯视图

图 7.2

一般情况下，由任意简单图形组成的组合图形，确定其形心位置的坐标公式为

$$\left.\begin{array}{l} y_C = \dfrac{\sum\limits_{i=1}^{n} A_i y_i}{\sum\limits_{i=1}^{n} A_i} \\[4mm] z_C = \dfrac{\sum\limits_{i=1}^{n} A_i z_i}{\sum\limits_{i=1}^{n} A_i} \end{array}\right\} \tag{7.4}$$

（3）连续图形形心坐标公式

对于图 7.1 所示的连续图形，可用定积分计算，公式如下：

$$\left.\begin{array}{l} y_C = \dfrac{\int_A y\,\mathrm{d}A}{A} \\[4mm] z_C = \dfrac{\int_A z\,\mathrm{d}A}{A} \end{array}\right\} \tag{7.5}$$

（二）静矩

（1）组合图形静矩的计算

式(7.1)等号两边均为绕 y 轴的力矩，而式(7.2)等号两边已消去了公因子 $t\rho g$，所以就不是力矩了，它们只是由平面图形本身的性质所决定，称之为平面图形绕 y 轴的静矩（static moment）。静矩用符号 S 表示，对于如图 7.2 所示的情况有：

$$S_y = (A_1 + A_2)z_C = A_1 z_1 + A_2 z_2$$

一般情况下，对于组合平面图形，对 y 轴和 z 轴的静矩，其计算公式如下：

$$\left. \begin{aligned} S_y &= A z_C = \sum_{i=1}^{n} A_i z_i \\ S_z &= A y_C = \sum_{i=1}^{n} A_i y_i \end{aligned} \right\} \tag{7.6}$$

式中，A 为整个组合图形的总面积。

即平面图形对 y 轴（或 z 轴）的静矩等于图形面积 A 与形心坐标 z_C（或 y_C）的乘积。当坐标轴通过图形的形心时，其静矩为零；反之，若图形对某轴的静矩为零，则该轴必通过图形的形心。

（2）连续图形静矩的计算

对如图 7.1 所示的任意平面图形，其面积为 A。该平面图形对 y 轴、z 轴静矩的计算公式如下：

$$\left. \begin{aligned} S_y &= A z_C = \int_A z \, \mathrm{d}A \\ S_z &= A y_C = \int_A y \, \mathrm{d}A \end{aligned} \right\} \tag{7.7}$$

由于式(7.7)中的积分函数为 z 或 y 的一次方，所以静矩也称为一次矩，静矩的单位为长度的三次方，其数值可正、可负，也可为零。

例 7.1 确定图 7.3 所示 T 形截面的形心位置，并计算其对 z 轴和 y 轴的静矩。

解： 将 T 形截面分为两个矩形，其面积分别为

$$A_1 = 50\text{mm} \times 270\text{mm} = 13.5 \times 10^3 \text{mm}^2$$

$$A_2 = 300\text{mm} \times 30\text{mm} = 9 \times 10^3 \text{mm}^2$$

腹板和翼缘形心的 y 坐标分别为 $y_1 = 165\text{mm}$，$y_2 = 15\text{mm}$

形心位于 y 轴上，所以 $z_C = 0$

由式(7.4)的第一式得

$$\begin{aligned} y_C &= \frac{A_1 y_1 + A_2 y_2}{A_1 + A_2} \\ &= \frac{13.5 \times 10^3 \times 165\text{mm}^3 + 9 \times 10^3 \times 15\text{mm}^3}{13.5 \times 10^3 \text{mm}^2 + 9 \times 10^3 \text{mm}^2} \\ &= 105\text{mm} \end{aligned}$$

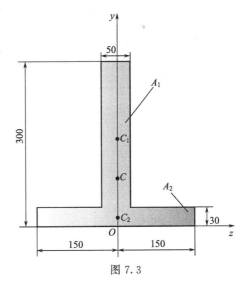

图 7.3

应用式(7.6)可求得 T 形截面对 z 轴的静矩为

$$S_z = A_1 y_1 + A_2 y_2 = 13.5 \times 10^3 \text{mm}^2 \times 165\text{mm} + 9 \times 10^3 \text{mm}^2 \times 15\text{mm} = 2.36 \times 10^6 \text{mm}^3$$

当然，对 z 轴的静矩也可由整体 T 形直接求出

$$S_z = (A_1 + A_2) y_C = (13.5 \times 10^3 \text{mm}^2 + 9 \times 10^3 \text{mm}^2) \times 105\text{mm} = 2.36 \times 10^6 \text{mm}^3$$

由于 y 轴是对称轴，通过截面形心，所以 T 形截面对 y 轴的静矩 $S_y = 0$。

二、惯性矩、极惯性矩、惯性积和惯性半径

（一）惯性矩

如图 7.4 所示为一任意平面图形，在平面图形上坐标为（y、z）点处任取一微面积 dA，微面积 dA 与它到 z 轴（或 y 轴）距离平方的乘积的总和，称为该图形对 z 轴（或 y 轴）的惯性矩（second axial moment of area），用 I_z（或 I_y）表示，即

$$\left. \begin{array}{l} I_z = \int_A y^2 \, dA \\ I_y = \int_A z^2 \, dA \end{array} \right\} \tag{7.8}$$

由于式(7.8)中的积分函数为 y 或 z 的二次方，所以惯性矩也称为二次矩，惯性矩恒为正值，它的单位是 m^4。

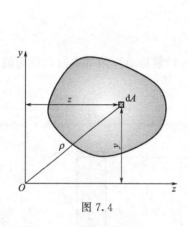

图 7.4

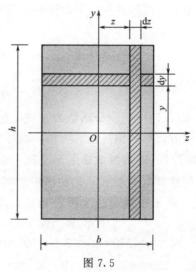

图 7.5

📖 **例 7.2** 矩形截面高为 h、宽为 b，如图 7.5 所示。试计算矩形对通过形心的轴（简称形心轴）z、y 的惯性矩 I_z 和 I_y。

✳**解：**

(1) 计算 I_z

取平行于 z 轴的微面积 $dA = b \, dy$，dA 到 z 轴的距离为 y，应用式(7.8)得

$$I_z = \int_A y^2 \, dA = \int_{-h/2}^{h/2} y^2 b \, dy = \frac{bh^3}{12}$$

(2) 计算 I_y

取平行于 y 轴的微面积 $dA = h \, dz$，dA 到 y 轴的距离为 z，应用式(7.8)得

$$I_y = \int_A z^2 \, dA = \int_{-b/2}^{b/2} z^2 h \, dz = \frac{hb^3}{12}$$

因此，矩形截面对形心轴的惯性矩为

$$I_z = \frac{bh^3}{12}, \qquad I_y = \frac{hb^3}{12}$$

例 7.3　圆形截面直径为 D，如图 7.6 所示，试计算它对形心轴的惯性矩。

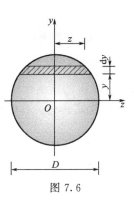

图 7.6

解：取平行于 z 轴的微面积 $\mathrm{d}A = 2z\mathrm{d}y = 2\sqrt{\left(\dfrac{D}{2}\right)^2 - y^2}\,\mathrm{d}y$，代入式 (7.8) 得

$$I_z = \int_A y^2 \mathrm{d}A = 2\int_{-D/2}^{D/2} y^2 \sqrt{\left(\frac{D}{2}\right)^2 - y^2}\,\mathrm{d}y = \frac{\pi D^4}{64}$$

由于对称，圆形截面对任一根形心轴的惯性矩都等于 $\dfrac{\pi D^4}{64}$。

表 7.1 列出了几种常见图形的面积、形心位置和惯性矩。

表 7.1　几种常见图形的几何参数

序号	图形	面积 A	形心位置	惯性矩
1		bh	$z_C = \dfrac{b}{2}$ $y_C = \dfrac{h}{2}$	$I_z = \dfrac{bh^3}{12}$ $I_y = \dfrac{hb^3}{12}$
2		$\dfrac{\pi D^2}{4}$	$z_C = \dfrac{D}{2}$ $y_C = \dfrac{D}{2}$	$I_z = I_y = \dfrac{\pi D^4}{64}$
3		$\dfrac{\pi(D^2 - d^2)}{4}$	$z_C = \dfrac{D}{2}$ $y_C = \dfrac{D}{2}$	$I_z = I_y = \dfrac{\pi(D^4 - d^4)}{64}$
4		$\dfrac{\pi R^2}{2}$	$y_C = \dfrac{4R}{3\pi}$	$I_z = \left(\dfrac{1}{8} - \dfrac{8}{9\pi^2}\right)\pi R^4$ $I_y = \dfrac{\pi D^4}{128}$

（二）极惯性矩

如图 7.4 所示，微面积 $\mathrm{d}A$ 与它到坐标原点 O 的距离的平方的乘积 $\rho^2 \mathrm{d}A$ 称为微面积 $\mathrm{d}A$ 对 O 点的极惯性矩（second polar moment of area），整个截面上所有微面积对原点 O 的极惯性矩之和称为截面对坐标原点 O 点的极惯性矩，记为 I_p，即

$$I_p = \int_A \rho^2 \mathrm{d}A \tag{7.9}$$

由图 7.4 可知：

$$\rho^2 = y^2 + z^2$$

故

$$I_p = \int_A \rho^2 \mathrm{d}A = \int_A (y^2 + z^2) \mathrm{d}A$$

$$= \int_A y^2 \mathrm{d}A + \int_A z^2 \mathrm{d}A = I_z + I_y$$

此式表示，截面对任意一对互相垂直的轴的惯性矩之和，等于截面对该两轴交点的极惯性矩。

例 7.4 求图 7.7 所示的圆环对其圆心 O 点的极惯性矩。

解： 由式(7.9)可得

$$I_p = \int_A \rho^2 \mathrm{d}A = \int_{d/2}^{D/2} \rho^2 2\pi\rho \mathrm{d}\rho = \frac{\pi}{2} \frac{(D^4 - d^4)}{16} = \frac{\pi}{32}(D^4 - d^4)$$

由对称性可知，$I_y = I_z$，又 $I_y + I_z = I_p$，故

$$I_y = I_z = \frac{1}{2} I_p = \frac{\pi}{64}(D^4 - d^4)$$

对圆截面，$d = 0$，则

$$I_y = I_z = \frac{\pi}{64} D^4$$

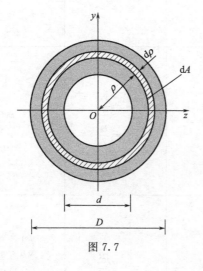

图 7.7

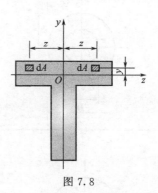

图 7.8

（三）惯性积

在图 7.4 中，微面积 $\mathrm{d}A$ 与它的两个坐标 y、z 的乘积 $yz\mathrm{d}A$，称为微面积对 y、z 两轴

的惯性积，整个图形上所有微面积对 y、z 两轴的惯性积之和，即积分 $\int_A yz\,\mathrm{d}A$ 称为截面对 y、z 两轴的惯性积，记为 I_{zy}，即

$$I_{zy} = \int_A yz\,\mathrm{d}A \tag{7.10}$$

惯性积是图形对某两个正交的坐标轴而言的，同一图形对不同的两个坐标轴有不同的惯性积。由于坐标值 y、z 有正有负，所以惯性积可能为正、为负，也可能为零。它的单位为 m^4。

如果图形有一根对称轴（如图 7.8 中的 y 轴），在对称轴两侧对称位置上取相同的微面积 $\mathrm{d}A$ 时，由于它们的 z 坐标大小相等、符号相反，所以对称位置微面积的两个乘积 $zy\,\mathrm{d}A$ 大小相等、符号相反，它们之和为零。将此推广到整个面积，就得到

$$I_{zy} = \int_A yz\,\mathrm{d}A = 0$$

由此可知：若平面图形具有一根对称轴，则该图形对于包括此对称轴在内的两正交坐标轴的惯性积一定等于零。

（四）惯性半径

在工程中为稳定性计算的需要，将图形的惯性矩表示为图形面积 A 与某一长度平方的乘积：

$$I_z = i_z^2 A$$

或

$$i_z = \sqrt{\frac{I_z}{A}} \tag{7.11}$$

式中，i_z 为平面图形对 z 轴的惯性半径，m。

宽为 b、高为 h 的矩形截面，对其形心轴 z 及 y 的惯性半径（见图 7.5），可由式(7.11)计算得

$$i_z = \sqrt{\frac{I_z}{A}} = \sqrt{\frac{\frac{bh^3}{12}}{bh}} = \frac{h}{\sqrt{12}}$$

同样有

$$i_y = \sqrt{\frac{I_y}{A}} = \sqrt{\frac{\frac{hb^3}{12}}{bh}} = \frac{b}{\sqrt{12}}$$

直径为 D 的圆形截面，由于对称，它对任一根形心轴的惯性半径都相等（见图 7.6）：

$$i = \sqrt{\frac{I}{A}} = \sqrt{\frac{\frac{\pi D^4}{64}}{\frac{\pi D^2}{4}}} = \frac{D}{4}$$

三、平行移轴公式

同一平面图形对不同坐标轴的惯性矩、惯性积并不相同，但它们之间存在着一定的联系。下面讨论图形与两根互相平行的坐标轴的惯性矩、惯性积之间的关系。

图 7.9 中 C 是截面的形心，y 轴和 z 轴是通过截面形心的坐标轴，y_1、z_1 轴为分别与 y、z 轴平行的另一对坐标轴。截面形心 C 在 $O_1 y_1 z_1$ 中的坐标为 a、b。

截面对形心轴 y、z 轴的惯性矩为 I_y、I_z，惯性积为 I_{yz}，下面求截面对 y_1、z_1 轴的惯性矩 I_{y1}、I_{z1} 和惯性积 I_{y1z1}。根据定义，截面对 z_1、z 轴的惯性矩为

$$I_{z1} = \int_A y_1^2 \mathrm{d}A$$

$$I_z = \int_A y^2 \mathrm{d}A$$

如图 7.9 所示，相互平行的坐标系中坐标轴之间的换算关系为

$$y_1 = y + a$$
$$z_1 = z + b$$

代入上式，有

$$I_{z1} = \int_A y_1^2 \mathrm{d}A = \int_A (y+a)^2 \mathrm{d}A = \int_A y^2 \mathrm{d}A + 2a \int_A y \mathrm{d}A + a^2 \int_A \mathrm{d}A$$

由于 y、z 轴是一对形心轴，静矩 $S_z = \int_A y \mathrm{d}A = 0$，且 $A = \int_A \mathrm{d}A$，故有

$$I_{z1} = I_z + a^2 A \tag{7.12}$$

同理，有

$$I_{y1} = I_y + b^2 A \tag{7.13}$$
$$I_{z1y1} = I_{zy} + abA \tag{7.14}$$

式中，截面形心 C 的坐标 a、b 有正负号。上述三个公式称为惯性矩、惯性积的平行移轴公式。用这些式子即可根据截面对形心轴的惯性矩或惯性积，来计算截面对平行于形心轴的其他轴的惯性矩或惯性积，或者进行相反的运算。

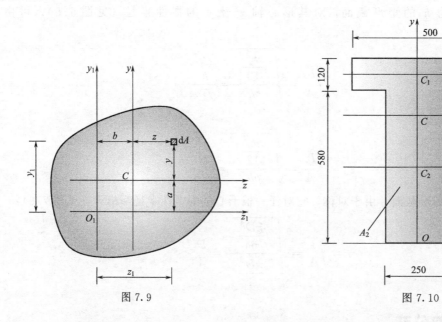

图 7.9

图 7.10

例 7.5 计算图 7.10 所示 T 形截面对形心轴 z、y 的惯性矩。

解：

(1) 求截面形心位置

由于截面有一根对称轴 y，故形心必在此轴上，即 $z_C = 0$。

为求 y_C，先设 z_0 轴如图7.10所示，将图形分为两个矩形，这两部分的面积和形心对 z_0 轴的坐标分别为

$$A_1 = 500\text{mm} \times 120\text{mm} = 60 \times 10^3\,\text{mm}^2，\quad y_1 = 580 + 60 = 640\text{mm}$$

$$A_2 = 250\text{mm} \times 580\text{mm} = 145 \times 10^3\,\text{mm}^2，\quad y_2 = 580/2 = 290\text{mm}$$

故

$$y_C = \frac{\sum A_i y_i}{A} = \frac{60 \times 10^3\,\text{mm}^2 \times 640\text{mm} + 145 \times 10^3\,\text{mm}^2 \times 290\text{mm}}{60 \times 10^3\,\text{mm}^2 + 145 \times 10^3\,\text{mm}^2} = 392\text{mm}$$

(2) 计算 I_z、I_y

整个截面对 z、y 轴的惯性矩应等于两个矩形对 z、y 轴惯性矩之和，即 $I_z = I_{1z} + I_{2z}$。两个矩形对本身形心轴的惯性矩分别为

$$I_{1z_1} = \frac{500\text{mm} \times (120\text{mm})^3}{12}，\quad I_{2z_2} = \frac{250\text{mm} \times (580\text{mm})^3}{12}$$

应用平行移轴公式，可得

$$I_{1z} = I_{1z_1} + a_1^2 A_1$$

$$= \frac{500\text{mm} \times (120\text{mm})^3}{12} + (248\text{mm})^2 \times 500\text{mm} \times 120\text{mm}$$

$$= 37.6 \times 10^8\,\text{mm}^4$$

$$I_{2z} = I_{2z_2} + a_2^2 A_2$$

$$= \frac{250\text{mm} \times (580\text{mm})^3}{12} + (102\text{mm})^2 \times 250\text{mm} \times 580\text{mm} = 55.6 \times 10^8\,\text{mm}^4$$

所以

$$I_z = I_{1z} + I_{2z} = 37.6 \times 10^8\,\text{mm}^4 + 55.6 \times 10^8\,\text{mm}^4 = 93.2 \times 10^8\,\text{mm}^4$$

y 轴正好经过矩形 A_1 和 A_2 的形心，所以

$$I_y = I_{1y} + I_{2y} = \frac{120\text{mm} \times (500\text{mm})^3}{12} + \frac{580\text{mm} \times (250\text{mm})^3}{12}$$

$$= 12.5 \times 10^8\,\text{mm}^4 + 7.55 \times 10^8\,\text{mm}^4 = 20.05 \times 10^8\,\text{mm}^4$$

四、形心主惯性轴、形心主惯性矩

如图7.11所示，对通过 O 点的任意两根正交坐标轴 z、y 的惯性积 I_{zy} 可由式(7.10)确定，当这两根坐标轴同时绕其交点 O 转动时，显然，惯性积会随之而变化。当 α 角在正常情况 $0° \sim 360°$ 之间变化时，惯性积则在正值和负值之间变化，若 $\alpha = \alpha_0$，即坐标轴转到 z_0、y_0 轴位置时，图形的惯性积 $I_{z_0 y_0} = 0$，则这对坐标轴 z_0、y_0 称为图形通过 O 点的主惯性轴，简称主轴。截面对主惯性轴的惯性矩称为主惯性矩，简称主惯矩。如果坐标原点 O 选在截面形心，那么通过形心也能找到一对惯性积为零的主惯性轴，这时通过形心的主惯性轴，称为形心主惯性轴，简称形心主轴。图形对形心主轴的惯性矩称为形心主惯性矩，简称形心主惯矩。

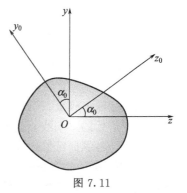

图7.11

如果图形有一根对称轴，则此对称轴及过形心与此轴垂直的轴就是图形的形心主轴。图形对这两根形心主轴的惯性矩就是形心主惯矩。

可以证明：形心主惯矩是图形对通过形心各轴的惯性矩中的最大者和最小者。

第二节 平面弯曲梁的正应力

在一般情况下，梁的横截面上既有弯矩，也有剪力。与轴向拉压和扭转问题相同，应力与内力的形式是相联系的。弯矩 M 是横截面上法向分布内力系的合力偶矩；剪力 V 是横截面上切向分布力系的合力。因此，横截面上有弯矩时，必然有正应力；横截面上有剪力时，必然有切应力。所以，梁横截面上一般既有正应力，也有切应力。本节主要研究梁横截面上的正应力分布规律以及相应的强度条件。

一、梁弯曲时的正应力

如图 7.12(a) 所示的简支梁上，在梁的纵向对称平面内对称地作用有两个外力 F，该梁的剪力图和弯矩图分别如图 7.12(b)、(c) 所示。由图可见，在 AC 段和 DB 段，梁各横截面剪力 V 和弯矩 M 同时存在，这种情况的弯曲称为横力弯曲或剪切弯曲。而在 CD 段，梁各横截面上只有弯矩 M 而没有剪力 V，这种情况的弯曲称为纯弯曲。此时，纯弯曲的梁段即 CD 段梁的横截面上就只有正应力，而没有切应力。纯弯曲是弯曲理论中最简单最基本的情况。

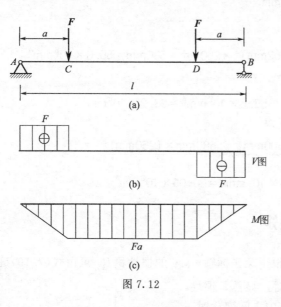

图 7.12

研究纯弯曲梁横截面上正应力的计算公式，需综合考虑几何、物理和静力三个方面。

（一）几何关系

取一矩形截面的梁进行试验。试验前，在梁的侧面画上一些纵向线和横向线，如图 7.13(a) 所示，然后在梁的对称位置上施加集中力 F，梁受力后中部梁段发生纯弯曲变形，如图 7.13(b) 所示，可以观察到如下一些现象：

① 变形前相互平行的纵向直线，变形后变成了圆弧线。

② 变形前的横向直线，变形后仍为直线，而且与纵向弧线相垂直，只是相对旋转了一个角度。

根据上述变形现象，可以作如下推断：变形前为平面的横截面变形后仍保持为平面，仍然垂直于变形后的梁轴线，这就是梁弯曲变形的平面假设。设想梁由无数条纵向纤维组成，在纯弯曲时，各纵向纤维之间无挤压作用，这个假设称为单向受力假设。又根据变形现象，如图 7.13(b) 所示的弯曲变形凸向向下，则靠近底面的各层纵向纤维伸长，靠近顶面的各层纵向纤维缩短。由变形的连续性可知，中间必定有一层纤维既不伸长也不缩短，这层纤维称为中性层。中性层和横截面的交线称为中性轴，如图 7.14(b) 所示。纯弯曲时，梁的横截面就是绕中性轴作微小的转动。

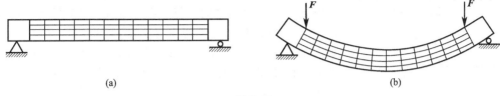

图 7.13

现在从纯弯曲梁段内截出长为 dx 的微段，在横截面上选取竖向对称轴为 y 轴，中性轴为 z 轴，如图 7.14(a) 所示。根据上述的分析，弯曲变形时微段 dx 的左、右横截面仍为平面，只是相对转过一个角度 $d\theta$，如图 7.14(b)、(c) 所示。

设曲线 O_1O_2 位于中性层上，其长度为 dx，且 $O_1O_2 = dx = \rho d\theta$。距中性层为 y 的 k_1k_2 的原长为 dx，变形后曲线 k_1k_2 长为

$$k_1k_2 = (\rho + y)d\theta$$

式中，ρ 为中性层的曲率半径。由线应变的定义，则 k_1k_2 的线应变 ε 为

$$\varepsilon = \frac{k_1k_2 - dx}{dx} = \frac{(\rho + y)d\theta - \rho d\theta}{\rho d\theta} = \frac{y}{\rho} \tag{a}$$

式中，ρ 对于同一横截面来说是个常量。式(a)表明，纵向纤维的线应变与它到中性层的距离 y 成正比。

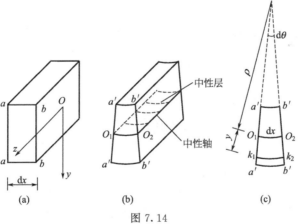

图 7.14

（二）物理关系

根据上述单向受力假设可知，纵向纤维处于单向受拉或受压状态。当材料处于线弹性范围内时，根据单向受力状态的胡克定律，即 $\sigma = E\varepsilon$，并将式(a)代入，可得

$$\sigma = E\frac{y}{\rho} \tag{b}$$

式(b)表明，横截面上任一点的正应力与该点到中性轴的距离成正比，即横截面上的正应力沿截面按线性规律分布。在中性轴上，各点的 y 坐标为零，故中性轴上各点处的正应力为零；横截面的上、下边缘处距中性轴最远，所以上、下边缘各点处的正应力为最大或最小，如图 7.15 所示。

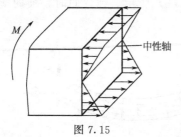

图 7.15

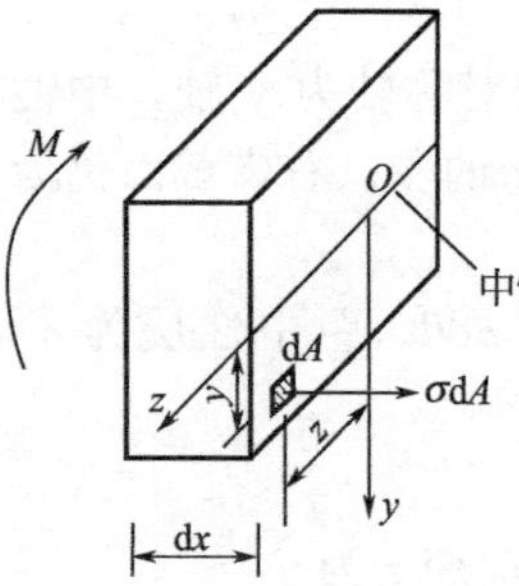

图 7.16

（三）静力关系

在横截面上，取微小面积 dA，其上的微内力 σdA 组成了垂直于横截面的空间平行力系，如图 7.16 所示。该力系向 O 点进行简化，只可能得到三个内力分量，即平行于 x 轴的轴力 N，对 y 轴和 z 轴的力偶矩 M_y 和 M_z。由于纯弯曲时，横截面上只有位于纵向对称平面内的弯矩，即对 z 轴的力偶矩，而轴力和对 y 轴的力偶矩均为零，因此三个内力分量应分别为

$$N = \int_A \sigma dA = 0 \tag{c}$$

$$M_y = \int_A z\sigma dA = 0 \tag{d}$$

$$M_z = M = \int_A y\sigma dA \tag{e}$$

将式（b）代入式（c）中，可得

$$\int_A \sigma dA = \frac{E}{\rho} \int_A y dA = 0 \tag{f}$$

式中，$E/\rho=$ 常量，不为零，故只有 $\int_A y dA = 0$。由截面几何性质可知，静矩 $S_z = \int_A y dA = 0$，z 轴即中性轴必然通过截面形心，这就完全确定了中性轴的位置。

将式（b）代入式（d）中，可得

$$\int_A z\sigma dA = \frac{E}{\rho} \int_A yz dA = 0 \tag{g}$$

式中，积分 $\int_A yz dA$ 为横截面对 z、y 轴的惯性积 I_{yz}，由于 y 轴是横截面的对称轴，根据截面几何性质可知，$I_{yz}=0$，故上式自然成立。

将式（b）代入式（e）中，可得

$$M = \int_A y\sigma dA = \frac{E}{\rho} \int_A y^2 dA \tag{7.15}$$

式中，积分 $\int_A y^2 dA$ 为横截面对 z 轴的惯性矩 I_z，即 $I_z = \int_A y^2 dA$。于是，式（7.15）可以写成

$$\frac{1}{\rho} = \frac{M}{EI_z} \tag{7.16}$$

式中，$\frac{1}{\rho}$ 是梁轴线变形后的曲率。式（7.16）表明，纯弯曲时，梁轴线的曲率 $\frac{1}{\rho}$ 与弯矩 M 成正比，与 EI_z 成反比。由于 EI_z 越大，曲率 $\frac{1}{\rho}$ 越小，故 EI_z 称为梁的抗弯刚度。将式（b）和式（7.16）联立，消去 $\frac{1}{\rho}$，得

$$\sigma = \frac{M}{I_z} y \tag{7.17}$$

这就是纯弯曲时梁横截面上任一点处的正应力计算公式。式(7.17)表明，纯弯曲时，梁横截面上任一点的正应力与弯矩 M 成正比，与横截面对中性轴 z 的惯性矩 I_z 成反比，即正应力沿截面高度呈线性规律分布，距中性轴越远处各点正应力（绝对值）越大，中性轴上各点处正应力等于零，如图 7.15 所示。

在应用式(7.17)计算正应力时，可以不考虑式中 M、y 的正负号，都以绝对值代入，根据梁的变形情况，直接判断所求正应力的正负。正应力 σ 的正负号仍以拉应力为正，压应力为负。以中性层为界，梁凸出的一侧受拉，为拉应力；凹入的一侧受压，为压应力。

在推导式(7.17)的过程中，应用了胡克定律，因此只有当正应力不超过材料的比例极限时公式才适用。另外，式(7.17)是用矩形截面梁推导出来的，但在推导过程中并没有用过矩形的截面几何特性。因此，对于具有一个纵向对称平面的梁（如圆形、T 形等），且荷载作用在该纵向对称平面内，公式均适用。

二、横力弯曲时梁的正应力

工程上常见的弯曲是横力弯曲。在这种情况下，梁的横截面上不仅有弯矩，而且还有剪力。由于切应力的存在，横截面不能再保持为平面，将发生翘曲。同时，在与中性层平行的纵向截面上，还有由横向力引起的挤压应力。因此，梁在纯弯曲时所作的平面假设和单向受力假设都不成立。但是，根据试验和理论研究可知，对于跨长 l 与横截面高度 h 之比（简称为跨高比）$l/h > 5$ 的横力弯曲梁，横截面上的正应力分布规律与纯弯曲的情况几乎相同，所以正应力的计算式(7.17)可以推广应用于横力弯曲梁，其计算结果略低于精确解，而且随着跨高比 l/h 的增大，其误差就越小。

在横力弯曲时，梁横截面上的弯矩 M_x 随着横截面位置坐标 x 的变化而改变。因此，横力弯曲时，梁横截面上任一点处正应力的计算公式为

$$\sigma = \frac{M(x)}{I_z} y \tag{7.18}$$

例 7.6 如图 7.17 所示矩形截面梁，求其 A 右邻截面和 C 截面上 a、b、c 三点处的正应力。

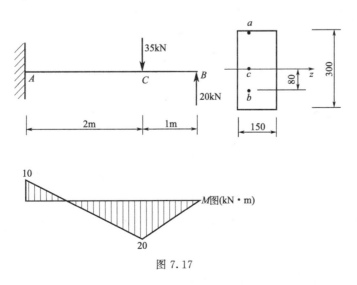

图 7.17

※解：

① 画 M 图如图 7.17 所示。

② 计算截面几何参数。

$$I_z = \frac{bh^3}{12} = \frac{150\text{mm} \times (300\text{mm})^3}{12} = 3.375 \times 10^8 \text{mm}^4 = 3.375 \times 10^{-4} \text{m}^4$$

③ 计算各点正应力。

A 右邻截面上：

$$\sigma_a = \frac{M_A}{I_z} y_a = \frac{10 \times 10^3 \text{N} \cdot \text{m} \times 150 \times 10^{-3} \text{m}}{3.375 \times 10^{-4} \text{m}^4} = 4.44 \times 10^6 \text{Pa} = 4.44\text{MPa} \quad (\text{拉})$$

$$\begin{aligned}\sigma_b &= \frac{M_A}{I_z} y_b = -\frac{10 \times 10^3 \text{N} \cdot \text{m} \times 80 \times 10^{-3} \text{m}}{3.375 \times 10^{-4} \text{m}^4} \\ &= -2.37 \times 10^6 \text{Pa} = -2.37\text{MPa} \quad (\text{压})\end{aligned}$$

$$\sigma_c = 0$$

C 截面上：

$$\sigma_a = \frac{M_C}{I_z} y_a = -\frac{20 \times 10^3 \text{N} \cdot \text{m} \times 150 \times 10^{-3} \text{m}}{3.375 \times 10^{-4} \text{m}^4} = -8.89 \times 10^6 \text{Pa} = -8.89\text{MPa} \quad (\text{压})$$

$$\sigma_b = \frac{M_C y_b}{I_z} = \frac{20 \times 10^3 \text{N} \cdot \text{m} \times 80 \times 10^{-3} \text{m}}{3.375 \times 10^{-4} \text{m}^4} = 4.74 \times 10^6 \text{Pa} = 4.74\text{MPa} \quad (\text{拉})$$

$$\sigma_c = 0$$

第三节　平面弯曲梁的正应力强度计算

一、梁弯曲时正应力的强度条件及应用

对于等截面直梁，由式(7.18)可知，梁的最大正应力发生在弯矩最大的横截面上，且距离中性轴最远的各点处，即

$$\sigma_{\max} = \frac{M_{\max}}{I_z} y_{\max} \tag{7.19}$$

令

$$W_z = \frac{I_z}{y_{\max}}$$

则式(7.19)可以改写为：

$$\sigma_{\max} = \frac{M_{\max}}{W_z} \tag{7.20}$$

式中，W_z 称为抗弯截面系数，它也是截面的几何性质之一，其值与截面的形状和尺寸有关，量纲为长度的三次方，常用的单位有 mm^3 和 m^3。

对于高为 h、宽为 b 的矩形截面，其抗弯截面系数为

$$W_z = \frac{I_z}{y_{\max}} = \frac{bh^3/12}{h/2} = \frac{bh^2}{6} \tag{7.21}$$

对于直径为 D 的圆截面，其抗弯截面系数为

$$W_z = \frac{I_z}{y_{max}} = \frac{\pi D^4/64}{D/2} = \frac{\pi D^3}{32} \qquad (7.22)$$

另外，各种型钢的 W_z 值均可从附录内的型钢表中查得。

梁在横力弯曲时，横截面上既有正应力，又有切应力。但是，在最大正应力作用的上、下边缘各点处，切应力等于零（详见下一节的讨论）。因此，横截面的上、下边缘各点处，材料处于单向受力状态。这样，就可仿照轴向拉（压）时的强度条件来建立梁的正应力强度条件，即要求梁横截面上的最大正应力 σ_{max} 不得超过材料的许用弯曲正应力 $[\sigma]$。因此，梁弯曲时的正应力强度条件可以表示为

$$\sigma_{max} = \frac{M_{max}}{W_z} \leqslant [\sigma] \qquad (7.23)$$

需要注意的是，对于抗拉和抗压强度相同的材料，如低碳钢，只要绝对值最大的正应力不超过材料的许用应力 $[\sigma]$ 即可；而对于抗拉和抗压强度不同的材料，如铸铁，则要求最大拉应力和最大压应力分别不超过其许用拉应力 $[\sigma_t]$ 和许用压应力 $[\sigma_c]$。

二、梁弯曲时正应力的强度条件及应用

利用梁的正应力强度条件，可以解决工程中常见的三类强度计算问题。

① 强度校核：当已知梁的截面形状和尺寸，梁所用的材料以及作用在梁上的荷载时，可校核梁是否满足强度要求，即校核下列关系是否成立：

$$\frac{M_{max}}{W_z} \leqslant [\sigma]$$

② 选择截面：当已知梁所用材料和作用在梁上的荷载时，根据强度条件，先求出抗弯截面系数 W_z，即

$$W_z = \frac{M_{max}}{[\sigma]}$$

然后再依据所选用的截面形状，由 W_z 值确定截面的尺寸。

③ 确定梁的许用荷载：当已知梁所用的材料、截面形状和尺寸，根据强度条件，先求出梁所能承受的最大弯矩，即

$$M_{max} = W_z [\sigma]$$

然后再根据最大弯矩 M_{max} 与荷载的关系，计算出梁所能承受的最大荷载。

在利用强度条件进行上述各项计算时，为了满足既安全可靠又节约材料的要求，设计规范还规定，梁内的最大工作应力 σ_{max} 允许略大于 $[\sigma]$，但不得超过 $[\sigma]$ 的 5%。

例 7.7 一矩形截面简支木梁，梁上作用有均布荷载 q，如图 7.18 所示。已知：$l = 4m$，$b = 140mm$，$h = 210mm$，$q = 2kN/m$，弯曲时木材的许用正应力 $[\sigma] = 10MPa$，试校核该梁的强度。

解：

（1）求最大弯矩 M_{max}

梁中最大弯矩位于跨中截面上，其值为

$$M_{max} = \frac{ql^2}{8} = \frac{2kN/m \times 4^2 m^2}{8} = 4kN \cdot m$$

（2）计算截面几何参数

二维码16

7.1 实体梁有限元分析
——正应力分布

$$W_z = \frac{bh^2}{6} = \frac{1}{6} \times 0.14\text{m} \times 0.21^2\text{m}^2 = 1.03 \times 10^{-3}\text{m}^3$$

（3）校核梁的强度

$$\sigma_{\max} = \frac{M_{\max}}{W_z} = \frac{4 \times 10^3\text{N} \cdot \text{m}}{1.03 \times 10^{-3}\text{m}^3} \times 10^{-6} = 3.88\text{MPa} < [\sigma] = 10\text{MPa}$$

故该梁满足强度要求。

二维码17

7.2 实体梁有限元分析
——切应力分布

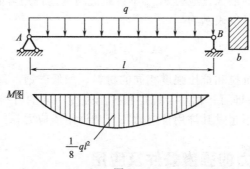

图 7.18

例 7.8 悬臂钢梁受均布荷载作用，如图 7.19 所示。已知材料的许用应力 $[\sigma] = 170\text{MPa}$，试按正应力强度条件选择下述截面尺寸，并比较所耗费的材料：①圆截面；②高宽比为 $h/b = 2$ 的矩形截面；③工字形截面。

解：

（1）画弯矩图

如图 7.19(b) 所示。梁在固定端处截面弯矩为最大，其值为 $M_{\max} = 40\text{kN} \cdot \text{m}$。

（2）确定梁的抗弯截面系数 W_z 和截面尺寸

由强度条件 $\sigma_{\max} = \frac{M_{\max}}{W_z} \leqslant [\sigma]$，可得

$$W_z \geqslant \frac{M_{\max}}{[\sigma]} = \frac{40 \times 10^3\text{N} \cdot \text{m}}{170 \times 10^6\text{Pa}} = 235 \times 10^3\text{mm}^3 \tag{a}$$

根据 W_z 的取值范围，即可求出各种形状截面尺寸及面积。

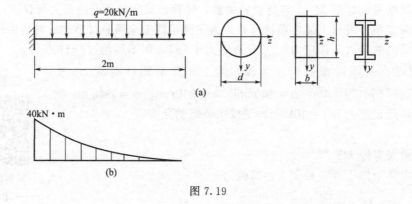

图 7.19

① 圆截面：设圆截面的直径为 d，由 $W_z = \pi d^3/32$，代入式(a)，得

$$d \geqslant \sqrt[3]{\frac{32W_z}{\pi}} = \sqrt[3]{\frac{32 \times 235 \times 10^3 \text{mm}^3}{3.14}} = 133.8\text{mm}$$

其最小面积为

$$A_1 = \frac{1}{4}\pi d^2 = \frac{1}{4} \times \pi \times 133.8^2 \text{mm}^2 = 14060\text{mm}^2$$

② 矩形截面：由于 $W_z = bh^2/6$，且 $h/b = 2$，代入式(a)，得

$$b \geqslant \sqrt[3]{\frac{3W_z}{2}} = \sqrt[3]{\frac{3 \times 235 \times 10^3 \text{mm}^3}{2}} = 70.6\text{mm}$$

其最小面积为

$$A_2 = bh = 2b^2 = 2 \times (70.6\text{mm})^2 = 9970\text{mm}^2$$

③ 工字形截面：根据式(a)中 W_z 值，查型钢表，可选用 20a 工字钢，其 $W_z = 237\text{cm}^3 = 237 \times 10^3 \text{mm}^3$，其面积由表中查得为

$$A_3 = 35.578\text{cm}^2 = 3557.8\text{mm}^2$$

(3) 比较材料用量

由于该等直梁的长度、材料相同，因此所耗费材料之比，就等于横截面面积之比，即

$$A_1 : A_2 : A_3 = 1 : 0.709 : 0.253$$

由此可见，在满足梁的正应力强度条件下，工字形截面最省料，矩形截面次之，圆截面耗费材料最多。

例 7.9 如图 7.20(a) 所示，梁 *ABD* 由两根 8 号槽钢组成，*B* 点由钢拉杆 *BC* 支承。已知 $d = 20\text{mm}$，梁和杆的许用应力 $[\sigma] = 160\text{MPa}$。试求许用均布荷载集度 q，并校核钢拉杆的强度。

解：

(1) 画 *V*、*M* 图

如图 7.20(b)、(c) 所示。

危险截面在 *B* 处，其最大弯矩为 $M_{max} = |M_B| = 0.5q$。

(2) 计算截面几何参数

由型钢表查得，一根 8 号槽钢的抗弯截面系数为 $25.3 \times 10^3 \text{mm}^3$，梁由两根槽钢组成，故梁的抗弯截面系数为 $W_z = 2 \times 25.3 \times 10^3 \text{mm}^3 = 50.6 \times 10^3 \text{mm}^3$。

(3) 求许用均布荷载 q

根据强度条件 $\dfrac{M_{max}}{W_z} \leqslant [\sigma]$，

则 $M_{max} \leqslant W_z[\sigma]$，即

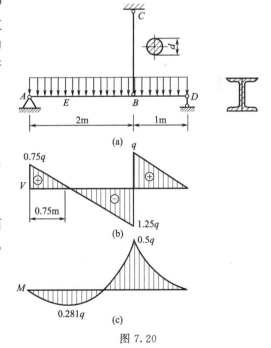

图 7.20

$$0.5q \leqslant W_z[\sigma]$$

故 $q \leqslant 2 \times 160 \times 10^6 \times 50.6 \times 10^3 \times 10^{-9} = 16192\text{N/m} = 16.2\text{kN/m}$

(4) 校核钢拉杆的强度

钢拉杆所受的轴力 $N = F_B = 2.25q = 2.25\text{m} \times 16.2\text{kN/m} = 36.5\text{kN}$

由拉（压）强度条件，可得

$$\sigma = \frac{N}{A} = \frac{4 \times 36.5 \times 10^3 \text{N}}{\pi \times 20^2 \times 10^{-6} \text{m}^2} \times 10^{-6} = 116\text{MPa} < [\sigma] = 160\text{MPa}$$

故拉杆 BD 满足强度要求。

例 7.10 跨长 $l = 2\text{m}$ 的铸铁梁，受力如图 7.21(a) 所示。已知材料的许用拉应力 $[\sigma_t] = 30\text{MPa}$，许用压应力 $[\sigma_c] = 90\text{MPa}$。试根据截面最为合理的要求，确定 T 形截面的腹板厚度 δ，并校核梁的强度。

解： 要使梁的截面最合理，必须使梁的同一横截面上的最大拉应力与最大压应力之比 $|\sigma_{tmax}| / |\sigma_{cmax}|$ 与相应的许用应力之比 $[\sigma_t] / [\sigma_c]$ 相等。因为这样就可以使材料的拉、压强度得到同等程度的利用。

（1）确定 δ 值

根据公式 $\sigma = \dfrac{M}{I_z} y$，可知

$$\sigma_{tmax} = \frac{M}{I_z} y_1 \qquad \sigma_{cmax} = \frac{M}{I_z} y_2$$

又知 $[\sigma_t] / [\sigma_c] = \dfrac{30}{90} = \dfrac{1}{3}$，所以

$$\frac{\sigma_{tmax}}{\sigma_{cmax}} = \frac{y_1}{y_2} = \frac{[\sigma_t]}{[\sigma_c]} = \frac{1}{3} \tag{a}$$

由图 7.21(b) 可知

$$y_1 + y_2 = 280\text{mm} \tag{b}$$

由式(a)、式(b)解得

$$y_1 = 70\text{mm} \qquad y_2 = 210\text{mm}$$

由 y_1、y_2 值就确定了中性轴 z 的位置，如图 7.21(b) 所示。由于中性轴是截面的形心轴，因此截面对于 z 轴的静矩应该等于零，即

$$S_z = 220 \times 60 \times \left(70 - \frac{60}{2}\right) + (70 - 60)\delta \times 5 - 210\delta \times \frac{210}{2} = 0$$

由上式求得 $\qquad\qquad\qquad\qquad\qquad \delta = 24\text{mm}$

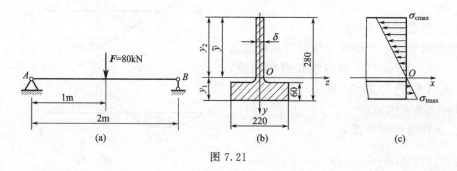

图 7.21

（2）校核梁的强度

利用平行移轴公式，计算梁截面对中性轴 z 的惯性矩：

$$I_z = \frac{220 \times 60^3}{12} + 220 \times 60 \times (70 - 30)^2 + \frac{24 \times 210^3}{12} + 24 \times 210 \times \left(\frac{210}{2}\right)^2 = 99.176 \times 10^{-6} \ (\text{m}^4)$$

梁的最大弯矩位于跨中截面处，其值为

$$M_{max} = \frac{1}{4}Fl = \frac{1}{4} \times 80kN \times 2m = 40kN \cdot m$$

校核该截面上的最大拉应力，即

$$\sigma_{tmax} = \frac{M_{max}}{I_z}y_1 = \frac{40 \times 10^3 N \cdot m \times 70 \times 10^{-3} m}{99.176 \times 10^{-6} m^4} \times 10^{-6} = 28.23MPa < [\sigma_t] = 30MPa$$

故梁满足强度要求（校核该梁的最大压应力也可，结论相同）。

第四节 平面弯曲梁的切应力

一、梁弯曲时的切应力

横力弯曲时，梁横截面上的内力既有弯矩又有剪力。因此，梁的横截面上除了存在与弯矩对应的正应力外，还有由剪力引起的切应力。本节将讨论几种常见截面形状梁横截面上的切应力计算公式。

（一）矩形截面梁的切应力

在梁的横截面上，切应力的分布比较复杂。但是，为了简化计算，根据研究证明，对于矩形截面梁横截面上的切应力分布规律，一般可作如下假设：

① 横截面上各点处的切应力方向都与剪力 V 的方向一致；

② 切应力沿横截面宽度方向是均匀分布的。

根据以上两个假设，沿矩形截面任一宽度上的切应力分布如图 7.22 所示。

由进一步的研究可知，以上两个假设对于高度大于宽度的矩形截面梁是足够精确的。而且，有了这两个假设，切应力的研究大为简化。

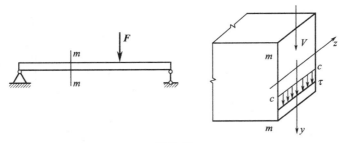

图 7.22

矩形截面梁横截面上任一点处的切应力计算公式为

$$\tau = \frac{VS_z^*}{I_z b} \tag{7.24}$$

式中，V 为横截面上的剪力；I_z 为横截面对中性轴的惯性矩；b 为所求切应力处的横截面宽度；S_z^* 为过横截面上需求切应力点的水平横线与相近的上边缘（或下边缘）所围成的面积对中性轴的静矩（取绝对值）。

在利用上述公式进行计算时，V 和 S_z^* 均以绝对值代入，而切应力的方向与剪力的方向相同。

下面讨论切应力沿矩形截面高度的分布规律，如图 7.23 所示。

对于给定的横截面，式(7.24)中的 V、I_z、b 均为常量，只有 S_z^* 随所求点的位置不同而改变，是坐标 y 的函数，可表示为

$$S_z^* = A^* y_0 = b\left(\frac{h}{2} - y\right)\left[y + \left(\frac{h}{2} - y\right)/2\right] = \frac{b}{2}\left(\frac{h^2}{4} - y^2\right)$$

将上式和 $I_z = bh^3/12$ 代入式(7.24)中，得

$$\tau = \frac{6V}{bh^3}\left(\frac{h^2}{4} - y^2\right)$$

式中仅 y 为变量，说明切应力 τ 沿截面高度按二次抛物线规律变化，如图 7.23 所示。当 $y = \pm h/2$ 时，$\tau = 0$，即截面上下边缘处切应力为零；当 $y = 0$ 时，$\tau = \tau_{max}$，即中性轴上切应力最大，这与横截面上的正应力分布规律正好相反。中性轴上的最大切应力值为

$$\tau_{max} = \frac{3}{2} \times \frac{V}{bh} = \frac{3}{2} \times \frac{V}{A} \tag{7.25}$$

即矩形截面上的最大切应力为截面上平均切应力 (V/A) 的 1.5 倍。

（二）工字形截面梁的切应力

工字形截面是由上、下翼缘及中间的腹板组成的，翼缘和腹板上均存在切应力。虽然翼缘上的切应力情况很复杂，但与腹板上的切应力相比，数值很小，所以一般情况下不予考虑。故这里只讨论腹板上的切应力。

腹板是一个狭长矩形，关于矩形截面上切应力分布的两个假设仍然适用。因此，导出的切应力计算公式的形式与式(7.24)相同。

切应力沿腹板高度按抛物线规律分布，中性轴上最大，如图 7.24 所示。但腹板上的最大切应力与最小切应力相差不大，特别是当腹板的宽度较小时，二者相差更小，因此，也可近似地认为腹板上的切应力是均匀分布的，即

$$\tau = \frac{V}{bh} \tag{7.26}$$

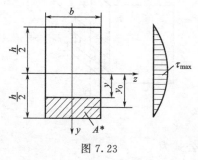

图 7.23

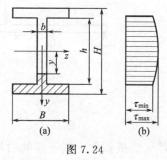

图 7.24

工字形梁的翼缘距中性轴较远，各点处的正应力都比较大，所以翼缘负担了截面上的大部分弯矩；而腹板则负担了截面上的绝大部分剪力（95%～97%）。

（三）圆形截面和圆环形截面

圆形截面和圆环形截面上的最大切应力仍发生在中性轴上，且在中性轴上均匀分布，方向平行于截面上的剪力，如图 7.25(a)、(b) 所示。其横截面上最大的切应力计算公式分别为：

圆形

$$\tau_{\max} = \frac{4}{3} \times \frac{V}{A} \qquad (7.27)$$

圆环形

$$\tau_{\max} = 2\frac{V}{A} \qquad (7.28)$$

对于圆环形截面，式中 A 为圆环形截面的面积。

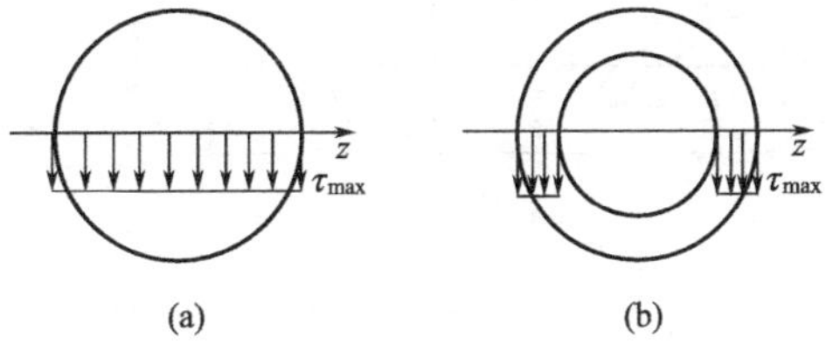

图 7.25

二、弯曲切应力的强度条件及应用

（一）梁的切应力强度条件

为了保证梁的安全工作，要求梁在荷载作用下产生的最大切应力 $\tau_{\max}$ 不能超过材料弯曲时的许用切应力 $[\tau]$。而由前面的讨论可以知道，梁内最大切应力一般发生在剪力最大的横截面的中性轴上。若以 $S_{z\max}^{*}$ 表示中性轴以上（或以下）部分面积对中性轴的静矩，则梁的切应力强度条件为

$$\tau_{\max} = \frac{V_{\max}S_{z\max}^{*}}{I_z b} \leqslant [\tau] \qquad (7.29)$$

式中，材料在弯曲时的许用切应力 $[\tau]$ 可在有关设计规范中查得。

（二）梁的切应力强度计算

一般来说，在进行梁的强度计算时，必须同时满足梁的正应力强度条件和切应力强度条件，但二者有主有次。在工程中，通常以梁的正应力强度条件作为控制条件，在选择梁的截面时，一般都是按照正应力强度条件设计截面尺寸，然后按切应力强度条件进行校核。对于细长梁，如果满足正应力强度条件，一般都能满足切应力强度条件，所以可以不再进行切应力强度校核。只有在下述情况下，必须进行切应力强度校核。

① 梁的跨度很短且又受到很大的荷载作用，或有很大的集中力作用在支座附近，使得梁内弯矩较小，而剪力却很大。

② 铆接或焊接的组合截面钢梁，如工字形截面、槽形截面等，若腹板较薄而高度较大，使得其宽度与高度之比小于型钢的相应比值，腹板上产生较大的切应力。

③ 木梁。由切应力互等定理可知，横截面上存在切应力，则水平纵向截面内也存在切应力。由于木材的顺纹抗剪能力较差，在横力弯曲时可能因为中性层上的切应力过大而使梁沿中性层发生剪切破坏。

例 7.11 一外伸工字形钢梁，工字钢型号为 22a，梁上荷载如图 7.26(a) 所示。已知 $l = 6\text{m}$，$F = 30\text{kN}$，$q = 6\text{kN/m}$，材料的许用应力 $[\sigma] = 170\text{MPa}$，$[\tau] = 100\text{MPa}$，校核该梁的强度。

解：

(1) 求 $M_{\max}$ 和 $V_{\max}$

画梁的剪力图和弯矩图，如图 7.26(b)、(c) 所示。最大弯矩和最大剪力分别为

$$M_{\max} = 39\text{kN} \cdot \text{m} \qquad V_{\max} = 17\text{kN}$$

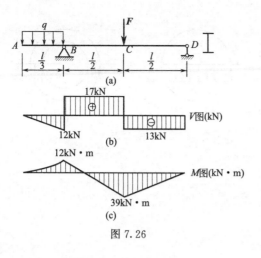

图 7.26

(2) 查型钢表

由型钢表查得 22a 工字钢有关数据为

$$W_z = 309 \text{cm}^3$$

$$\frac{I_z}{S_z^*} = 18.9 \text{cm}$$

$$b = 7.5 \text{mm}$$

(3) 校核梁的强度

梁的最大正应力为

$$\sigma_{max} = \frac{M_{max}}{W_z} = \frac{39 \times 10^3 \text{N} \cdot \text{m}}{309 \times 10^{-6} \text{m}^3} \times 10^{-6}$$

$$= 126 \text{MPa} < [\sigma] = 170 \text{MPa}$$

梁的最大切应力为

$$\tau_{max} = \frac{V_{max} S_z^*}{I_z b}$$

$$= \frac{17 \times 10^3 \text{N}}{18.9 \times 10^{-2} \text{m} \times 7.5 \times 10^{-3} \text{m}} \times 10^{-6}$$

$$= 12 \text{MPa} < [\tau] = 100 \text{MPa}$$

故该梁满足强度要求。

第五节 提高弯曲强度的一些措施

梁是工程中最常见的一种构件。在设计梁时，应该既充分发挥材料的潜力，又要尽量提高梁的强度，以满足工程上既安全又经济的要求。由于梁的抗弯强度主要是由正应力强度条件控制的，所以提高梁的弯曲强度主要是提高梁的正应力强度，由

$$\sigma_{max} = \frac{M_{max}}{W_z} \leqslant [\sigma]$$

可以看出，要提高梁的承载能力，主要从两方面入手：一是尽可能采用合理的截面形状，提高横截面的抗弯截面系数 W_z，充分利用材料；二是合理安排梁的受力情况，以降低梁的最大弯矩 M_{max}。下面将常用的几种措施分述如下。

一、合理选取梁的截面形状

（1）根据 $\frac{W_z}{A}$ 的比值选择合理的截面

由正应力的强度条件可知，W_z 越大，梁越能承受较大的弯矩，但另一方面，梁横截面面积越大，消耗材料就越多。因此，梁的合理截面应该是采用尽可能小的截面积 A，得到尽可能大的抗弯截面系数 W_z。可以用比值 $\frac{W_z}{A}$ 来衡量截面的合理程度，这个比值越大，截面就越合理。例如，对于截面高度 h 大于宽度 b 的矩形截面梁，若将它竖放，则抗弯截面系数为 $\frac{bh^2}{6}$；

若将它平放，则抗弯截面系数变为 $\dfrac{hb^2}{6}$，如图 7.27 所示。两者之比 $\dfrac{h}{b}>1$，可见梁竖放比平放有较高的抗弯强度，所以在工程中，矩形截面梁一般都是竖放的。

在表 7.2 中，列出了几种常用截面的 W_z 和 A 的比值。从表中所列数值可以看出，工字形截面或槽形截面比矩形截面合理，矩形截面比圆形截面合理。究其原因是由于距中性轴越远的地方正应力越大，即作用在梁上的外力主要由距中性轴较远的材料来承担。圆形截面梁的大部分材料都靠近中性轴，未能充分发挥其抗弯作用，而工字形截面则相反。因此，为了更好地发挥材料的潜力，应尽可能地将材料分布到距中性轴较远处，如工程上常将实心圆截面改为空心圆截面，将矩形截面改为工字形截面或箱形截面等。

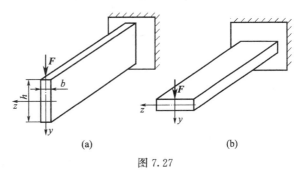

图 7.27

表 7.2 几种截面的 W_z 和 A 的比值

截面形状	矩　形	圆　形	槽　钢	工　字　钢
$\dfrac{W_z}{A}$	$0.167h$	$0.125d$	$(0.27\sim0.31)h$	$(0.27\sim0.31)h$

(2) 根据材料的特性选择合理的截面

对于抗拉和抗压强度相等的材料（如低碳钢），宜采用对称于中性轴的截面，如圆形、矩形、工字形等，这样就可以使得截面的上、下边缘处的最大拉应力和最大压应力相等，同时达到材料的许用应力值，从而充分发挥材料的潜力。对于抗拉和抗压强度不等的材料，如铸铁，其许用拉应力 $[\sigma_t]$ 低于许用压应力 $[\sigma_c]$，宜采用中性轴偏于受拉侧的截面，如图 7.28 所示的一些截面。这类截面，应使 y_1、y_2 之比接近下列关系：

$$\frac{\sigma_{tmax}}{\sigma_{cmax}}=\frac{M_{max}}{I_z}y_1\Big/\left(\frac{M_{max}}{I_z}y_2\right)=\frac{y_1}{y_2}=\frac{[\sigma_t]}{[\sigma_c]}$$

就能使得横截面上的最大拉应力和最大压应力同时达到材料的许用值，比较经济合理。

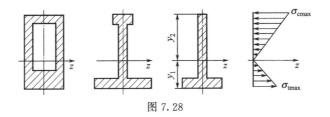

图 7.28

二、合理安排梁的支座和荷载

当荷载一定时，梁的最大弯矩值的大小与梁的跨度有关，故适当地减小支座之间的距离，就可以有效地降低最大弯矩值。例如跨度为 l，并受均布荷载 q 的简支梁，如图 7.29(a) 所示，其最大弯矩为 $M_{max}=ql^2/8$。若将两端支座向中间移动 $0.2l$，则最大弯矩减小为 $M_{max}=ql^2/40$，只是前者的 $1/5$，如图 7.29(b) 所示。工程中起吊预制大梁，起吊点一般不在其两端，就是这个缘故。

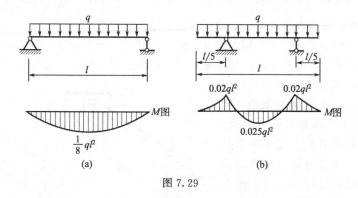

图 7.29

为了减小支座间的距离，还可以适当增加支座，例如在简支梁中间加一支座或将支座改成固定端，其最大弯矩都可降低，但这样就使静定梁变成了超静定梁。

合理安排梁上的荷载，也可降低梁内的最大弯矩值。由弯矩图可知，当荷载总量相等时，分布荷载使梁产生的最大弯矩要比集中荷载下产生的最大弯矩小得多，所以从强度考虑，把集中力尽量分散，直至改变为分布荷载更为合理。以简支梁为例，如图 7.30(a) 所示，若一个集中力 F 作用在跨中，其最大弯矩为 $M_{max}=Fl/4$；若在梁上安置一个辅梁，如图 7.30(b) 所示，则最大弯矩将减少至 $M_{max}=Fl/8$，只有原来的一半。

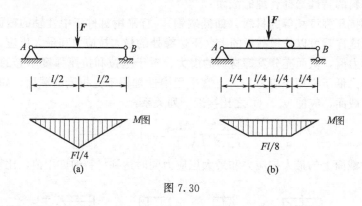

图 7.30

三、采用等强度梁

前面讨论的是等截面直梁，按正应力强度条件选择截面尺寸时，是以最大弯矩为依据的，因此除了最大弯矩所在截面以外，其他横截面的正应力都比较小，因而材料没有得到充分利用。为此，根据梁的弯矩图，用改变截面尺寸的方法，使抗弯截面系数随弯矩而变化，即在弯矩较大处采用较大截面，在弯矩较小处采用较小截面，这种截面沿轴线变化的梁称为变截面梁。最理想的变截面梁是梁各横截面上的最大正应力都等于材料的许用应力，即等强度梁。很显然，这种梁材料消耗最少，重量最轻，也最合理。但实际上，由于加工制造等因素，一般只能近似地达到等强度的要求，例如雨篷或阳台的悬臂梁常采用如图 7.31(a) 所示的形式；对于跨中弯矩较大、两侧弯矩逐渐减小的简支梁，常采用如图 7.31(b) 所示的上下加盖板的梁，或如图 7.31(c) 所示的鱼腹式梁等。

以上讨论仅是从弯曲强度的角度来考虑的，而在实际工程中，设计一个构件时，还应该考虑刚度、稳定性、工艺条件、加工制造等多方面的因素，经综合比较后，再正确地选用具体措施。

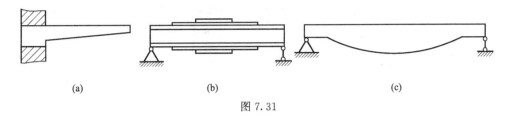

(a)　　　　　　　　　(b)　　　　　　　　　(c)

图 7.31

📖 小结

强度计算是工程设计的主要内容，本章主要研究平面弯曲梁强度计算问题。

梁平面弯曲时，横截面上的正应力沿截面高度呈线性分布，在中性轴上正应力为零，在上、下边缘处正应力最大，计算公式为

$$\sigma = \frac{M}{I_z} y$$

强度条件为

$$\sigma_{max} = \frac{M_{max}}{W_z} \leqslant [\sigma]$$

横截面上的切应力分布情况比较复杂，随横截面的不同而不同，但最大切应力应发生在中性轴上，计算公式为

$$\tau = \frac{V S_z^*}{b I_z}$$

强度条件为

$$\tau_{max} = \frac{V_{max} S_{zmax}^*}{b I_z} \leqslant [\tau]$$

📝 习题

7.1　求题 7.1 图所示各平面图形的形心位置。

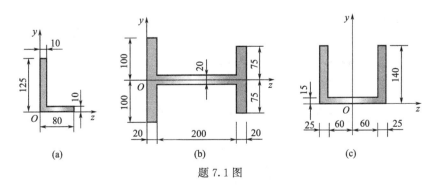

(a)　　　　　　　　　(b)　　　　　　　　　(c)

题 7.1 图

7.2　试计算题 7.2 图所示各截面图形对 z_1 轴的静矩。

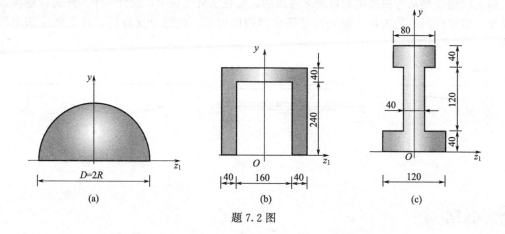

题 7.2 图

7.3 如题 7.3 图所示，计算矩形截面对其形心轴 z 轴的惯性矩，已知 $b=150\text{mm}$，$h=300\text{mm}$。如按图中虚线所示，将矩形截面的中间部分移至两边缘变成工字形，计算此工字形截面对 z 轴的惯性矩，并求工字形截面的惯性矩较矩形截面的惯性矩增大的百分比。

7.4 如题 7.4 图所示的截面图形，求：

① 形心 C 的位置；

② 阴影部分对 z 轴的静矩；

③ 图形对 y 轴和 z 轴的惯性矩。

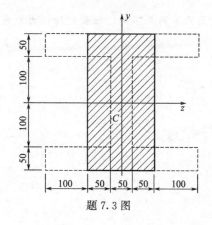

题 7.3 图

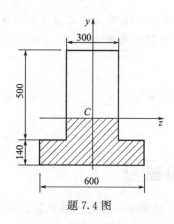

题 7.4 图

7.5 试求题 7.5 图所示简支梁 1—1 截面上 a、b、c、d、e 五点处的正应力及梁内最大的正应力。

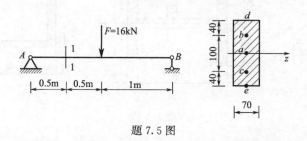

题 7.5 图

7.6　一矩形截面简支梁在跨中受集中力 $F=40$kN 作用，如题 7.6 图所示。已知 $l=10$m，$b=100$mm，$h=200$mm。

① 求 $m-m$ 截面上距中性轴 $y=50$mm 处的切应力；

② 比较梁中的最大正应力和最大切应力；

③ 若采用 32a 工字钢，求最大切应力。

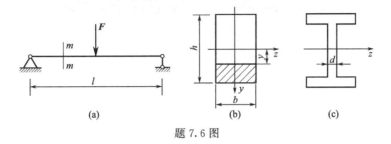

题 7.6 图

7.7　铸铁梁的荷载及截面尺寸如题 7.7 图所示，许用拉应力 $[\sigma_t]=40$MPa，许用压应力 $[\sigma_c]=160$MPa，试按照正应力强度条件校核梁的强度。若荷载不变，而将梁倒置成形，是否合理？为什么？

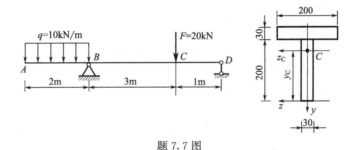

题 7.7 图

7.8　一正方形截面的悬臂木梁，如题 7.8 图所示。木材许用应力 $[\sigma]=10$MPa，现需在截面的中性轴处钻一直径为 d 的圆孔，试按照正应力强度条件确定圆孔的最大直径 d_{max}（不考虑应力集中的影响）。

7.9　一简支工字钢梁，梁上荷载如题 7.9 图所示。已知 $l=6$m，$q=6$kN/m，$F=20$kN，钢材的许用应力 $[\sigma]=170$MPa，$[\tau]=100$MPa，试选择工字钢的型号。

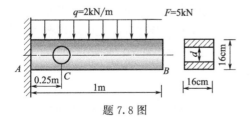

题 7.8 图

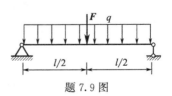

题 7.9 图

第八章　弯曲变形

本章主要讨论梁的弯曲变形，介绍了计算弯曲变形的积分法和查表法，其最终目的是能够进行梁的刚度校核。

第一节　平面弯曲梁的变形计算——积分法

在工程实际中，对于梁一类的受弯构件，除了有强度要求以外，往往还要求变形不能过大。例如，楼板梁弯曲变形过大，会使下面的抹灰层开裂、脱落；吊车梁变形过大时，将使梁上小车行走时出现爬坡现象，并会引起梁的振动，影响起吊工作的平稳性。因此，要对梁的变形加以限制，使其满足刚度要求。

梁的变形是通过梁横截面的位移即挠度（deflection）和转角（slope rotation angle）来度量的。

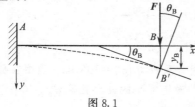

图 8.1

如图 8.1 所示，研究弯曲变形时，以变形前梁轴线 AB 为 x 轴，y 轴向下为正，xy 平面是梁的纵向对称平面。在平面弯曲的情况下，变形后梁的轴线 AB' 是 xy 平面内的一条光滑连续的曲线，称为挠曲线。挠曲线上一点的纵坐标 y，表示坐标为 x 的横截面形心沿 y 轴的位移，称为挠度。挠度曲线的方程式是

$$y = f(x) \tag{8.1}$$

在实际问题中，梁的变形很小，挠度 y 一般远小于梁的跨度 l，挠曲线是一条非常平坦的曲线。这时，尽管梁的轴线由直线变成曲线，但是梁截面形心沿 x 轴的位移可以略去不计。依据平面假设，变形前垂直于 x 轴的横截面，变形后仍然垂直于挠曲线。这样，横截面绕其原来位置的中性轴将转过一个角度 θ，称为截面转角。因为挠曲线非常平坦，倾角 θ 很小，所以有

$$\theta \approx \tan\theta = \frac{\mathrm{d}y}{\mathrm{d}x} = f'(x) \tag{8.2}$$

即转角 θ 近似等于挠曲线在该点处切线的斜率。式(8.2)表明，只要求出挠曲线方程，就可以确定梁上任一截面的挠度和转角。

为了导出梁的挠曲线方程，需要利用在线弹性范围内纯弯曲情况下的曲率表达式［见式(7.16)］，即

$$\frac{1}{\rho} = \frac{M}{EI_z}$$

式中，曲率 $1/\rho$ 是一个表示挠曲线弯曲程度的量。对于纯弯曲情况下的等截面直梁，弯矩 M 和抗弯刚度 EI_z 均为常量，挠曲线是一条曲率半径为 ρ 的圆弧曲线。

在横力弯曲时，梁横截面上除弯矩 M 外还有剪力 V。对于跨度远大于截面高度的梁，剪力对弯曲变形的影响很小，可以略去不计，所以上式仍然可用，但这时式中的 M 和 ρ 都是 x 的函数，即

$$\frac{1}{\rho(x)}=\frac{M(x)}{EI_z} \tag{a}$$

另外，从几何方面来看，平面曲线的曲率可以写成

$$\frac{1}{\rho(x)}=\pm\frac{\dfrac{d^2 y}{dx^2}}{\sqrt{\left[1+\left(\dfrac{dy}{dx}\right)^2\right]^3}} \tag{b}$$

由式(a)、式(b)得

$$\frac{M(x)}{EI_z}=\pm\frac{\dfrac{d^2 y}{dx^2}}{\sqrt{\left[1+\left(\dfrac{dy}{dx}\right)^2\right]^3}} \tag{c}$$

这就是梁的挠曲线微分方程。由于工程上常用的梁，其挠曲线是一条极其平坦的曲线，因此，dy/dx 是一个很小的量，$(dy/dx)^2$ 与 1 相比十分微小，可以忽略不计。这样，式(c)就可以近似写为

$$\pm\frac{d^2 y}{dx^2}=\frac{M(x)}{EI_z} \tag{d}$$

式(d)左边的正负号，取决于坐标系的选择和弯矩正负号的规定。习惯上规定 x 轴向右为正，y 轴向下为正。按照第六章关于弯矩的正负规定，即挠曲线下凸时，M 为正；上凸时，M 为负。这样，当 M 为正时，挠曲线向下凸出，其二阶导数 $d^2 y/dx^2$ 为负值；当 M 为负时，挠曲线向上凸出，其二阶导数 $d^2 y/dx^2$ 为正值，如图 8.2 所示。可见，$M(x)$ 与 $d^2 y/dx^2$ 的符号总是相反，故式(d)应取负号，即

$$\frac{d^2 y}{dx^2}=-\frac{M(x)}{EI_z}\quad 或\quad y''=-\frac{M(x)}{EI_z} \tag{8.3}$$

式(8.3)通常称为梁的挠曲线近似微分方程。对挠曲线近似微分方程进行积分，就可以得出梁的转角方程和挠度方程，从而确定任一截面的转角和挠度，这种求变形的方法就称为积分法。

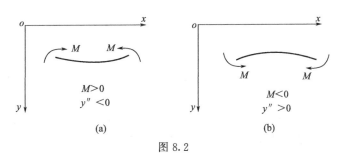

图 8.2

对于等直梁，抗弯刚度 EI_z 为常量，将式(8.3)积分一次，得到转角方程为

$$EI_z\theta = EI_z y' = \int -M(x)\,\mathrm{d}x + C \tag{8.4}$$

再积分一次，得到挠曲线方程为

$$EI_z y = \int\left[\int -M(x)\mathrm{d}x\right]\mathrm{d}x + Cx + D \tag{8.5}$$

式中，C 和 D 为积分常数，其值可以通过梁挠曲线上已知的位移条件来确定。例如，在铰支座处，挠度等于零；在固定端处，挠度和转角都等于零；在弯曲变形对称点上，转角等于零，像这类条件统称为边界条件。另外，由于挠曲线是一条连续光滑的曲线，所以在挠曲线上的任意点处都应有唯一确定的挠度和转角，这种条件称为连续条件。根据边界条件和连续条件，就可以确定出上面两式中的积分常数。

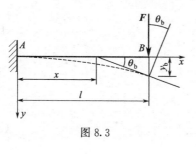

图 8.3

例 8.1 如图 8.3 所示，一抗弯刚度为 EI_z 的悬臂梁，在自由端受一集中力 F 作用，试求梁的转角方程、挠曲线方程及自由端截面的转角和挠度。

解：

(1) 建立坐标系

如图 8.3 所示，列出弯矩方程为

$$M(x) = -F(l-x)$$

(2) 建立挠曲线微分方程

$$EI_z y'' = -M(x) = Fl - Fx$$

积分一次，得转角方程为

$$EI_z\theta = EI_z y' = Flx - \frac{1}{2}Fx^2 + C \tag{a}$$

再积分一次，得挠曲线方程为

$$EI_z y = \frac{1}{2}Flx^2 - \frac{1}{6}Fx^3 + Cx + D \tag{b}$$

(3) 确定积分常数

悬臂梁的边界条件是在固定端处的转角和挠度均为零，即当 $x=0$ 时，$\theta=0$，$y=0$。根据这两个边界条件，由式(a)、式(b)可以得到

$$C=0, \quad D=0$$

把它们代入式(a)和式(b)中，即得到转角方程为

$$\theta = \frac{1}{EI_z}\left(Flx - \frac{1}{2}Fx^2\right) \tag{c}$$

挠曲线方程为

$$y = \frac{1}{EI_z}\left(\frac{1}{2}Flx^2 - \frac{1}{6}Fx^3\right) \tag{d}$$

(4) 求自由端的转角和挠度

将 $x=l$ 代入式(c)、式(d)，可以得到截面 B 的转角和挠度为

$$\theta_B = \frac{Fl^2}{2EI_z}, \qquad y_B = \frac{Fl^3}{3EI_z}$$

求得的 θ_B 为正值，表示 B 截面的转角为顺时针转向；y_B 为正值，表示截面 B 的挠度是向下的。

例 8.2 如图 8.4 所示，一抗弯刚度为 EI_z 的简支梁，在全梁上受集度为 q 的均布荷

载作用，试求梁的最大转角 θ_{max} 和最大挠度 y_{max}。

解:

(1) 建立坐标系

如图 8.4 所示，列出弯矩方程为

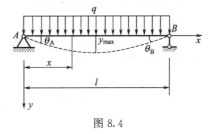

图 8.4

$$M(x) = \frac{1}{2}qlx - \frac{1}{2}qx^2$$

(2) 建立挠曲线微分方程

$$EI_z y'' = -M(x) = \frac{1}{2}qx^2 - \frac{1}{2}qlx$$

积分一次，得转角方程为

$$EI_z \theta = EI_z y' = \frac{1}{6}qx^3 - \frac{1}{4}qlx^2 + C \tag{a}$$

再积分一次，得挠曲线方程为

$$EI_z y = \frac{1}{24}qx^4 - \frac{1}{12}qlx^3 + Cx + D \tag{b}$$

(3) 确定积分常数，求出转角方程和挠度方程

简支梁的边界条件是在左、右两端铰支座处的挠度均为零，即当 $x=0$ 时，$y=0$；当 $x=l$ 时，$y=0$。根据这两个边界条件，由式(a)、式(b)可以得到

$$C = \frac{ql^3}{24}, \quad D = 0$$

把它们代入式(a)和式(b)中，即得到转角方程为

$$\theta = \frac{q}{24EI_z}(4x^3 - 6lx^2 + l^3) \tag{c}$$

挠曲线方程为

$$y = \frac{q}{24EI_z}(x^4 - 2lx^3 + l^3 x) \tag{d}$$

(4) 求最大转角和最大挠度

由对称关系可以知道，最大挠度发生在梁的跨中截面，将 $x=\frac{l}{2}$ 代入式(d)，可以得

$$y_{max} = \frac{5ql^4}{384EI_z}$$

正号表示 y_{max} 的方向向下。

在 A、B 两端，截面转角的数值相等，符号相反，且绝对值最大。于是，在式(c)中，分别令 $x=0$ 和 $x=l$，得

$$\theta_{max} = \theta_A = -\theta_B = \frac{ql^3}{24EI_z}$$

注意，当各段梁上的弯矩方程不同时，弯矩方程必须分段列出，因而挠曲线的近似微分方程也必须分段建立。对各段梁的近似微分方程进行积分时，每段都将出现两个积分常数。要确定这些积分常数，除了要利用梁在支座处的边界条件外，还需要利用相邻两段梁在分界截面处变形的连续条件：由于挠曲线是一条光滑连续的曲线，相邻两段梁在分界截面处的挠度和转角都相等。

例 8.3 如图 8.5 所示，一抗弯刚度为 EI_z 的简支梁，在梁上 C 点处作用一集中力 F，试求梁的转角方程和挠曲线方程及最大挠度 y_{max}。

解:

① 建立坐标系如图8.5所示，列出弯矩方程分别为

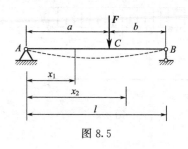

图 8.5

AC 段: $\qquad M(x_1) = \dfrac{Fb}{l} x_1 \qquad (0 \leqslant x_1 \leqslant a)$

CB 段: $\qquad M(x_2) = \dfrac{Fb}{l} x_2 - F(x_2 - a) \qquad (a \leqslant x_1 \leqslant l)$

② 分段建立挠曲线微分方程，并积分。

AC 段: $\qquad EI_z y''_1 = -M(x_1) = -\dfrac{Fb}{l} x_1$

$$EI_z y'_1 = EI_z \theta_1 = -\frac{Fb}{2l} x_1^2 + C_1 \tag{a}$$

$$EI_z y_1 = -\frac{Fb}{6l} x_1^3 + C_1 x_1 + D_1 \tag{b}$$

CB 段: $\qquad EI_z y''_2 = -M(x_2) = -\dfrac{Fb}{l} x_2 + F(x_2 - a)$

$$EI_z y'_2 = EI_z \theta_2 = -\frac{Fb}{2l} x_2^2 + \frac{F}{2}(x_2 - a)^2 + C_2 \tag{c}$$

$$EI_z y_2 = -\frac{Fb}{6l} x_2^3 + \frac{F}{6}(x_2 - a)^3 + C_2 x_2 + D_2 \tag{d}$$

③ 确定积分常数，求出转角方程和挠度方程。

上述出现四个常数，需要四个条件来确定。梁的边界条件只有两个，即

$$\text{在 } x_1 = 0 \text{ 处,} \qquad y_1 = 0 \tag{e}$$

$$\text{在 } x_2 = l \text{ 处,} \qquad y_2 = 0 \tag{f}$$

因此，还必须考虑梁变形的连续条件。在两段梁交界的截面 C 上，由式(a)确定的转角应该等于由式(c)确定的转角；由式(b)确定的挠度应该等于由式(d)确定的挠度。也就是说，在 $x_1 = x_2 = a$ 处，应该有

$$y'_1 = y'_2 \tag{g}$$

$$y_1 = y_2 \tag{h}$$

将其分别代入式(a)、式(c)和式(b)、式(d)，得到

$$-\frac{Fb}{2l} a^2 + C_1 = -\frac{Fb}{2l} a^2 + C_2$$

$$-\frac{Fb}{6l} a^3 + C_1 a + D_1 = -\frac{Fb}{6l} a^3 + C_2 a + D_2$$

由以上两式得

$$C_1 = C_2, \ D_1 = D_2$$

将式(e)代入式(b)，得 $\qquad D_1 = D_2 = 0$

将式(f)代入式(d)，得 $\qquad C_1 = C_2 = \dfrac{Fb}{6l}(l^2 - b^2)$

将求得的积分常数代入式(a)、式(b)、式(c)、式(d)，就得到两段梁的转角方程和挠度方程。

AC 段: $\qquad \theta_1 = y'_1 = \dfrac{Fb}{6lEI_z}(l^2 - b^2 - 3x_1^2) \qquad (0 \leqslant x_1 \leqslant a)$

$$y_1 = \frac{Fbx_1}{6lEI_z}(l^2 - b^2 - x_1^2) \qquad (0 \leqslant x_1 \leqslant a)$$

CB 段：
$$\theta_2 = y'_2 = \frac{F}{EI_z}\left[\frac{b}{6l}(l^2 - b^2 - 3x_2^2) + \frac{1}{2}(x_2 - a)^2\right] \qquad (a \leqslant x_1 \leqslant l)$$

$$y_2 = \frac{F}{EI_z}\left[\frac{b}{6l}(l^2 - b^2 - x_2^2)x_2 + \frac{1}{6}(x_2 - a)^3\right] \qquad (a \leqslant x_1 \leqslant l)$$

④ 计算梁的最大挠度 y_{max}

简支梁的最大挠度可根据函数求极值的方法来求解，即它应该发生在 $\theta = \dfrac{dy}{dx} = 0$ 处。在本例题中，由于 $a > b$，则

$$当 \ x_1 = 0 \ 时，\theta_A = \frac{Fb}{6lEI_z}(l^2 - b^2) > 0$$

$$当 \ x_1 = a \ 时，\theta_C = \frac{Fb}{6lEI_z}(l^2 - b^2 - 3a^2) = \frac{Fab}{3EI_z l}(b - a) < 0$$

因而 $\theta = 0$ 的截面位置必然发生在 AC 段内。

令
$$\frac{dy_1}{dx_1} = \theta_1 = 0$$

解得极值点的坐标为
$$x_0 = \sqrt{\frac{l^2 - b^2}{3}} \qquad\qquad (i)$$

将 x_0 代入 AC 段挠曲线方程，求得最大挠度为

$$y_{max} = \frac{Fb}{9\sqrt{3}\,EI_z l}\sqrt{(l^2 - b^2)^3}$$

当集中力 F 无限靠近右端支座，即 $b \to 0$ 时，由式(i)可得

$$x'_0 = \frac{l}{\sqrt{3}} = 0.577l$$

由此可见，梁最大挠度的截面位置总是在梁的中点附近。所以，对于简支梁，只要挠曲线没有拐点，都可以用梁中点的挠度来近似代替梁的最大挠度，即

$$y_{max} \approx y_{x = \frac{l}{2}} = \frac{Fb}{48EI_z}(3l^2 - 4b^2)$$

其误差是工程计算所允许的。

积分法是求梁变形的基本方法。虽然用这种方法计算梁的挠度和转角比较烦琐，但它在理论上是比较重要的。为了实用上的方便，在一般设计手册中，将简单荷载作用下常用梁的挠度和转角的计算公式以及挠曲线方程列成表格，以备查用，见表 8.1。

表 8.1　简单荷载作用下梁的转角和挠度

支承和荷载情况	梁端转角	最大挠度	挠曲线方程式
	$\theta_B = \dfrac{Fl^2}{2EI_z}$	$y_{max} = \dfrac{Fl^3}{3EI_z}$	$y = \dfrac{Fx^2}{6EI_z}(3l - x)$
	$\theta_B = \dfrac{Fa^2}{2EI_z}$	$y_{max} = \dfrac{Fa^2}{6EI_z}(3l - a)$	$y = \dfrac{Fx^2}{6EI_z}(3a - x), 0 \leqslant x \leqslant a$ $y = \dfrac{Fa^2}{6EI_z}(3x - a), 0 \leqslant x \leqslant l$

建筑力学

续表

支承和荷载情况	梁端转角	最大挠度	挠曲线方程式
	$\theta_B = \dfrac{ql^3}{6EI_z}$	$y_{max} = \dfrac{ql^4}{8EI_z}$	$y = \dfrac{qx^2}{24EI_z}(x^2+6l^2-4lx)$
	$\theta_B = \dfrac{ml}{EI_z}$	$y_{max} = \dfrac{ml^2}{2EI_z}$	$y = \dfrac{mx^2}{2EI_z}$
	$\theta_A = -\theta_B = \dfrac{Fl^2}{16EI_z}$	$y_{max} = \dfrac{Fl^3}{48EI_z}$	$y = \dfrac{Fx}{48EI_z}(3l^2-4x^2),0\leqslant x\leqslant\dfrac{l}{2}$
	$\theta_A = -\theta_B = \dfrac{ql^3}{24EI_z}$	$y_{max} = \dfrac{5ql^4}{384EI_z}$	$y = \dfrac{qx}{24EI_z}(l^3-2lx^2+x^3)$
	$\theta_A = \dfrac{Fab(l+b)}{6lEI_z}$ $\theta_A = \dfrac{-Fab(l+a)}{6lEI_z}$	$y_{max} = \dfrac{Fb}{9\sqrt{3}EI}(l^2-b^2)^{3/2}$ 在 $x=\sqrt{\dfrac{l^2-b^2}{3}}$ 处	$y = \dfrac{Fbx}{6lEI_z}(l^2-b^2-x^2)x,0\leqslant x\leqslant a$ $y = \dfrac{F}{EI_z}\left[\dfrac{b}{6l}(l^2-b^2-x^2)x+\dfrac{1}{6}(x-a)^3\right],a\leqslant x\leqslant l$
	$\theta_A = \dfrac{ml}{6EI_z}$ $\theta_B = \dfrac{ml}{3EI_z}$	$y_{max} = \dfrac{ml^2}{9\sqrt{3}EI_z}$ 在 $x=\dfrac{1}{\sqrt{3}}$ 处	$y = \dfrac{mx}{6lEI_z}(l^2-x^2)$

第二节 平面弯曲梁的变形计算——叠加法（查表法）

从上一节可知，由于梁的变形微小，而且梁的材料是在线弹性范围内工作的，所以梁的挠度和转角均与梁上的荷载成线性关系。这样，梁上某一荷载所引起的变形，不受同时作用的其他荷载的影响，即各荷载对弯曲变形的影响是各自独立的。因此，梁在几项荷载（集中力、集中力偶或分布力）同时作用下某一截面的挠度和转角，就分别等于每一项荷载单独作用下该截面的挠度和转角的叠加。这就是计算梁变形的叠加法。

在工程实际中，往往需要计算梁在几项荷载同时作用下的最大挠度和最大转角。由于梁在每项荷载单独作用下的挠度和转角均可查表，因而用叠加法计算就比较简单，故也称为查表法。

常见情况下，梁的变形公式见表 8.1。

例 8.4 试用叠加法求如图 8.6 所示简支梁跨中的挠度。

解： 梁的变形是均布荷载 q 和集中力 F 共同引起的。

由表 8.1 查得，在均布荷载 q 单独作用下，梁跨中的挠度为

$$y_{C_1} = \dfrac{5ql^4}{384EI_z}$$

144

在集中力单独作用下，梁跨中的挠度为

$$y_{C_2} = \frac{Fl^3}{48EI_z}$$

叠加上述结果，求得在均布荷载和集中力共同作用下，梁跨中的挠度为

$$y_C = y_{C_1} + y_{C_2} = \frac{5ql^4}{384EI_z} + \frac{Fl^3}{48EI_z}$$

例 8.5 一悬臂梁，其抗弯刚度为 EI_z，梁上荷载如图 8.7(a) 所示，试求 C 截面的挠度和转角。

解： 查表 8.1，并没有图 8.7(a) 所示梁的计算公式，但是本题仍然可以用叠加法求解。图 8.7(a) 所示的情况可看成是图 8.7(b)、(c) 所示两种情况的叠加。

图 8.7(b) 中 C 截面的挠度和转角可由表 8.1 查得，为

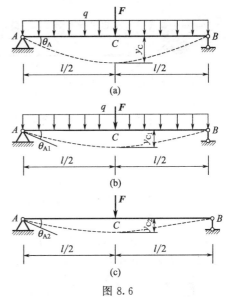

图 8.6

$$y_{C_1} = \frac{ql^4}{8EI_z} \quad \theta_{C_1} = \frac{ql^3}{6EI_z}$$

图 8.7(c) 中，C 截面的挠度可以看作由两部分组成，一部分为 y_B，另一部分由于 B 截面转过 θ_B 而引起。y_B、θ_B 可由表 8.1 查得，为

$$y_B = -\frac{q\left(\frac{l}{2}\right)^4}{8EI_z} = -\frac{ql^4}{128EI_z} \quad \theta_B = -\frac{q\left(\frac{l}{2}\right)^3}{6EI_z} = -\frac{ql^3}{48EI_z}$$

则

$$y_{C_2} = y_B + \frac{l}{2}\theta_B = -\frac{ql^4}{128EI_z} + \frac{l}{2}\left(-\frac{ql^3}{48EI_z}\right) = -\frac{7ql^4}{384EI_z}$$

图 8.7(c) 中 C 截面的转角等于 B 截面的转角，即

$$\theta_{C_2} = \theta_B = -\frac{ql^3}{48EI_z}$$

叠加上述结果，即可得到所示梁截面的挠度和转角，为

$$y_C = y_{C_1} + y_{C_2} = \frac{ql^4}{8EI_z} - \frac{7ql^4}{384EI_z} = \frac{41ql^4}{384EI_z}$$

$$\theta_C = \theta_{C_1} + \theta_{C_2} = \frac{ql^3}{6EI_z} - \frac{ql^3}{48EI_z} = \frac{7ql^3}{48EI_z}$$

y_C 为正，表示 C 截面的挠度是向下的；θ_C 为正，表示 C 截面的转角是顺时针方向的。

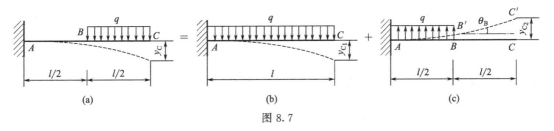

图 8.7

第三节 平面弯曲梁的刚度校核

在按照强度条件选择了梁的截面后，往往还要对梁进行刚度校核，也就是要求梁的最大挠度或最大转角不超过它们的许用值。对于梁的挠度，其许用值通常用许用挠度与梁的跨度的比值 $[f/l]$ 作为标准；对于转角，一般用许用转角 $[\theta]$ 作为标准。因此，梁的刚度条件可以写为

$$\frac{y_{\max}}{l} \leqslant \left[\frac{f}{l}\right] \qquad \theta_{\max} \leqslant [\theta] \tag{8.6}$$

按照各类构件的工程用途，在有关的设计规范中，对 $[f/l]$ 有具体的规定。在土建工程中，$[f/l]$ 的值一般限制在 $1/250 \sim 1/1000$ 范围内。

应当指出，强度条件和刚度条件都是梁必须满足的。在土建工程中，通常强度条件起控制作用，所以在计算时，一般是根据强度条件选择梁的截面，然后再对其进行刚度校核，而且也往往只需要校核挠度即可。

例 8.6 吊车梁由型号为 45b 的工字钢制成，跨度 $l = 10\text{m}$，材料的弹性模量 $E = 210\text{GPa}$。吊车的最大起吊重量 $F = 50\text{kN}$，规定 $\left[\dfrac{f}{l}\right] = \dfrac{1}{500}$，试校核该梁的刚度。

解： 吊车梁的计算简图如图 8.8(b) 所示，梁的自重为均布荷载；电葫芦的轮压为一集中荷载，当其行至梁的中点时，所产生的挠度最大。

查附录中型钢表，可得 45b 工字钢的自重和惯性矩分别为

$$q = 87.485 \times 9.8\text{N/m} = 857.35\text{N/m}$$

$$I_z = 33800 \times 10^{-8}\text{m}^4$$

梁跨中的最大挠度为

$$y_{\max} = \frac{Fl^3}{48EI_z} + \frac{5ql^4}{384EI_z} = \frac{10^3}{210 \times 10^9 \times 33800 \times 10^{-8}} \times \left(\frac{50 \times 10^3}{48} + \frac{5 \times 857.35 \times 10}{384}\right)$$

$$= 0.01468 + 0.00157 = 0.01625$$

$$\frac{y_{\max}}{l} = \frac{0.01625}{10} = \frac{1}{615} < \left[\frac{f}{l}\right] = \frac{1}{500}$$

故满足刚度要求。

二维码18

8.1 梁变形的计算机求解

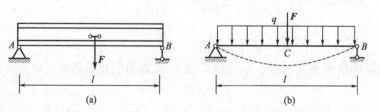

图 8.8

小结

本章主要研究平面弯曲梁的变形计算和刚度校核问题。

平面弯曲梁的变形计算可用积分法和叠加法进行。

用积分法求解梁变形就是正确列出各段梁的弯矩方程，代入挠曲线近似微分方程，积分一次得到转角方程，再积分一次得到挠曲线方程，然后正确应用边界条件和连续条件确定积分常数。积分法是求梁变形的基本方法，虽然计算比较烦琐，但在理论上是比较重要的。

叠加法是查表得出梁在各项简单荷载作用下的挠度和转角，然后根据叠加原理，求出梁在几项荷载共同作用下的挠度和转角。叠加法是求梁变形的一种简便有效的方法，在工程计算中具有重要的现实意义。

平面弯曲梁的刚度条件为

$$\frac{y_{\max}}{l} \leqslant \left[\frac{f}{l}\right] \quad \theta_{\max} \leqslant [\theta]$$

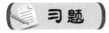

习题

8.1　试用积分法求题 8.1 图所示悬臂梁自由端截面的转角和挠度。

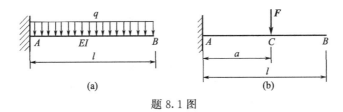

题 8.1 图

8.2　试用积分法求题 8.2 图所示简支梁 A、B 截面的转角和 C 截面的挠度。

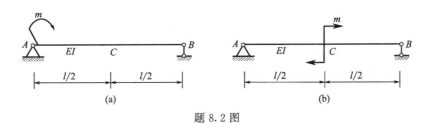

题 8.2 图

8.3　试用叠加法求题 8.3 图所示悬臂梁自由端截面的转角和挠度。

8.4　试用叠加法求题 8.4 图所示简支梁跨中截面的挠度。

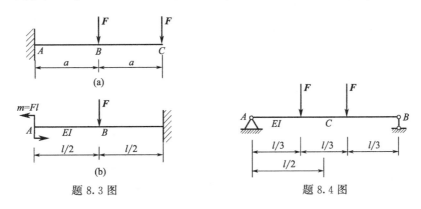

题 8.3 图　　　　题 8.4 图

8.5　在题 8.5 图所示外伸梁中，$F = \frac{1}{6}ql$ 梁的抗弯刚度为 EI_z，试用叠加法求自由端

147

截面的转角和挠度。

8.6 如题 8.6 图所示，吊车梁由型号为 32a 工字钢制成，跨度 $l=8.76\text{m}$，材料的弹性模量 $E=210\text{GPa}$。吊车的最大起吊重量 $F=20\text{kN}$，规定 $\left[\dfrac{f}{l}\right]=\dfrac{1}{500}$，试校核该梁的刚度。

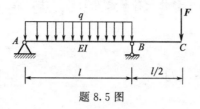

题 8.5 图

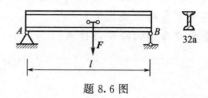

题 8.6 图

第九章 组合变形

本章首先讨论应力状态，进而研究四个强度理论，最后解决组合变形的应力计算，最终目的是能够进行复杂变形杆件的强度设计。

第一节 应力状态分析的概念

一、一点处的应力状态及其表示方法

前几章研究了杆件轴向拉压、扭转、弯曲等基本变形时的应力和强度计算问题。由于这些杆件横截面上危险点处仅有正应力或切应力，因此可与拉（压）许用正应力 $[\sigma]$ 或许用切应力 $[\tau]$ 相比较而建立强度条件。但对于一般情况，构件各点处既有正应力，又有切应力。当需按照这些点处的应力对构件进行强度计算时，就不能分别按照正应力和切应力来建立强度条件，而必须综合考虑这两种应力对材料强度的影响。还有，对于一些受力构件的破坏现象，例如低碳钢试件受拉伸至屈服时，表面出现与轴线约成 45°的滑移线；铸铁压缩试验时，在荷载逐渐加大时，发生沿斜截面破坏的现象等，如图 9.1 所示。出现这种沿斜截面破坏现象的原因，用前面建立的横截面强度条件是不能解释的。因此，必须研究杆件内任意一点处，特别是危险点处各个斜截面上的应力情况，找出它们的变化规律，从而求出最大应力值及其所在截面的方位，为全面解决构件的强度问题提供理论依据。

一般来说，把受力构件内通过任一点的各个不同截面上应力情况的总体，称为这一点处的应力状态，即应力不仅是位置的函数，还是方向面的函数。为了研究受力构件内任一点处的应力状态，通常是围绕该点取出一个微小的正六面体，称为单元体。由于单元体各边长均为无穷小量，故可以认为在单元体各个表面上的应力都是均匀的，而且任意一对平行平面上的应力都是相等的。单元体每个面上的应力等于通过该点的同方位截面上的应力。如果单元体各个面上的应力均为已知，单元体内任意斜截面的应力就可以用下面介绍的截面法求得，这样该点处的应力状态也就完全确定了，所以单元体三个互相垂直面上的应力就表示了这一点的应力状态。

通常单元体的截取是任意的，截取方位不同，单元体各个面上的应力也就不同。由于杆件横截面上的应力可以用有关的应力公式确定，因此一般截取平行于横截面的两个面作为单元体的一对侧面，另两对侧面都是平行于轴线的纵向平面。图 9.2(a) 所示简支梁中 A、B、C、D、E 点的应力状态，就可以用图 9.2(b) 所示的单元体表示，其平面表达见图 9.2(c)。

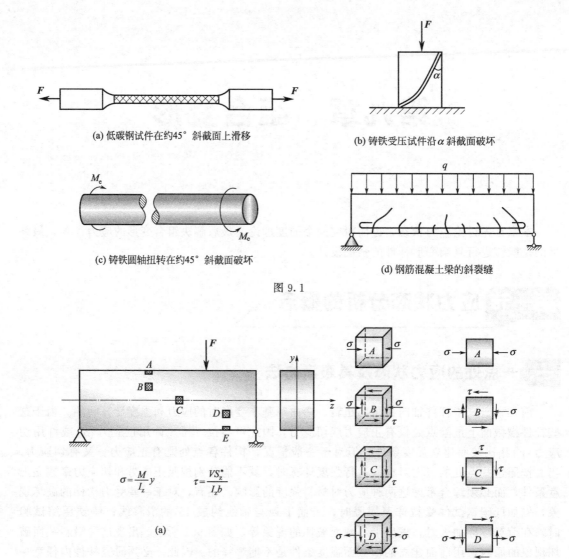

(a) 低碳钢试件在约45°斜截面上滑移

(b) 铸铁受压试件沿 α 斜截面破坏

(c) 铸铁圆轴扭转在约45°斜截面破坏

(d) 钢筋混凝土梁的斜裂缝

图 9.1

$$\sigma = \frac{M}{I_z} y \qquad \tau = \frac{VS_z^*}{I_z b}$$

(a)

(b)

(c)

图 9.2

二、主平面、主应力及应力状态的分类

一般来说，单元体表面既有正应力也有切应力。如果单元体表面只有正应力而没有切应力，则称此表面为主平面。主平面上的正应力称为主应力。如图 9.2(b) 所示，点 A 和 E 单元体各个面都是主平面，点 B、C、D 单元体的前、后面也是主平面。可以证明，通过受力构件内任意一点，总可以找到三对相互垂直的主平面，相应的三个主应力通常用 σ_1、σ_2、σ_3 表示，它们是按代数值的大小顺序排列的，即 $\sigma_1 \geqslant \sigma_2 \geqslant \sigma_3$，$\sigma_1$、$\sigma_2$、$\sigma_3$ 分别称为第一主

应力、第二主应力、第三主应力。例如，三个主应力数值分别为 50MPa、0、−10MPa 时，按照这种规定，应是 $\sigma_1=50\text{MPa}$，$\sigma_2=0$，$\sigma_3=-10\text{MPa}$。围绕任一点按三个主平面位置取出的单元体，称为主单元体，用主单元体来表示一点处的应力状态是最简单而明确的。

由于构件受力情况的不同，某些主应力的值可能为零，按照不等于零的主应力数目，可以将一点的应力状态分为三类：

（1）单向应力状态

只有一个主应力不为零。例如，直杆受轴向拉伸或压缩时，杆内各点的应力都属于单向应力状态；纯弯曲时，除中性轴以外杆内各点处的应力以及横力弯曲时，横截面上下边缘各点处的应力也都属于单向应力状态，如图 9.3(a) 所示。

（2）二向（平面）应力状态

有两个主应力不等于零。例如，圆轴扭转时，除轴线各点外，其他任意一点的情况；横力弯曲时，除横截面上下边缘以外的其他各点的应力情况，都属于二向应力状态，如图 9.3(b) 所示。

（3）三向应力状态

三个主应力都不等于零。例如，火车车轮与钢轨的接触点，由于车轮压应力使得单元体向四周扩伸，但周围材料限制它扩伸，因而产生纵向和横向的压应力，故接触点处的应力状态为三个主应力都为压应力的三向应力状态，如图 9.3(c) 所示。

在二向应力状态中，若单元体四个侧面上只有切应力而无正应力，则称为纯切应力状态，是二向应力状态的一种特殊情况，如图 9.3(d) 所示。

单向应力状态也称为简单应力状态，二向和三向应力状态统称为复杂应力状态。

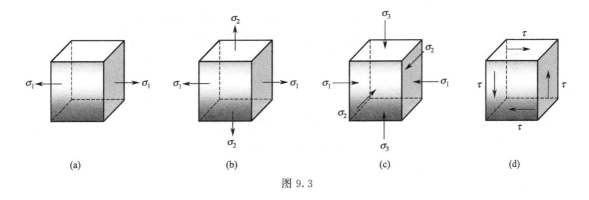

(a)　　　　　　　(b)　　　　　　　(c)　　　　　　　(d)

图 9.3

第二节 平面应力状态分析的解析法

在二向应力状态下，已知某一单元体各个面上的应力，下面用解析法来求出其他斜截面上的应力，从而确定主应力和主平面。

已知一平面应力状态单元体上的应力 σ_x、τ_x 和 σ_y、τ_y，如图 9.4(a) 所示。由于其前、后两个平面上没有应力，故可将该单元体用如图 9.4(b) 所示的平面图形来表示。现在要求与该单元体前、后两平面垂直的任一斜截面上的应力。设斜截面 ef 的外法线 n 与 x 轴的夹角为 α，简称该斜截面为 α 面，α 面上的正应力用 σ_α 表示，切应力用 τ_α 表示。应力的正负号规定同前，即正应力以拉应力为正，压应力为负；切应力以其对单元体内任一点的矩为顺

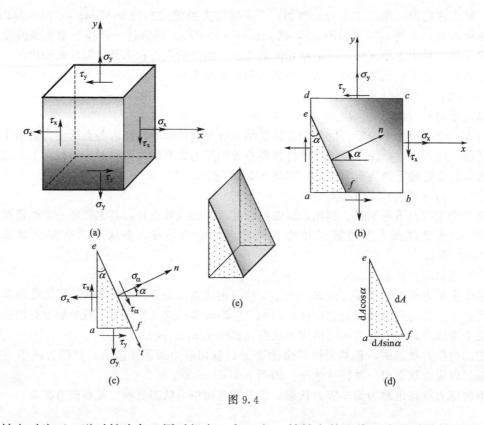

图 9.4

时针转向时为正，逆时针为负。同时规定 α 角，由 x 轴转向外法线 n 为逆时针转向时，α 为正，反之为负。如图 9.4(b) 所示，除 τ_y 为负以外，其余各应力和 α 角均为正。

为了求出斜截面 ef 上的应力，假想用一个平面沿 ef 将单元体截分为二，取截离体 aef 作为研究对象，如图 9.4(c)、(d) 所示。设 ef 斜截面面积为 dA，则 af 面和 ae 面的面积分别为 $dA\sin\alpha$ 和 $dA\cos\alpha$，如图 9.4(e) 所示。把作用在 aef 部分上的所有的力分别向 ef 面的外法线 n 和切线 t 方向投影，可得截离体 aef 的平衡方程，即

$$\sum F_n = 0 \qquad \sigma_\alpha dA + (\tau_x dA\cos\alpha)\sin\alpha - (\sigma_x dA\cos\alpha)\cos\alpha +$$
$$(\tau_y dA\sin\alpha)\cos\alpha - (\sigma_y dA\sin\alpha)\sin\alpha = 0$$
$$\sum F_t = 0 \qquad \tau_\alpha dA - (\tau_x dA\cos\alpha)\cos\alpha - (\sigma_x dA\cos\alpha)\sin\alpha +$$
$$(\tau_y dA\sin\alpha)\sin\alpha + (\sigma_y dA\sin\alpha)\cos\alpha = 0$$

由切应力互等定理可知，τ_x 和 τ_y 在数值上相等。以 τ_x 代换 τ_y，并代入上面两式，并利用下列三角函数关系

$$\cos^2\alpha = \frac{1+\cos2\alpha}{2}, \qquad \sin^2\alpha = \frac{1-\cos2\alpha}{2}, \qquad 2\sin\alpha\cos\alpha = \sin2\alpha$$

经整理后得到

$$\sigma_\alpha = \frac{\sigma_x + \sigma_y}{2} + \frac{\sigma_x - \sigma_y}{2}\cos2\alpha - \tau_x\sin2\alpha \tag{9.1}$$

$$\tau_\alpha = \frac{\sigma_x - \sigma_y}{2}\sin2\alpha + \tau_x\cos2\alpha \tag{9.2}$$

上面两式就是平面应力状态下，任一斜截面上的应力 σ_α 和 τ_α 的计算公式。

公式表明，σ_α 和 τ_α 随角 α 的改变而变化，它们都是 α 的函数。如果已知单元体互相垂直面上的应力 σ_x、σ_y 和 τ_x，就可以用上述公式计算出任一斜截面上的应力 σ_α 和 τ_α。

例 9.1　构件内某点的应力状态如图 9.5 所示，试求 $\alpha = -30°$ 截面上的应力。

※解：　由图示的应力状态知：$\sigma_x = 140\text{MPa}$，$\sigma_y = -120\text{MPa}$，$\tau_x = -80\text{MPa}$，将它们及角度 $\sigma = -30°$ 代入式（9.1）、式（9.2）两式，得

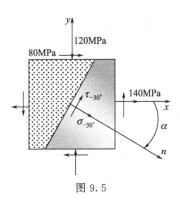

图 9.5

$$\sigma_{-30°} = \frac{140-120}{2} + \frac{140+120}{2}\cos(-60°) + 80\sin(-60°) = 5.7\ (\text{MPa})$$

$$\tau_{-30°} = \frac{140+120}{2}\sin(-60°) - 80\cos(-60°) = -152.6\ (\text{MPa})$$

按照正负号的规定，将 $\sigma_{-30°}$、$\tau_{-30°}$ 的方向示于图示应力状态中。

第三节　平面应力状态分析的图解法

一、应力圆

任何斜截面上的应力 σ_α 和 τ_α，除了可以由式（9.1）、式（9.2）求得以外，还可以利用图解法求得。观察式（9.1）、式（9.2），可以看作是以 2α 为参变量的参数方程。为消去 2α，将上述两式改写成

$$\sigma_\alpha - \frac{\sigma_x+\sigma_y}{2} = \frac{\sigma_x-\sigma_y}{2}\cos 2\alpha - \tau_x\sin 2\alpha$$

$$\tau_\alpha = \frac{\sigma_x-\sigma_y}{2}\sin 2\alpha + \tau_x\cos 2\alpha$$

将以上等式两边平方，然后相加，得

$$\left(\sigma_\alpha - \frac{\sigma_x+\sigma_y}{2}\right)^2 + \tau_\alpha^2 = \left(\frac{\sigma_x-\sigma_y}{2}\right)^2 + \tau_x^2 \qquad (\text{a})$$

将式（a）与 x-y 平面内的圆的方程

$$(x-a)^2 + (y-b)^2 = R^2$$

作比较，可以看出，式（a）是在 σ-τ 坐标平面内的圆方程，圆心 C 的坐标为 $\left(\dfrac{\sigma_x+\sigma_y}{2},\ 0\right)$，半径为 $\sqrt{\left(\dfrac{\sigma_x-\sigma_y}{2}\right)^2 + \tau_x^2}$，如图 9.6 所示。这个圆称为应力圆或摩尔圆。对于给定的二向应力状态单元体，在 σ-τ 坐标平面内必有一确定的应力圆与其相对应。

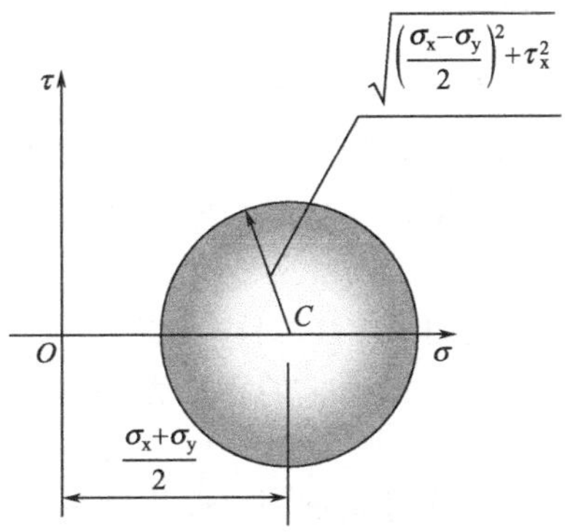

图 9.6

二、应力圆的绘制

现在以图 9.7(a) 所示的单元体为例，说明由单元体上的已知应力 σ_x、τ_x 和 σ_y、τ_y，绘制出相应的应力圆的方法。

① 如图 9.7(b) 所示，在直角坐标系 σ-τ 平面内，按选好的比例尺，量取 $\overline{OA}=\sigma_x$、$\overline{AD_x}=\tau_x$，确定 D_x 点。D_x 点的横坐标和纵坐标就代表单元体 x 面（以 x 为法线的面）上的应力。量取 $\overline{OB}=\sigma_y$，$\overline{BD_y}=\tau_y$，确定 D_y 点。D_y 点的横坐标和纵坐标就代表单元体 y 面上的应力。

② 连接 D_x、D_y，与 σ 轴交于 C 点，以 C 点为圆心，以 $\overline{CD_x}$ 或 $\overline{CD_y}$ 为半径画圆。这个圆就是要作的应力圆。

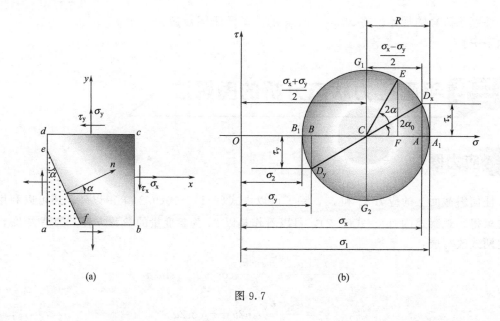

(a)　　　　　　　　(b)

图 9.7

三、应力圆的应用

（一）利用应力圆可以求任意斜截面上的应力

如图 9.7(b) 所示，由于 D_x 点的坐标为 (σ_x, τ_x)，因而 D_x 点代表单元体 x 平面上的应力。若要求此单元体某一 α 截面上的应力 σ_α 和 τ_α，可以从应力圆的半径 $\overline{CD_x}$ 按方位角 α 的转向转动 2α 角，得到半径 $\overline{CE}$，圆周上的 E 点的 σ、τ 坐标正好分别满足式(9.1)、式(9.2)两式，因而它们依次是 σ_α 和 τ_α。

综上所述，应力圆周上的点与单元体的斜截面之间存在着如下的一一对应关系：

① 应力圆上一点的横坐标和纵坐标代表了单元体上相应的斜截面上的正应力和切应力（点面对应）。

② 应力圆上两点之间的圆弧所对应的圆心角是单元体上对应的两截面之间夹角的两倍（倍角对应）。

③ 应力圆沿圆周由一点转到另一点所转动的方向与单元体上对应的两截面的外法线的转动方向一致（转向相同）。

正确掌握应力圆法的上述对应关系，是应用应力圆对构件内任一点处进行应力状态分析的关键。

例 9.2　如图 9.8(a) 所示，从构件内任一点处取出的单元体为平面应力状态。试作应力圆，并求出指定斜截面上的应力。图中应力单位为 MPa。

解：　按照应力的符号规定，图 9.8(a) 所示的平面应力状态，其应力值分别为

$$\sigma_x = -45\text{MPa}, \quad \tau_x = -30\text{MPa}; \quad \sigma_y = 75\text{MPa}, \quad \tau_y = 30\text{MPa}$$

(1) 作应力圆

在 σ-τ 坐标系中，选取图示比例尺，由 x 平面上的应力 $\sigma_x = -45\text{MPa}$，$\tau_x = -30\text{MPa}$ 确定 D_x 点；由 y 平面上的应力 $\sigma_y = 75\text{MPa}$，$\tau_y = 30\text{MPa}$ 确定 D_y 点。连接 D_x、D_y，与 σ 轴交于 C 点。以 C 点为圆心，以 $\overline{CD_x}$ 为半径作圆，就是所要作的应力圆，如图 9.8(b) 所示。

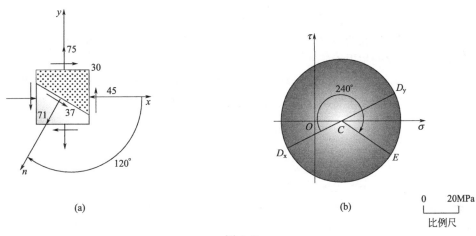

图 9.8

(2) 求斜截面上的应力

如图 9.8(a) 所示，斜截面法线与 x 轴夹角 $\alpha = -120°$，负号表示顺时针转向。在应力圆上自 D_x 点开始沿顺时针转过 $|2\alpha| = 240°$，得到 E 点。E 点的横坐标和纵坐标就分别表示该截面上的正应力和切应力的值。按比例量得

$$\sigma_{-120°} = 71\text{MPa}, \qquad \tau_{-120°} = -37\text{MPa}$$

$\sigma_{-120°}$ 为正值表明该斜截面上的正应力为拉应力；$\tau_{-120°}$ 为负值表明斜截面上的切应力绕所截取的单元体部分逆时针转动。

详细作图、确定应力数值的过程，可扫描二维码 9.1。

二维码19

9.1　计算机分析应力状态的图解法

（二）利用应力圆确定主应力、主平面和切应力极值

从图 9.7(b) 中可知，在应力圆上，A_1 和 B_1 两点的横坐标（正应力）分别为最大和最小，它们的纵坐标（切应力）都等于零。因此，这两点的横坐标分别表示平面应力状态的最大和最小正应力，即

$$\sigma_{\max} = \overline{OA_1} = \overline{OC} + \overline{CA_1} = \overline{OC} + \overline{CD_x} = \frac{\sigma_x + \sigma_y}{2} + \sqrt{\left(\frac{\sigma_x - \sigma_y}{2}\right)^2 + \tau_x^2} \tag{9.3}$$

$$\sigma_{\min} = \overline{OB_1} = \overline{OC} - \overline{CA_1} = \overline{OC} - \overline{CD_x} = \frac{\sigma_x + \sigma_y}{2} - \sqrt{\left(\frac{\sigma_x - \sigma_y}{2}\right)^2 + \tau_x^2} \qquad (9.4)$$

由点面之间的对应关系可知，A_1 和 B_1 点代表的正是单元体上切应力为零的两个主平面，$\sigma_{\max}$ 和 $\sigma_{\min}$ 分别为这两个主平面上的主应力，即

$$\sigma_1 = \sigma_{\max} \qquad \sigma_2 = \sigma_{\min} \qquad \sigma_3 = 0$$

现在来确定主平面的位置。由于应力圆上 D_x 点和 A_1 点分别对应于单元体上的 x 平面和 σ_1 所在的主平面，$\angle D_x C A_1 = 2\alpha_0$，为上述两平面夹角 α_0 的两倍，从 D_x 点转到 A_1 点是顺时针转向的，所以在单元体上从 x 平面转到 σ_1 所在的主平面的转角也是顺时针转向的，按照以前对 α_0 正负号的规定，此角应为负值。因此，可从应力圆上得到 $2\alpha_0$ 角的数值为

$$\tan(-2\alpha_0) = \frac{\overline{AD_x}}{\overline{CA}} = \frac{\tau_x}{\dfrac{\sigma_x - \sigma_y}{2}}$$

即

$$\tan(2\alpha_0) = \frac{-2\tau_x}{\sigma_x - \sigma_y} \qquad (9.5)$$

由此可定出主应力 σ_1 所在的主平面位置。由于 $\overline{B_1 A_1}$ 为应力圆直径，因而另一主应力 σ_2 所在的主平面与 σ_1 所在的主平面垂直。

从图 9.7(b) 的应力圆上还可以看出，G_1 点和 G_2 点的纵坐标分别为最大值和最小值，它们分别代表了平面应力状态中的最大和最小切应力。因为 $\overline{CG_1}$ 和 $\overline{CG_2}$ 都是应力圆的半径，故有

$$\tau_{\max} = \sqrt{\left(\frac{\sigma_x - \sigma_y}{2}\right)^2 + \tau_x^2} = \frac{\sigma_1 - \sigma_2}{2}$$

$$\tau_{\min} = -\sqrt{\left(\frac{\sigma_x - \sigma_y}{2}\right)^2 + \tau_x^2} = -\frac{\sigma_1 - \sigma_2}{2} \qquad (9.6)$$

在应力圆上，由点 A_1 到点 G_1 所对的圆心角为逆时针转 $90°$，即在单元体上，由 σ_1 所在主平面的法线到 $\tau_{\max}$ 所在平面的法线应为逆时针转 $45°$。

以上通过应力圆导出了式(9.3)~式(9.6)，这些公式也可以根据式(9.1)、式(9.2)由解析法导出。

例 9.3 已知平面应力状态如图 9.9(a) 所示，试用图解法求：①$\alpha = 45°$斜截面上的应力；②主应力和主平面方位，并绘制出主应力单元体；③切应力极值。

解：

(1) 作应力圆

在 σ-τ 坐标系中，按选定的比例尺，确定点 D_x (50，20) 和点 D_y (0，-20)。连接 D_x、D_y 两点，与 σ 轴交于 C 点。以 C 点为圆心，以 $\overline{CD_x}$ 为半径作圆，就是所要作的应力圆，如图 9.9(b) 所示。

(2) 求 $\alpha = 45°$斜截面上的应力

由应力圆上 D_x 点沿圆周逆时针转到 D_α 点，使得 $D_x D_\alpha$ 弧所对圆心角为 $2\alpha = 90°$。量取 D_α 点的横、纵坐标得

$$\sigma_{45°} = 5\text{MPa}, \qquad \tau_{45°} = 25\text{MPa}$$

按正负号规定，绘制于图 9.9(a) 中。

二维码20

9.2 计算机分析
确定主应力大小、方位

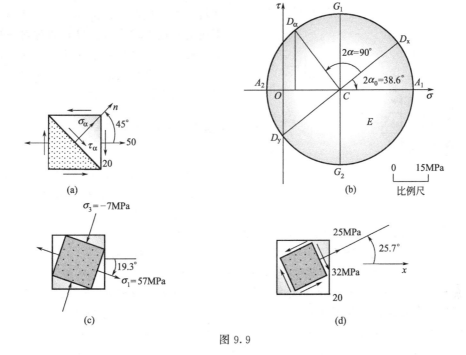

图 9.9

（3）求主应力和主平面方位

在应力圆上量取 A_1 和 A_2 两点的横坐标的 $\sigma_{max} = 57\text{MPa}$，$\sigma_{min} = -7\text{MPa}$，故图示平面应力状态的三个主应力分别为

$$\sigma_1 = 57\text{MPa}, \quad \sigma_2 = 0, \quad \sigma_3 = -7\text{MPa}$$

在应力圆上，由 D_x 到 A_1 的 $D_x A_1$ 段圆弧所对的圆心角，量得为 $2\alpha_0 = -38.6°$，所以主应力 σ_1 所在的主平面方位角为 $\alpha_0 = -19.3°$，主应力 σ_3 所在的主平面与 σ_1 所在的主平面垂直，主应力单元体如图 9.9(c) 所示。

（4）求切应力极值

切应力极大值对应于应力圆上 G_1 点，量得 $\tau_{max} = 32\text{MPa}$，由于 $\angle G_1 C A_1 = 90°$，所以 τ_{max} 所在平面与 σ_1 所在主平面夹角为 $45°$；或以 x 平面为基准面，应力圆上 $D_x G_1$ 圆弧所对圆心角 $2\alpha_1 = 90° - 2\alpha_0$，即 $\alpha_1 = 25.7°$，则 τ_{max} 所在平面方位，如图 9.9(d) 所示。

详细作图、确定应力数值的过程，可扫描二维码 20。

第四节 空间应力状态

一、概述

如果受力构件内任一点处的三个主应力都不等于零，这种状态称为三向应力状态，即空间应力状态。在工程中，常会遇到这样的问题，例如在地基的一定深处取一单元体，如图 9.10 所示。在该单元体的上、下平面上有自重应力，而由于周围岩土的包围，侧向变形受到约束，故单元体的四个侧面上均受到侧向压力作用，因而是一个三向应力状态问题。

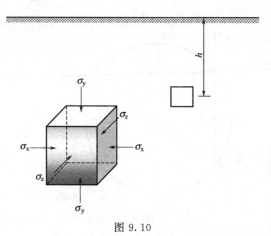

图 9.10

本部分只对三向应力状态作简单分析，其目的在于找出受力构件内任一点处的最大正应力和最大切应力。只有通过对三向应力状态的分析，才能对单元体上正应力和切应力的最大值有更全面的认识，同时其结论在建立复杂应力状态强度条件时还会用到。

二、三向应力状态的应力圆

设受力构件内某一点处于三向应力状态，按三个主平面方位取出的单元体如图 9.11(a) 所示，已知三个主应力 $\sigma_1 > \sigma_2 > \sigma_3$，现在需求任意斜截面上的应力及该点处的最大正应力和最大切应力。

为了研究方便，先求与任一主应力（例如 σ_3）相平行的各斜截面上的应力。为此，沿该斜截面将单元体截分为二，并研究其左边部分的平衡，如图 9.11(b) 所示。由于主应力 σ_3 所在的两平面上是一对自相平衡的力，因而该斜截面上的应力 σ、τ 与 σ_3 无关，只由主应力 σ_1 和 σ_2 来决定。于是该截面上的应力可由 σ_1 和 σ_2 作出的应力圆上的点来表示，而该圆上的最大和最小正应力分别为 σ_1 和 σ_2。同理，在与 σ_2（或 σ_1）平行的的斜截面上的应力 σ、τ 可由 σ_1、σ_3（或 σ_2、σ_3）作出的应力圆上的点来表示。将上述三种情况的应力圆绘制于同一坐标系中，这三个应力圆合称为三向应力状态的应力圆，如图 9.11(c) 所示。进一步研究证明，图 9.11(a) 中所示的与三个主应力都不平行的任意截面 abc 上的应力 σ 和 τ，可用图 9.11(c) 所示的上述三个应力圆所围成的阴影部分的相应点 D 来表示。由此可见，在 $\sigma\text{-}\tau$ 直角坐标系中，代表单元体任意斜截面上应力的点，必在三个圆的圆周上及由它们所围成的阴影范围以内。

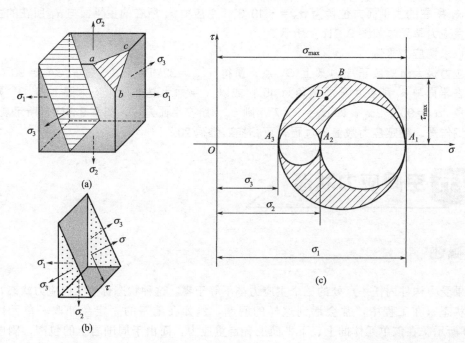

图 9.11

根据以上分析，在图 9.11(a) 所示的三向应力状态下，由图 9.11(c) 所示的三向应力圆可知，该点的最大正应力等于最大应力圆上 A_1 点的横坐标 σ_1，即

$$\sigma_{\max} = \sigma_1 \tag{9.7}$$

而最大切应力等于最大应力圆上 B 点的纵坐标，也就是最大应力圆的半径，即

$$\tau_{\max} = \frac{1}{2}(\sigma_1 - \sigma_3) \tag{9.8}$$

由 B 点的位置还可以得知，最大切应力所在的平面与 σ_2 所在的平面垂直，并与 σ_1 和 σ_3 所在的主平面各成 45°角。

以上两公式同样适用于平面应力状态（其中有一个主应力等于零）或单向应力状态（其中有两个主应力等于零），只需将具体问题中的主应力求出，并按代数值 $\sigma_1 \geqslant \sigma_2 \geqslant \sigma_3$ 的顺序排列。

第五节 广义胡克定律

在研究轴向拉伸和压缩时，根据试验结果得出在线弹性范围内，单向应力状态下应力与应变的关系满足胡克定律，即

$$\sigma = E\varepsilon \quad \text{或} \quad \varepsilon = \frac{\sigma}{E} \tag{a}$$

此外，轴向线应变 ε 与横向线应变 ε' 的关系为

$$\varepsilon' = -\mu\varepsilon = -\mu\frac{\sigma}{E} \tag{b}$$

上述式(a)、式(b)中，E 为弹性模量，μ 为泊松比。

现在来研究复杂应力状态下的应力和应变之间的关系。对于各向同性材料，当变形很小且在线弹性范围内时，可以应用叠加原理来建立应力和应变之间的关系。对于如图 9.12(a) 所示的三向应力状态，可以看作图 9.12(b)、(c)、(d) 三个单向应力状态的叠加。这样，在每一个单元体上只作用着一个主应力，就可以根据式(a)、式(b) 分别求出在每一个主应力单独作用下的沿三个主应力方向的线应变，然后将同方向的线应变叠加起来，就可以得到三个主应力共同作用下的线应变。例如，欲求沿 σ_1 方向的线应变 ε_1，可分解成如图 9.12 (b)、(c)、(d) 所示单元体，在 σ_1、σ_2、σ_3 的单独作用下，沿 σ_1 方向的线应变分别为

$$\varepsilon'_1 = \frac{\sigma_1}{E}, \quad \varepsilon''_1 = -\mu\frac{\sigma_2}{E}, \quad \varepsilon'''_3 = -\mu\frac{\sigma_3}{E}$$

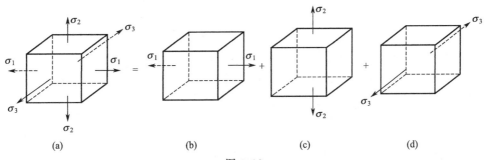

图 9.12

从而，在三个主应力共同作用下，沿 σ_1 方向的线应变应为

$$\varepsilon_1 = \varepsilon'_1 + \varepsilon''_2 + \varepsilon'''_3 = \frac{\sigma_1}{E} - \mu\frac{\sigma_2}{E} - \mu\frac{\sigma_3}{E} = \frac{1}{E}\left[\sigma_1 - \mu(\sigma_2 + \sigma_3)\right]$$

按照同样的方法，可以求得单元体沿 σ_2 和 σ_3 方向上的线应变。于是，三向应力状态下的应力与应变的关系可表示为

$$\left.\begin{aligned}\varepsilon_1 &= \frac{1}{E}\left[\sigma_1 - \mu(\sigma_2 + \sigma_3)\right]\\[2mm]\varepsilon_2 &= \frac{1}{E}\left[\sigma_2 - \mu(\sigma_1 + \sigma_3)\right]\\[2mm]\varepsilon_3 &= \frac{1}{E}\left[\sigma_3 - \mu(\sigma_1 + \sigma_2)\right]\end{aligned}\right\} \tag{9.9}$$

式(9.9)称为用主应力表示的广义胡克定律。ε_1、ε_2、ε_3 分别与主应力相对应，称为主应变。它们之间按代数值排列也有 $\varepsilon_1 \geqslant \varepsilon_2 \geqslant \varepsilon_3$ 的关系，且 ε_1 是该点处的最大线应变。

如果三个主应力中有一个为零（例如 $\sigma_3 = 0$），则图 9.12 所示的单元体就成为二向应力状态，由式(9.9)可得

$$\left.\begin{aligned}\varepsilon_1 &= \frac{1}{E}\left[\sigma_1 - \mu\sigma_2\right]\\[2mm]\varepsilon_2 &= \frac{1}{E}\left[\sigma_2 - \mu\sigma_1\right]\\[2mm]\varepsilon_3 &= -\frac{\mu}{E}\left[\sigma_1 + \sigma_2\right]\end{aligned}\right\} \tag{9.10}$$

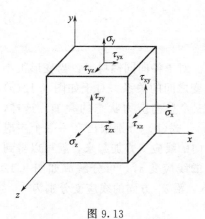

图 9.13

可以证明，对于各向同性材料，在线弹性小变形的条件下，线应变只与正应力有关，而与切应力无关；切应变只与切应力有关，而与正应力无关。据此，当单元体各个面上既有正应力，又有切应力时，如图 9.13 所示，则正应力 σ_x、σ_y、σ_z 与沿其相应方向的线应变（即正应变）ε_x、ε_y、ε_z 之间存在着如同式(9.9)的关系，即

$$\left.\begin{aligned}\varepsilon_x &= \frac{1}{E}\left[\sigma_x - \mu(\sigma_y + \sigma_z)\right]\\[2mm]\varepsilon_y &= \frac{1}{E}\left[\sigma_x - \mu(\sigma_y + \sigma_z)\right]\\[2mm]\varepsilon_z &= \frac{1}{E}\left[\sigma_z - \mu(\sigma_x + \sigma_y)\right]\end{aligned}\right\} \tag{9.11}$$

而切应变与切应力之间的关系，可由剪切胡克定律得到，即

$$\gamma_{xy} = \frac{\tau_{xy}}{G}, \qquad \gamma_{yz} = \frac{\tau_{yz}}{G}, \qquad \gamma_{zx} = \frac{\tau_{zx}}{G} \tag{9.12}$$

式(9.11)、式(9.12)称为用应力分量表示的广义胡克定律。

例 9.4 有一边长 $a = 200\text{mm}$ 的正方体试块，无空隙地放在刚性凹座里，如图 9.14 所示。上面受压力 $F = 300\text{kN}$ 作用。已知混凝土的泊松比 $\mu = \dfrac{1}{6}$，试求凹座壁上所受的压力 N。

解： 混凝土块在 z 方向受轴向压力 F 的作用后，由于刚性凹座的存在，x、y 方向的横向变形将不能发生。于是，在混凝土块与槽壁间将产生的压应力 σ_x 和 σ_y。其变形条件是

$$\boldsymbol{\varepsilon}_x = \boldsymbol{\varepsilon}_y = 0$$

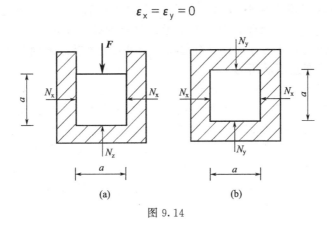

图 9.14

将广义胡克定律式(9.11)代入上式，可得

$$\boldsymbol{\varepsilon}_x = \frac{1}{E}\left[\sigma_x - \mu(\sigma_y + \sigma_z)\right] = 0$$

$$\boldsymbol{\varepsilon}_y = \frac{1}{E}\left[\sigma_y - \mu(\sigma_x + \sigma_z)\right] = 0$$

式中
$$\sigma_x = \frac{N_x}{a^2}, \qquad \sigma_y = \frac{N_y}{a^2}, \qquad \sigma_z = \frac{N_z}{a^2}$$

从上式可以解得

$$\sigma_x = \sigma_y = \frac{\mu}{1-\mu}\sigma_z = \frac{\frac{1}{6}}{1-\frac{1}{6}} \times \left(-\frac{300 \times 10^3\,\mathrm{N}}{200^2 \times 10^{-6}\,\mathrm{m}^2} \times 10^{-6}\right) = -1.5\mathrm{MPa}\;（压）$$

则凹座壁上所受的压力为
$$N_x = N_y = \sigma_x a^2 = -1.5 \times 10^6\,\mathrm{Pa} \times 200^2 \times 10^{-6}\,\mathrm{m}^2 \times 10^{-3} = -60\mathrm{kN}\;（压）$$

第六节 常用的强度理论及其应用

一、强度理论的概念

杆件的强度问题是材料力学研究的基本问题之一，而解决强度问题的关键在于建立强度条件。前面已经分别建立了各种基本变形的强度条件。在进行构件强度计算时，总是先计算构件横截面上危险点处的最大正应力 σ_{max} 或最大切应力 τ_{max}，然后从两个方面建立横截面的强度条件，即

$$\sigma_{max} \leqslant [\sigma], \qquad \tau_{max} \leqslant [\sigma]$$

而材料的拉（压）许用应力和剪切许用应力，是先通过拉伸（压缩）或纯剪切试验，测定试件在破坏时横截面上的应力，以此应力作为极限应力，然后除以适当的安全系数得到的。在以这种方法进行的强度计算中，并没有考虑材料的破坏是由什么原因引起的。对于轴向拉伸（压缩）、圆轴扭转、弯曲变形等，其危险点或处于单向应力状态，或处于纯剪切状

态，也就是说，危险点所在的横截面上只有正应力或只有切应力，而且是最大的正应力 $\sigma_{\max}$ 或最大的切应力 $\tau_{\max}$。因此，像这种不考虑材料的破坏是由什么因素引起的，而直接根据试验结果建立强度条件的方法，只对危险点是单向应力状态或纯剪切状态的特殊情况可行，而对复杂应力状态是不适用的。

长期的试验研究表明，尽管应力状态有各种各样，材料的破坏现象也各有不同，但材料的破坏形式却有规律，并可以划分成两个类型：一类是有着显著塑性变形的破坏。例如低碳钢试件拉伸屈服时，沿轴线成45°方向出现的塑性滑移，扭转时沿纵、横两个方向的剪切滑移等，都产生了显著的、不可恢复的塑性变形。此时，构件已不能满足使用要求，失去了正常承载能力，故把这种情况作为材料破坏的一种形式，称为塑性屈服破坏。另一类是没有明显塑性变形的破坏，如铸铁试件拉伸时沿横截面断裂，扭转时沿与轴线成45°螺旋面的断裂，这种破坏称为脆性断裂破坏。

以上例子说明，破坏形式不仅与材料有关，而且还与应力状态有关。尽管破坏现象比较复杂，但经过归纳，强度不足引起的破坏形式主要还是塑性屈服和脆性断裂两种类型。那么，引起某种类型破坏的因素是否相同呢？为此，人们对引起材料破坏的因素提出了各种假说。这类假说认为，材料之所以按照某种方式破坏，是应力、应变或变形能中某一因素引起的，这种推测引起材料破坏因素的假说就称为强度理论。按照这类假说，无论是简单应力状态还是复杂应力状态，材料的某一相同类型的破坏是由某种共同因素引起的。这样，就可以由单向应力状态的试验结果来建立复杂应力状态下的强度条件。

二、常用的四个强度理论

材料破坏分为塑性屈服和脆性断裂两种类型。因此，强度理论也就相应地分为两类：一类是用来解释脆性断裂破坏原因的，其中包括最大拉应力理论和最大伸长线应变理论；另一类是用来解释塑性屈服破坏原因的，其中包括最大切应力理论和形状改变比能理论。现在分别介绍如下：

（一）最大拉应力理论（第一强度理论）

这一理论认为最大拉应力是引起材料断裂的主要因素，即认为无论是什么应力状态，只要最大拉应力 σ_1 达到某一极限值，材料就发生断裂。这一极限值即该种材料在轴向拉伸试验时测得的强度极限 σ_b。故材料的断裂破坏条件为

$$\sigma_1 = \sigma_b$$

将极限应力 σ_b 除以安全系数得到许用应力 $[\sigma]$，所以按照第一强度理论建立的强度条件是

$$\sigma_1 \leqslant [\sigma] \tag{9.13}$$

实践证明，这一理论对于脆性材料，如铸铁、砖石等受拉或受扭时较为适用。这一理论没有考虑其他两个主应力 σ_2、σ_3 的影响，且对没有拉应力的状态（如单向压缩、三向压缩等）也无法应用。

（二）最大伸长线应变理论（第二强度理论）

这一理论认为最大伸长线应变是引起材料断裂的主要因素，即认为无论什么应力状态，只要最大伸长线应变 ε_1 达到材料单向拉伸断裂时伸长线应变的极限值 ε_u 时，材料即发生断裂破坏。其破坏条件为

$$\varepsilon_1 = \varepsilon_u$$

对于砖石、混凝土等脆性材料，从受力直到断裂，其应力应变关系可以认为基本符合胡克定律，所以

$$\varepsilon_1 = \frac{1}{E}\left[\sigma_1 - \mu(\sigma_2 + \sigma_3)\right]$$

$$\varepsilon_u = \frac{\sigma_u}{E} = \frac{\sigma_b}{E}$$

代入得到用应力表示的破坏条件：

$$\sigma_1 - \mu(\sigma_2 + \sigma_3) = \sigma_b$$

将 σ_b 除以安全系数得到许用应力 $[\sigma]$，于是按照第二强度理论建立的强度条件是

$$\sigma_1 - \mu(\sigma_2 + \sigma_3) \leqslant [\sigma] \tag{9.14}$$

第二强度理论除考虑了最大拉应力 σ_1 外，还考虑了 σ_2、σ_3 的影响，但仅对脆性材料在轴向压缩和二向（一拉一压，且压应力数值超过拉应力）应力状态下，与试验结果比较接近，其他情况均不适用，所以这一理论目前很少使用。

（三）最大切应力理论（第三强度理论）

这一理论认为最大切应力是引起材料屈服的主要因素，即认为无论什么应力状态，只要最大切应力 τ_{max} 达到材料在单向应力状态下屈服时的极限值 τ_u，材料就发生屈服破坏。单向拉伸下，当横截面上的正应力达到屈服极限 σ_s 时，与轴线成 $45°$ 的斜截面上的切应力达到了材料的极限值，且根据前述的应力状态分析，有

$$\tau_u = \frac{\sigma_s}{2}$$

所以，按照这一强度理论的观点，屈服破坏条件是

$$\tau_{max} = \tau_u = \frac{\sigma_s}{2}$$

而材料在复杂应力状态下的最大切应力为

$$\tau_{max} = \frac{\sigma_1 - \sigma_3}{2}$$

这样就得到以主应力表示的屈服破坏条件为

$$\sigma_1 - \sigma_3 = \sigma_s$$

引入安全系数，将 σ_s 换为许用应力 $[\sigma]$，得到按照第三强度理论建立的强度条件为

$$\sigma_1 - \sigma_3 \leqslant [\sigma] \tag{9.15}$$

最大切应力理论较为满意地解释了塑性材料的屈服现象，但其缺点是没有考虑中间主应力 σ_2 的影响，而略去这种影响所造成的误差最大可达 15%。

（四）形状改变比能理论（第四强度理论）

这一理论认为形状改变比能（是指由于形状改变在材料单位体积内所储存的一种弹性变形能）是引起材料屈服的主要因素，即认为无论什么应力状态，只要形状改变比能 u_f 达到材料在单向拉伸屈服时的极限值 $\frac{1+\mu}{6E}(2\sigma_s^2)$，材料就发生屈服破坏。于是，发生屈服破坏的条件是

$$u_f = \frac{1+\mu}{6E}(2\sigma_s^2)$$

而在复杂应力状态下，形状改变比能的表达式（推导从略）为

$$u_f = \frac{1+\mu}{6E}\left[(\sigma_1-\sigma_2)^2+(\sigma_2-\sigma_3)^2+(\sigma_3-\sigma_1)^2\right]$$

这样，破坏条件就改写成

$$\sqrt{\frac{1}{2}\left[(\sigma_1-\sigma_2)^2+(\sigma_2-\sigma_3)^2+(\sigma_3-\sigma_1)^2\right]}=\sigma_s$$

引入安全系数后，就得到按照第四强度理论建立的强度条件为

$$\sqrt{\frac{1}{2}\left[(\sigma_1-\sigma_2)^2+(\sigma_2-\sigma_3)^2+(\sigma_3-\sigma_1)^2\right]}\leqslant[\sigma] \tag{9.16}$$

这一理论综合考虑了应力、应变影响的变形能来研究材料强度，对于塑性材料，这一理论比第三强度理论更符合试验结果，故在工程中得到广泛的应用。

综合式(9.13)~式(9.16)，可以把四个强度理论的强度条件写成以下统一形式

$$\sigma_r \leqslant [\sigma] \tag{9.17}$$

式中，σ_r 是按照不同强度理论得出的危险点处三个主应力的组合，通常称为相当应力；$[\sigma]$ 为轴向拉伸时材料的许用应力。按照从第一强度理论到第四强度理论的顺序，相当应力分别是

$$\sigma_{r1}=\sigma_1$$

$$\sigma_{r2}=\sigma_1-\mu(\sigma_2+\sigma_3)$$

$$\sigma_{r3}=\sigma_1-\sigma_3$$

$$\sigma_{r4}=\sqrt{\frac{1}{2}\left[(\sigma_1-\sigma_2)^2+(\sigma_2-\sigma_3)^2+(\sigma_3-\sigma_1)^2\right]}$$

在实际工程中对某些杆件进行强度计算时，常会遇到如图 9.15 所示的平面应力状态，将 $\sigma_x=\sigma$，$\sigma_y=0$，$\tau_x=\tau$ 代入公式(9.3)、式(9.4)，可以得到这种应力状态下的三个主应力为

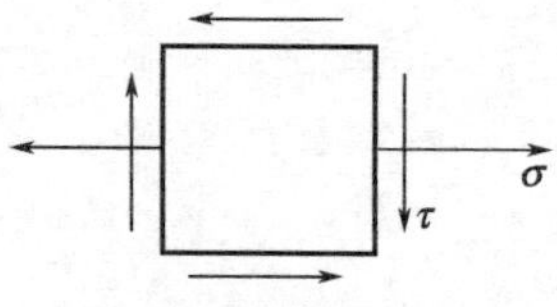

图 9.15

$$\sigma_1=\frac{\sigma}{2}+\sqrt{\left(\frac{\sigma}{2}\right)^2+\tau^2}$$

$$\sigma_2=0$$

$$\sigma_3=\frac{\sigma}{2}-\sqrt{\left(\frac{\sigma}{2}\right)^2+\tau^2}$$

再将这三个主应力代入公式(9.15)、式(9.16)，可以得到这种应力状态下用 σ 和 τ 表示的第三强度理论和第四强度理论的强度条件为

$$\sigma_{r3}=\sqrt{\sigma^2+4\tau^2}\leqslant[\sigma] \tag{9.18}$$

$$\sigma_{r4}=\sqrt{\sigma^2+3\tau^2}\leqslant[\sigma] \tag{9.19}$$

三、各种强度理论的适用范围和应用举例

以上介绍了四种常用的强度理论。对于脆性材料，如铸铁、石料、混凝土、玻璃等，通常以脆性断裂的形式破坏，宜采用第一和第二强度理论；对于塑性材料，如低碳钢、铜、铝等，通常以塑性屈服的形式破坏，宜采用第三和第四强度理论。无论是塑性材料还是脆性材料，在三向拉应力大小接近的情况下，都将以断裂的形式破坏的，宜采用第一强度理论；在三向压应力大小接近的情况下，都将以塑性屈服的形式破坏的，宜采用第三或第四强度

理论。

例 9.5　　铸铁构件上危险点处的应力状态如图 9.16 所示，若已知铸铁的许用拉应力 $[\sigma_t] = 30\text{MPa}$，试校核其强度。

解：　图示单元体为二向应力状态，其主应力可由公式(9.3)、公式(9.4)求出

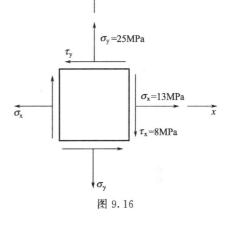

$$\sigma_{max} = \frac{\sigma_x + \sigma_y}{2} + \sqrt{\left(\frac{\sigma_x - \sigma_y}{2}\right)^2 + \tau_x^2}$$

$$= \frac{13 + 25}{2} + \sqrt{\left(\frac{13 - 25}{2}\right)^2 + 8^2}$$

$$= 19 + 10 = 29 \text{ (MPa)}$$

$$\sigma_{min} = \frac{\sigma_x + \sigma_y}{2} - \sqrt{\left(\frac{\sigma_x - \sigma_y}{2}\right)^2 + \tau_x^2}$$

$$= \frac{13 + 25}{2} - \sqrt{\left(\frac{13 - 25}{2}\right)^2 + 8^2}$$

$$= 19 - 10 = 9 \text{ (MPa)}$$

图 9.16

故单元体的主应力为

$\sigma_1 = 29\text{MPa}$　　$\sigma_2 = 9\text{MPa}$　　$\sigma_3 = 0$

铸铁构件危险点处为二向拉伸应力状态，按照第一强度理论校核其强度为

$\sigma_{r1} = \sigma_1 = 29\text{MPa} < [\sigma_t] = 30\text{MPa}$

满足强度要求。

例 9.6　　工字形截面简支梁如图 9.17(a) 所示，梁由三块钢板焊接而成，梁材料的 $[\sigma] = 170\text{MPa}$，$[\tau] = 100\text{MPa}$，试校核该梁的：①最大正应力；②最大切应力；③梁横截面上翼缘和腹板相交处 a 点的主应力。

解：　计算支座反力，并作出梁的剪力图和弯矩图，如图 9.17(b)、(c) 所示。可以看出 $C_左$ 和 $D_右$ 截面上的剪力和弯矩都最大，故它们都是危险截面。现以 $C_左$ 截面为例进行强度校核。该截面上的内力为

$$V_{max} = 200\text{kN} \qquad M_{max} = 84\text{kN} \cdot \text{m}$$

计算梁截面的有关几何性质：

$$I_z = \frac{120 \times 280^3}{12} \times 10^{-12} - \frac{111.5 \times 252^3}{12} \times 10^{-12} = 70.8 \times 10^{-6} \text{ (m}^4\text{)}$$

$$W_z = \frac{I_z}{y_{max}} = \frac{70.8 \times 10^{-6}\text{m}^4}{14 \times 10^{-2}\text{m}} = 5.06 \times 10^{-4} \text{ (m}^3\text{)}$$

$$S_{zmax}^* = \left(120 \times 14 \times 133 + 8.5 \times \frac{1}{2} \times 252 \times \frac{1}{4} \times 252\right) \times 10^{-9} = 2.91 \times 10^{-4} \text{ (m}^3\text{)}$$

$$S_{za}^* = 120 \times 14 \times 133 \times 10^{-9} = 2.23 \times 10^{-4}\text{m}^3$$

（1）校核该梁的最大正应力

$$\sigma_{max} = \frac{M_{max}}{W_z} = \frac{84 \times 10^3 \text{N} \cdot \text{m}}{5.06 \times 10^{-4}\text{m}^3} = 166\text{MPa} < [\sigma]$$

故正应力满足强度要求。

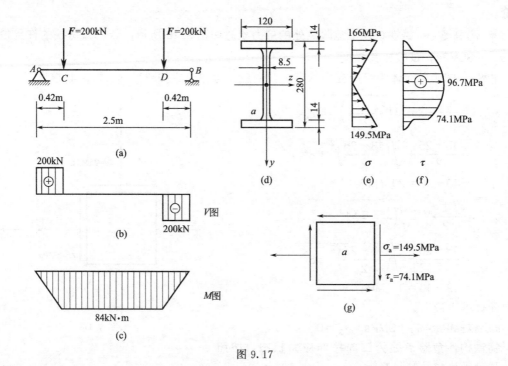

图 9.17

（2）校核该梁的最大切应力

$$\tau_{max} = \frac{V_{max}S^*_{zmax}}{I_z b} = \frac{200 \times 10^3 \text{N} \times 2.91 \times 10^{-4}\text{m}^3}{70.8 \times 10^{-6}\text{m}^4 \times 8.5 \times 10^{-3}\text{m}} \times 10^{-6} = 96.7\text{MPa} < [\tau]$$

故切应力也满足强度要求。

（3）校核 a 点处的主应力

由上述计算结果知道，梁在危险截面上的最大正应力和最大切应力都是满足强度要求的。但是，在同一截面的 a 点处，σ_a 和 τ_a 虽然都不是最大，却同时都是比较大，所以 a 点处于复杂应力状态，有可能成为危险点，故应根据强度理论对其进行强度校核。

危险截面 $C_{左}$ 上 a 点处的正应力和切应力分别为

$$\sigma_a = \frac{M_{max}}{I_z}y_a = \frac{84 \times 10^3 \text{N} \cdot \text{m}}{70.8 \times 10^{-6}\text{m}^4} \times 126 \times 10^{-3}\text{m} \times 10^{-6} = 149.5\text{MPa}$$

$$\tau_a = \frac{V_{max}S^*_{za}}{I_z b} = \frac{200 \times 10^3 \text{N} \times 2.23 \times 10^{-4}\text{m}^3}{70.8 \times 10^{-6}\text{m}^4 \times 8.5 \times 10^{-3}\text{m}} \times 10^{-6} = 74.1\text{MPa}$$

a 点处单元体各个面上的应力，如图 9.17（g）所示：

$$\sigma_x = \sigma_a = 149.5\text{MPa}$$

$$\sigma_y = 0$$

$$\tau_x = \tau_a = 74.1\text{MPa}$$

由于钢梁是塑性材料，在工程设计中一般选用第四强度理论进行校核，直接运用公式 (9.19) 计算：

$$\sigma_{r4} = \sqrt{\sigma_a^2 + 3\tau_a^2} = \sqrt{149.5^2 + 3 \times 74.1^2}\text{MPa} = 197\text{MPa} > [\sigma] = 170\text{MPa}$$

从计算结果可知，a 点的应力状态是不满足第四强度理论的要求的。

第七节 组合变形

前述内容分别研究了轴向拉伸（压缩）、扭转和弯曲等基本变形，建立了杆件处于一种基本变形时的强度条件，解决了相应的强度计算问题。但是，在实际工程中，很多杆件变形时往往不是单纯地只产生一种基本变形，而是同时发生两种或两种以上的基本变形。

一、组合变形的概念

组合变形是指杆件在外力作用下，同时产生两种或两种以上的基本变形的情况。实际工程中这样的例子很多，如图 9.18(a) 所示的木屋架上的檩条，从屋面传下来的竖直荷载并不作用在檩条的纵向对称平面内，故檩条的变形不是简单的平面弯曲，而是两个平面弯曲的组合；图 9.18(b) 所示的烟囱除自重所引起的轴向压缩以外，还有因水平风荷载作用而产生的弯曲变形；图 9.18(c) 所示工业厂房的承重柱同时承受屋架传下来的荷载 F_1 和吊车荷载 F_2 的作用，因其合力作用线与柱子的轴线不重合，使柱子同时发生轴向压缩和弯曲变形；图 9.18(d) 所示机器中的传动轴，在外力作用下，将发生弯曲和扭转的组合变形。

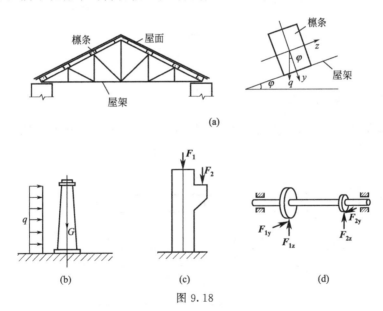

图 9.18

一般来说，组合变形问题的分析是比较复杂的，但在杆件服从胡克定律且为小变形的情况下，其计算可根据叠加原理简化进行，即认为在分析计算时不仅可以按照杆件的原始尺寸进行，而且还可以将组合变形中的每一种基本变形都看成是各自独立和互不影响的。因此，组合变形的一般计算方法是：

① 将作用在杆件上的荷载分解或简化成几个静力等效荷载，使其各自对应一种基本变形。

② 计算杆件在各种基本变形下的应力或变形，然后求出这些应力和变形的总和，从而得到杆件在原荷载作用下的应力和变形。

③ 分析杆件在组合变形时危险点的应力状态，选用适当的强度条件进行强度计算。

本节主要研究斜弯曲、轴向拉伸（压缩）与弯曲的组合变形以及弯曲与扭转的组合变形时杆件的强度计算问题。

二、斜弯曲

（一）斜弯曲的概念

前面说的弯曲变形是指平面弯曲，即外力作用在梁的纵向对称平面内，变形后梁的挠曲线仍在此对称平面内，且作用面与中性轴垂直，如图 9.19（a）所示。

如果外力不作用在梁的纵向对称平面内，如图 9.19（b）、（c）所示，变形后梁的挠曲线所在的平面与外力作用平面一般不重合，这种弯曲变形称为斜弯曲。

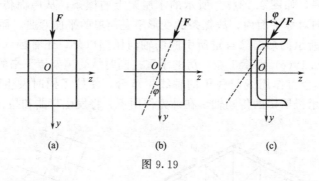

图 9.19

（二）斜弯曲时的强度计算

如图 9.20 所示矩形截面悬臂梁，设矩形截面的形心主轴为 y 轴和 z 轴，作用于梁自由端的外力 F 通过截面形心且与形心主轴 y 的夹角为 φ。

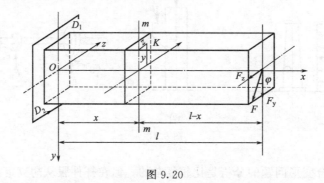

图 9.20

（1）外力分析

将外力 F 沿 y 轴和 z 轴分解，得 $F_y = F\cos\varphi$，$F_z = F\sin\varphi$，F_y 将使梁在垂直平面 xy 内发生平面弯曲；而 F_z 将使梁在水平对称平面 xz 内发生平面弯曲。也就是说，斜弯曲的实质就是梁的两个相互垂直的平面弯曲的组合。

（2）内力分析

梁斜弯曲时，横截面上存在剪力和弯矩两种内力。一般情况下剪力对应的切应力数值很小，可以忽略不计，所以只考虑弯矩。

在距固定端 x 的任意横截面 $m\text{-}m$ 上，由 F_y 和 F_z 引起的弯矩分别为

$$M_z = F_y(l-x) = F(l-x)\cos\varphi = M\cos\varphi$$

$$M_y = F_z(l-x) = F(l-x)\sin\varphi = M\sin\varphi$$

式中，$M = F(l-x)$。

当 $x=0$ 时，有 $M_{z\max} = Fl\cos\varphi$，$M_{y\max} = Fl\sin\varphi$。

（3）应力分析

在 $m\text{-}m$ 截面上任意点 K（y，z）处，与弯矩 M_z 和 M_y 对应的正应力分别为 σ' 和 σ''，即

$$\sigma' = \frac{M_z y}{I_z} = \frac{M\cos\varphi}{I_z}y, \qquad \sigma'' = \frac{M_y z}{I_y} = \frac{M\sin\varphi}{I_y}z$$

式中，I_z、I_y 分别为横截面对 z 轴和 y 轴的惯性矩。

因为 σ' 和 σ'' 均为正应力，按照叠加原理，计算 σ' 和 σ'' 的代数和，即可得出 K 点有外力 F 引起的正应力为

$$\sigma = \sigma' + \sigma'' = \frac{M_z y}{I_z} + \frac{M_y z}{I_y} = M\left(\frac{\cos\varphi}{I_z}y + \frac{\sin\varphi}{I_y}z\right) \tag{9.20}$$

对于每一个具体的点，σ' 和 σ'' 是拉应力，还是压应力，可根据两个平面弯曲的变形情况来确定。如图 9.21 所示的由 M_z 和 M_y 引起的 K 点处的正应力均为拉应力，故 σ' 和 σ'' 均为正值。

（4）中性轴的位置

由于横截面上最大正应力是发生在距离中性轴最远的点处，所以欲求最大正应力，就应该先确定中性轴的位置。而中性轴上各点处的正应力均为零，用 y_0、z_0 表示中性轴上任一点的坐标，代入公式（9.20），应有

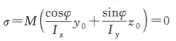

图 9.21

$$\sigma = M\left(\frac{\cos\varphi}{I_z}y_0 + \frac{\sin\varphi}{I_y}z_0\right) = 0$$

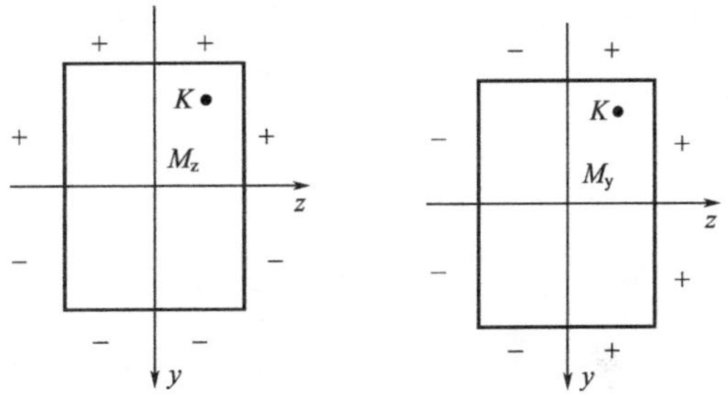

因为 $M \neq 0$，于是可得到中性轴的方程为

$$\frac{\cos\varphi}{I_z}y_0 + \frac{\sin\varphi}{I_y}z_0 = 0 \tag{9.21}$$

将 $y_0 = z_0 = 0$ 代入式（9.21）是成立的，这说明中性轴是过截面形心的一条斜直线，如图 9.22(a) 所示，它与 z 轴的夹角为 α，则

$$\tan\alpha = \left|\frac{y_0}{z_0}\right| = \frac{I_z}{I_y}\tan\varphi \tag{9.22}$$

式（9.22）表明：

① 中性轴的位置只取决于外力 F 与 z 轴的夹角 φ 及横截面的形状和尺寸，而与外力 F 的大小无关；

② 对于 $I_z \neq I_y$ 的截面，有 $\alpha \neq \varphi$，即中性轴与外力 F 的作用线不垂直，这是斜弯曲与平面弯曲的不同之处，也是斜弯曲的一个特点；

③ 对于 $I_z = I_y$ 的截面，有 $\alpha = \varphi$，即中性轴与外力 F 的作用线垂直，梁产生平面弯曲，比如工程上常用的圆截面和正方形截面就属于这种情况。

（5）强度条件

进行强度计算时，必须首先确定危险截面和危险点的位置。

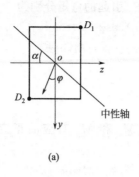
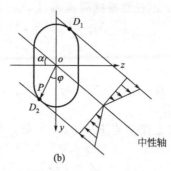

(a)　　　　　　　　　　　　　(b)

图 9.22

对于周边无棱角的截面，应先根据式(9.22)确定危险截面上中性轴的位置，然后再作两条与中性轴平行并与横截面周边相切的直线，其切点 D_1 和 D_2 如图 9.22(b) 所示，就是截面上距中性轴最远的点，即危险点，该点上的正应力就是最大拉应力和最大压应力。

对于周边有棱角的截面，如工程中常用的矩形、工字形等截面的梁，横截面上的最大正应力一定发生在截面的棱角处，而无须确定中性轴。对于图 9.20 所示的悬臂梁，当 $x=0$ 时，M_z 和 M_y 同时达到最大值。因此，固定端截面就是危险截面，而根据对变形的判断，可知棱角 D_1 和 D_2 点就是危险点，如图 9.22(a) 所示，其中 D_1 点处有最大拉应力，D_2 点处有最大压应力，且 $|\sigma_{D_1}| = |\sigma_{D_2}| = \sigma_{\max}$。设危险点的坐标分别为 $z_{\max}$ 和 $y_{\max}$，由式(9.20) 可得到最大正应力为

$$\sigma_{\max} = \frac{M_{z\max} y_{\max}}{I_z} + \frac{M_{y\max} z_{\max}}{I_y} = \frac{M_{z\max}}{W_z} + \frac{M_{y\max}}{W_y}$$

式中，$W_z = \dfrac{I_z}{y_{\max}}$，$W_y = \dfrac{I_z}{z_{\max}}$。

若材料的 $[\sigma_t] = [\sigma_c] = [\sigma]$，由于危险点处于单向应力状态，则其强度条件为

$$\sigma_{\max} = \frac{M_{z\max}}{W_z} + \frac{M_{y\max}}{W_y} \leqslant [\sigma] \tag{9.23}$$

应该注意的是，如果材料的 $[\sigma_t] \neq [\sigma_c]$，须分别对拉、压强度进行计算。

例 9.7　如图 9.23 所示为 32a 的工字钢梁 AB，已知 $F = 30\text{kN}$，$\varphi = 15°$，$l = 4\text{m}$，$[\sigma] = 160\text{MPa}$，试校核该工字钢梁的强度。

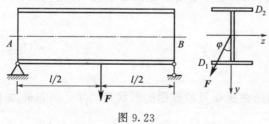

图 9.23

解：（1）外力分析

由于外力 F 通过截面形心，且与形心主轴 y 成 $\varphi = 15°$，故梁是斜弯曲。将力 F 沿形心主轴 y、z 方向分解，得

$$F_y = F\cos\varphi = 30 \times \cos 15° = 29 \text{ (kN)}$$

$$F_z = F\sin\varphi = 30 \times \sin 15° = 7.76 \text{ (kN)}$$

（2）内力分析

在梁跨中截面上，由 F_y 和 F_z 在 xy 平面和 xz 平面内引起的最大弯矩分别为

$$M_{z\max} = \frac{F_y l}{4} = \frac{29\text{kN} \times 4\text{m}}{4} = 29\text{kN} \cdot \text{m}$$

$$M_{y\max} = \frac{F_z l}{4} = \frac{7.76\text{kN} \times 4\text{m}}{4} = 7.76\text{kN} \cdot \text{m}$$

（3）校核强度

由型钢表查得，32a 工字钢的两个抗弯截面系数分别为

$$W_z = 692\text{cm}^3 \qquad W_y = 70.8\text{cm}^3$$

显然，危险点为跨中截面上的 D_1 和 D_2 点，在 D_1 点处为最大拉应力，D_2 点处为最大压应力，且两者数值相等，其值为

$$\sigma_{max} = \frac{M_{zmax}}{W_z} + \frac{M_{ymax}}{W_y} = \frac{29 \times 10^3 \text{N} \cdot \text{m}}{692 \times 10^{-6}\text{m}^3} + \frac{7.76 \times 10^3 \text{N} \cdot \text{m}}{70.8 \times 10^{-6}\text{m}^3}$$

$$= 41.9 \times 10^6 \text{Pa} + 109.6 \times 10^6 \text{Pa}$$

$$= 151.5\text{MPa} < [\sigma] = 160\text{MPa}$$

满足强度要求。

如果荷载 F 不偏离梁的纵向对称平面，即 $\varphi = 0$，则跨中截面上最大的正应力为

$$\sigma_{max} = \frac{M_{max}}{W_z} = \frac{Fl}{4W_z} = \frac{30 \times 10^3 \text{N} \times 4\text{m}}{4 \times 692 \times 10^{-6}\text{m}^3} = 43.4 \times 10^6 \text{Pa} = 43.4\text{MPa}$$

由此可见，虽然荷载 F 偏离 y 轴一个不大的角度，但最大正应力就由 43.4MPa 变为 151.5MPa，增加了 2.5 倍。这是因为工字钢截面上的 W_z 远大于 W_y 的原因。因此，若梁横截面的 W_z 和 W_y 相差较大时，应注意到斜弯曲对强度的不利影响。在这一点上，箱形截面梁就比单一的工字形截面梁要优越。

三、轴向拉伸（压缩）与弯曲的组合变形

当同时受到轴向外力和横向外力作用时，杆件将产生拉伸（压缩）与弯曲的组合变形。这种情况在实际工程中经常遇到。对于抗弯刚度 EI 较大的杆件，因弯曲变形而产生的挠度远小于横截面的尺寸，这样使得轴向力由于弯曲变形而产生的弯矩可以略去不计。于是，我们就可以认为轴向力仅仅产生拉伸或压缩变形，而横向力仅仅产生弯曲变形，两者各自独立，仍然可以应用叠加原理进行计算。

如图 9.24(a) 所示一悬臂梁，外力 F 作用于梁的纵向对称面内，且与梁轴线成 θ 角。下面以此例来说明杆件在拉伸（压缩）与弯曲组合变形时的强度计算问题。

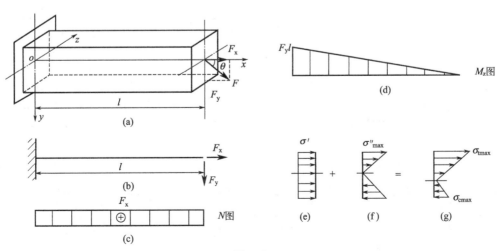

图 9.24

（一）外力分析

将外力 F 沿 x 轴和 y 轴分解，如图 9.24(b) 所示，得 $F_x = F\cos\theta$，$F_y = F\sin\theta$，F_x 使杆件发生轴向拉伸，而 F_y 则使杆件发生平面弯曲。

（二）内力分析

分别作出 F_x 和 F_y 单独作用下梁的轴力图和弯矩图，如图 9.24(c)、(d) 所示。由图可见，固定端截面是危险截面，其上的轴力和弯矩分别为

$$N = F_x = F\cos\theta \qquad M_{max} = F_y l = Fl\sin\theta$$

（三）应力分析

在固定端截面上，与轴力 N 对应的拉伸正应力 σ' 及与最大弯矩对应的弯曲正应力 σ''_{max} 分别为

$$\sigma' = \frac{N}{A} \qquad \sigma''_{max} = \frac{M_{max} y}{I_z}$$

应力 σ' 和 σ''_{max} 沿截面高度的分布情况分别如图 9.24(e)、(f) 所示。将拉伸正应力与弯曲正应力叠加后，可求得梁在外力 F 作用下危险截面上任一点处的正应力为

$$\sigma = \sigma' + \sigma''_{max} = \frac{N}{A} + \frac{M_{max} y}{I_z} \tag{9.24}$$

当 $\sigma''_{max} > \sigma'$ 时，正应力 σ 的分布规律如图 9.24(g) 所示。可见，最大拉应力在危险截面的上边缘各点处，最大压应力在危险截面的下边缘各点处。

（四）强度条件

由于危险点处于单向应力状态，若 $[\sigma_t] = [\sigma_c] = [\sigma]$，则强度条件为

$$\sigma_{max} = \frac{N}{A} + \frac{M_{max}}{W_z} \leqslant [\sigma] \tag{9.25}$$

若材料的 $[\sigma_t] \neq [\sigma_c]$，则强度条件为

$$\sigma_{tmax} = \frac{N}{A} + \frac{M_{max}}{W_z} \leqslant [\sigma_t]$$

$$\sigma_{cmax} = \left| \frac{N}{A} - \frac{M_{max}}{W_z} \right| \leqslant [\sigma_c] \tag{9.26}$$

杆件在拉伸（压缩）与横力弯曲组合变形时，横截面上还有切应力，但一般只需选取危险截面上的危险点作为计算点，其应力状态是单向的，与剪力无关；如果必须考虑剪力的影响，则应该在杆件内部选取计算点，这时该点处为复杂应力状态，可根据强度理论进行强度校核。我们通常忽略剪力的影响，即不作后一步的校核。

例 9.8 悬臂式起重机如图 9.25(a) 所示，横梁 AB 为 18 号工字钢。电动滑车行走在横梁上，滑车自重与起重量总和为 $F = 30\text{kN}$，材料的 $[\sigma] = 160\text{MPa}$，试校核横梁的强度。

解：（1）外力分析

当滑车行走到横梁中间 D 截面位置时，对横梁最不利，此时梁内弯矩最大，下面就滑车位于横梁中点时，校核横梁 AB 的强度。

绘制出横梁 AB 的受力简图，如图 9.25(b) 所示。由平衡条件求支座反力，即

横梁是安全的。

四、弯曲与扭转的组合变形

机器中的传动轴通常在发生扭转变形的同时，还常伴随着弯曲变形。下面以图 9.26(a) 所示的一直角曲拐轴 AB 为例，讨论杆件在弯曲和扭转组合变形的情况下进行强度计算的方法。

（一）外力分析

先将外力 F 向 AB 杆右端截面的形心 B 点进行平移，得到一横向力 F 和一力偶矩 $m = Fa$。绘制 AB 杆的受力图如图 9.26(b) 所示。横向力 F 使 AB 杆发生平面弯曲，力偶矩 m 使 AB 杆发生扭转，所以 AB 杆发生的是弯曲与扭转的组合变形。

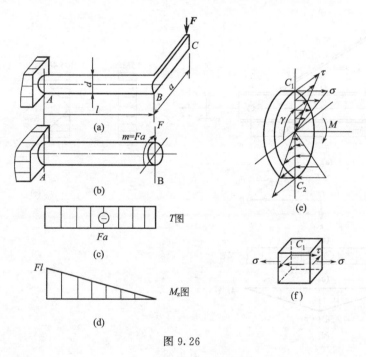

图 9.26

（二）内力分析

分别绘制力偶矩 m 对应的转矩图和横向力 F 对应的弯矩图，见图 9.26(c) 和 (d)，可见危险截面在固定端截面处，此时该截面上的弯矩和转矩分别为

$$M = M_{\max} = Fl, \qquad T = m = Fa$$

（三）应力分析

危险截面上的弯曲和扭转的应力变化规律如图 9.26(e) 所示。可见，最大弯曲正应力 σ 发生在铅垂直径的上、下两端的 C_1 和 C_2 处，而最大扭转切应力 τ 发生在截面周边上的各点处。因此，危险点为 C_1 和 C_2。C_1 点的应力状态如图 9.26(f) 所示，其最大弯曲正应力和最大扭转切应力分别为 $\sigma = \dfrac{M}{W_z}$，$\tau = \dfrac{T}{W_t}$。

（四）强度条件

若曲拐轴由抗拉和抗压强度相等的塑性材料制成，则危险点 C_1 和 C_2 中只要校核一点的强度就可以了。因为 C_1 点处于二向应力状态，所以应该按照强度理论建立强度条件。

由式(9.18)、式(9.19)得

$$\sigma_{r3} = \sqrt{\sigma^2 + 4\tau^2} \leqslant [\sigma]$$

$$\sigma_{r4} = \sqrt{\sigma^2 + 3\tau^2} \leqslant [\sigma]$$

将应力计算式代入上式，并利用圆截面 $W_t = 2W_z$ 的关系，可得

$$\sigma_{r3} = \frac{1}{W_z}\sqrt{M^2 + T^2} \leqslant [\sigma]$$

$$\sigma_{r4} = \frac{1}{W_z}\sqrt{M^2 + 0.75T^2} \leqslant [\sigma] \tag{9.27}$$

式中，M、T 分别为危险截面上的弯矩和转矩；$W_z = \pi D^3/32$ 为圆轴的抗弯截面系数。

应用式(9.27)进行强度计算时，需要注意以下几点：

① 公式只适用于受弯曲和扭转组合作用的实心圆和空心圆截面杆；对于非圆截面杆，则只能应用式(9.18)、式(9.19)进行强度计算。

② 若圆轴遇到同时发生在两个平面内的弯曲和扭转的共同作用时，因为圆截面杆只发生平面弯曲，则弯矩 M 应为两个平面内弯矩的矢量和，其大小为 $M = \sqrt{M_y^2 + M_z^2}$，然后将合成弯矩 M 代入公式(9.27)进行强度计算。

③ 若杆件受到扭转与拉伸（压缩）的共同作用，或者扭转、弯曲与拉伸（压缩）的共同作用时，则只能用式(9.18)、式(9.19)进行强度计算，并且要注意公式中的正应力为 $\sigma = \frac{N}{A}$ 或 $\sigma = \frac{N}{A} + \frac{M}{W}$。

例 9.9 如图 9.27(a) 所示为一钢制圆轴上装有两个胶带轮，两轮有相同的直径 $D = 1m$ 及重量 $F = 5kN$。A 轮上胶带的张力是水平方向，B 轮上胶带的张力是铅垂方向，大小如图 9.27(a) 所示。设该圆轴的直径 $d = 72mm$，许用应力 $[\sigma] = 80MPa$，试按照第四强度理论校核该轴的强度。

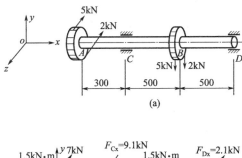

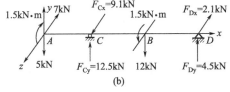

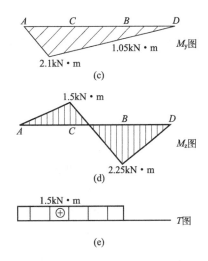

图 9.27

解： （1）外力分析

将胶带轮的张力向轮心平移，以作用在轴上的集中力和力偶矩来代替，这样就得到圆轴的计算简图，如图9.27(b)所示。在 A 截面上作用着向下的轮重5kN和胶带的水平张力 5＋2＝7（kN）及力偶矩（5－2）×0.5＝1.5（kN·m）；在 B 截面上作用着向下的轮重5kN和胶带的铅垂张力共5＋2＋5＝12（kN），还有力偶矩（5－2）×0.5＝1.5（kN·m）。

（2）内力分析

根据以上外力，可以绘制出 AB 轴在水平 xz 面内的弯矩图如图9.27(c)所示；在铅垂 xy 面内的弯矩图如图9.27(d)所示，以及 AB 轴的转矩图如图9.27(e)所示。由此得到 C 和 B 截面处的合成弯矩分别为

$$M_C = \sqrt{M_{Cy}^2 + M_{Cz}^2} = \sqrt{2.1^2 + 1.5^2} = 2.58 \ (kN \cdot m)$$

$$M_B = \sqrt{M_{By}^2 + M_{Bz}^2} = \sqrt{1.05^2 + 2.25^2} = 2.48 \ (kN \cdot m)$$

因为 $M_C > M_B$，所以 C 截面为危险截面。

（3）强度校核

根据第四强度理论的强度条件式(9.27)可得

$$\sigma_{r4} = \frac{1}{W_z}\sqrt{M^2 + 0.75T^2} = \frac{32}{\pi d^3}\sqrt{M_C^2 + 0.75T^2}$$

$$= \frac{32}{\pi \times (72 \times 10^{-3})^3 m^3} \times$$

$$\sqrt{(2.58 \times 10^3)^2 \ (N \cdot m)^2 + 0.75 \times (1.5 \times 10^3)^2 \ (N \cdot m)^2} \times 10^{-6}$$

$$= 78.83 MPa < [\sigma] = 80 MPa$$

故此轴的强度是足够的。

小结

① 平面应力状态分析有解析法和图解法，任一斜截面上的应力 σ_α 和 τ_α 的计算公式为

$$\sigma_\alpha = \frac{\sigma_x + \sigma_y}{2} + \frac{\sigma_x - \sigma_y}{2}\cos2\alpha - \tau_x\sin2\alpha$$

$$\tau_\alpha = \frac{\sigma_x - \sigma_y}{2}\sin2\alpha + \tau_x\cos2\alpha$$

最大正应力和最小正应力由下式确定：

$$\sigma_{max} = \frac{\sigma_x + \sigma_y}{2} + \sqrt{\left(\frac{\sigma_x - \sigma_y}{2}\right)^2 + \tau_x^2}$$

$$\sigma_{min} = \frac{\sigma_x + \sigma_y}{2} - \sqrt{\left(\frac{\sigma_x - \sigma_y}{2}\right)^2 + \tau_x^2}$$

② 材料失效现象有两种类型：塑性屈服和脆性断裂。

③ 四种强度理论的相当应力

$$\begin{cases} \sigma_{r1} = \sigma_1 \\ \sigma_{r2} = \sigma_1 - \mu(\sigma_2 + \sigma_3) \\ \sigma_{r3} = \sigma_1 - \sigma_3 \\ \sigma_{r4} = \sqrt{\frac{1}{2}[(\sigma_1 - \sigma_2)^2 + (\sigma_2 - \sigma_3)^2 + (\sigma_3 - \sigma_1)^2]} \end{cases}$$

④ 组合变形时杆件的应力计算是以各种基本变形的结果为基础，采用叠加原理进行的，常见的组合变形有斜弯曲、拉（压）弯组合、弯扭组合等。

习题

9.1 试绘制出题9.1图所示梁内 A、B、C、D 四点处的单元体，并标明单元体各面上应力的情况。

9.2 已知应力情况如题9.2图所示，试用解析法和图解法求：

① 主应力的数值及主平面的方位；

② 在单元体上绘制出主平面的位置及主应力的方向；

③ 极值切应力。

9.3 有一铸铁制成的构件，其危险点处的应力状态如题9.3图所示。设材料许用拉应力 $[\sigma_t]=35\text{MPa}$，许用压应力 $[\sigma_c]=120\text{MPa}$，泊松比 $\mu=0.3$，试按照第一强度理论校核该构件的强度。

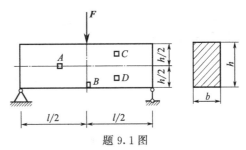

题9.1图

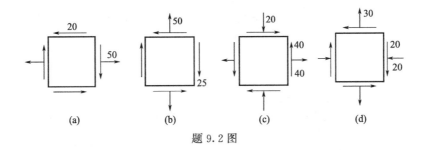

题9.2图

9.4 从低碳钢制成的零件中某点处取出一单元体，其应力状态如题9.4图所示。已知 $\sigma_x=40\text{MPa}$，$\sigma_y=40\text{MPa}$，$\tau_x=60\text{MPa}$，材料的许用应力 $[\sigma]=140\text{MPa}$，试按照第三强度理论进行强度校核。

9.5 曲拐受力如题9.5图所示，其圆杆部分的直径为 50mm，材料的许用应力为 $[\sigma]=60\text{MPa}$，试按照第三强度理论校核其圆杆部分的强度。

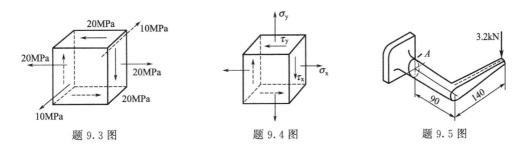

题9.3图　　　　　　　　题9.4图　　　　　　　　题9.5图

9.6 如题9.6图所示为屋架上的檩条。已知屋面倾角为 $\varphi=30°$，檩条的跨度为 $l=3.6\text{m}$，受均布荷载作用，$q=0.96\text{kN/m}$。檩条的许用应力 $[\sigma]=10\text{MPa}$。若矩形截面 $\dfrac{h}{b}=\dfrac{3}{2}$，试确定檩条截面尺寸。

9.7 试分别求出如题9.7图所示不等截面杆的绝对值最大的正应力，并作比较。

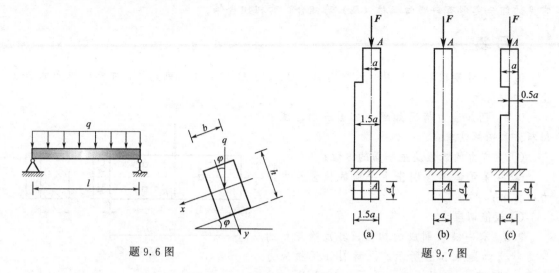

题 9.6 图　　　　　　　　　　　　　题 9.7 图

9.8 题9.8图所示杆件同时受横向力和偏心压力的作用，试确定 F 的许可值。已知：杆件的许用拉应力 $[\sigma_t] = 30\mathrm{MPa}$，许用压应力 $[\sigma_c] = 90\mathrm{MPa}$。

9.9 题9.9图所示钢制圆轴上装有两个齿轮，齿轮 C 上作用着铅垂切向力 $F_1 = 5\mathrm{kN}$，该轮直径 $d_C = 30\mathrm{cm}$；齿轮 D 上作用着铅垂切向力 $F_2 = 10\mathrm{kN}$，该轮直径 $d_D = 15\mathrm{cm}$。试用第四强度理论求轴的直径。

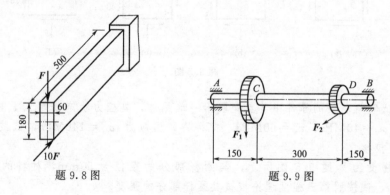

题 9.8 图　　　　　　　　　　　　题 9.9 图

第十章 压杆稳定

前面各章着重研究受力杆件的强度和刚度计算问题，但杆件的破坏不仅会由于强度不够而引起，也可能会由于稳定性丧失而发生。因此在设计杆件（特别是受压杆件）时，除了进行强度计算外，还必须进行稳定性计算以满足其稳定条件。本章将对压杆的稳定问题进行讨论，最终目的是能够对受压杆件进行稳定性设计。

第一节 压杆稳定的概念

本节介绍稳定及压杆稳定的概念，为对压杆进行稳定性计算打下基础。

一、研究压杆稳定的意义

在轴向拉伸和轴向压缩一章中，我们认为当压杆横截面上的应力超过材料的极限应力时，压杆就会因强度不够而引起破坏，这种观点对于粗短的压杆是正确的，而对于细长的压杆（杆的横向尺寸较小，纵向尺寸较大）将导致错误的结果，因为细长的压杆会在应力远低于材料的极限应力时，突然产生显著的弯曲变形而失去承载能力；为了说明这一问题，下面来看一个简单的试验。

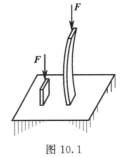

图 10.1

取两根截面相同的木条，横截面积为 $A = 20 \times 5\text{mm}^2$，一根长为 40mm，另一根长为 800mm，如图 10.1 所示。对短的木条，若要用手将它压坏，显然很困难，但对长的木条，情况就很不一样，在不大的压力作用下，木条会突然向一侧发生弯曲，若再继续增加压力，木条的弯曲程度将逐渐增大，直至发生折断。上述现象说明，细长的压杆承受轴向压力而丧失承载能力的原因不是强度不够，而是压杆不能保持原来的直线形状而突然弯曲的缘故。压杆在荷载作用下不能保持原来直线状态的平衡而突然弯曲的现象称为压杆丧失稳定，简称失稳。

在工程中，考虑压杆的失稳问题很重要，因为受压杆件失稳时往往是突然发生的，并且会引起内力的重大改变，因此造成严重的工程事故，如 1907 年加拿大魁北克的圣劳伦斯河上，一座跨度为 548m 的钢桥在施工时，由于悬臂结构的下弦杆失稳而坍塌，70 多名施工人员遇难。15000 多吨金属结构顷刻间成了废铁。因此，对于细长的受压杆件，在设计时必须考虑它们的失稳问题，并要设法防止其失稳，以保证受压杆能安全地工作。

二、稳定的概念

如图 10.2(a)、(b) 所示，两个圆球分别放在凹形曲面的最低点 A 处和凸形曲面的最高点 B 处，这时小球都处于平衡状态，如果作用一微小的横向干扰力使小球离开原来的平衡位置，当干扰力去掉后，凹面上的圆球在 A 点附近经过几次来回滚动，最后仍回到原来的平衡位置。但在凸面上的圆球则继续沿曲面下滚，不可能回到原位。所以原来的平衡状态分为两种，一种是经得起干扰的平衡状态，称为稳定平衡状态，如图 10.2(a) 所示；另一种是经不起干扰的平衡状态，称为不稳定的平衡状态，如图 10.2(b) 所示。

如图 10.2(c) 所示，当小球由于某种外在干扰因素而使其稍微偏离原来的平衡位置 C，当该干扰消除后，它就停在新的位置静止不动，这种平衡状态称为随遇平衡状态，它是稳定平衡状态和不稳定平衡状态的分界线，所以也被称为临界平衡状态。

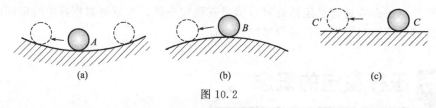

图 10.2

与此类似，对于压杆也有同样的情况。现在我们取一根下端固定，上端自由的细长压杆做试验，如图 10.3(a) 所示。杆件在轴向压力 F 的作用下处于直线平衡状态，如压力 F 小于某个特定值 F_{cr} 时，压杆在微小的横向干扰力作用下发生微小弯曲，当干扰力去掉后，压杆经过几次摆动后，仍然可以回到原来的直线平衡位置，如图 10.3(b) 所示，因此说明压杆原来的直线平衡状态是稳定的。若压力 F 增大到等于某特定值 F_{cr} 时，做同样的干扰后，杆件已不能恢复到原来的直线位置，而会在微弯的状态下保持新的平衡，此时杆件处于临界平衡状态，如图 10.3(c) 所示。当压力 F 继续增大，超过特定值 F_{cr} 后，在干扰力去掉后，压杆的弯曲会继续增加，直至折断，此时杆件处于不稳定平衡状态，如图 10.3(d) 所示。

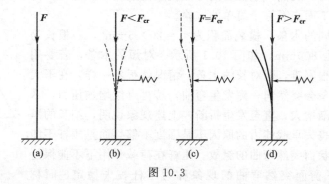

图 10.3

可见压杆失稳破坏的实质是丧失了保持其原有直线平衡状态的能力。在实际工程中，压杆如果处于不稳定的直线平衡状态，一旦有干扰力作用，压杆就会突然弯曲直至破坏。

从上面的情况可以看出，压杆原来的直线平衡状态是否稳定与压力 F 的大小有关。当力 F 小于特定值 F_{cr} 时，压杆原来的直线状态平衡是稳定的；当力 F 等于 F_{cr} 时，压杆处于由稳定过渡到不稳定的状态，该状态称为临界状态，这个特定值 F_{cr} 称为压杆的临界压力或简称为临界力（critical load）；当力 F 大于特定值 F_{cr} 时，压杆原来的直线状态平衡是不稳定的。所以，为了保证压杆不丧失稳定就要使压力 F 小于临界压力 F_{cr}，这样临界压力 F_{cr} 的确定就成为研究压杆的稳定问题的核心内容。

第二节 欧拉公式及临界应力总图

一、计算临界压力的欧拉公式

当材料处于线弹性阶段时，从理论上可以推导出如下的计算细长压杆临界压力的欧拉公式

$$F_{cr} = \frac{\pi^2 EI}{(\mu l)^2} = \frac{\pi^2 EI}{l_0{}^2} \tag{10.1}$$

式中　EI——压杆的抗弯刚度；

　　　l——压杆的长度；

　　　μ——长度系数，它与压杆两端的支承情况有关，其数值见表 10.1；从表 10.1 中可看出压杆两端的约束越牢固，μ 值就越小，说明其抗弯能力越强，越不容易失稳；

　　　l_0——压杆的计算长度，$l_0 = \mu l$，它综合考虑了压杆长度和支承情况对临界压力 F_{cr} 的影响。

表 10.1　压杆的长度系数 μ

支承情况	两端铰支	一端固定 一端自由	两端固定	一端固定 一端铰支
简图				
μ 值	1	2	0.5	0.7

例 10.1　一细长钢杆，两端铰支，长度 $l = 1.5\text{m}$，横截面直径 $d = 50\text{mm}$，若钢的弹性模量 $E = 200\text{GPa}$，试求其临界压力 F_{cr}。

解：　查表 10.1，两端铰支时 $\mu = 1$，由公式 (10.1) 可求得

$$F_{cr} = \frac{\pi^2 EI}{(\mu l)^2} = \frac{\pi^2 E}{(1l)^2} \times \frac{\pi d^4}{64} = \frac{\pi^2 \times 200 \times 10^9 \text{Pa} \times \pi \times (0.05\text{m})^4}{(1.5\text{m})^2 \times 64} = 270 \times 10^3 \text{N} = 270\text{kN}$$

二、计算临界应力的欧拉公式——柔度

前面已经推导出了计算压杆临界压力的公式（10.1），但在工程中无论是强度计算还是稳定性计算通常都采用应力的形式。为此，用压杆的横截面面积 A 去除 F_{cr}，便得到临界应力 σ_{cr} 为

$$\sigma_{cr} = \frac{F_{cr}}{A} = \frac{\pi^2 EI}{(\mu l)^2 A} \tag{10.2}$$

式中的 I、A 都是与截面有关的几何量，由第七章可知：

$$i = \sqrt{\frac{I}{A}}$$

式中，i 为惯性半径，这样式（10.2）可以写成

$$\sigma_{cr} = \frac{\pi^2 E}{\left(\frac{\mu l}{i}\right)^2}$$

令

$$\lambda = \frac{\mu l}{i} = \frac{l_0}{i} \tag{10.3}$$

λ 是一个没有量纲的量，称为柔度或长细比（slenderness ratio），它集中反映了压杆的长度、杆端约束情况、截面尺寸和形状等因素对临界应力 σ_{cr} 的影响，由于引入了柔度 λ，临界应力的公式（10.2）可以写成

$$\sigma_{cr} = \frac{\pi^2 E}{\lambda^2} \tag{10.4}$$

公式（10.4）是欧拉公式（10.1）的另一种表达形式。从式（10.4）中可以看到，当材料一定时（即弹性模量 E 一定时），临界应力 σ_{cr} 仅取决于 λ 且与 λ^2 成反比，λ 越大 σ_{cr} 就越小，压杆就越容易失稳；反之，就越不容易失稳。

三、欧拉公式的适用范围

欧拉公式是通过弯曲变形的微分方程推导出的，而该微分方程的前提条件为材料必须服从胡克定律，所以，只有临界应力小于比例极限 σ_p 时，公式（10.1）和公式（10.4）才是正确的，令公式（10.4）的 σ_{cr} 小于等于 σ_p 得

$$\frac{\pi^2 E}{\lambda^2} \leqslant \sigma_p \ \text{或} \ \lambda \geqslant \pi\sqrt{\frac{E}{\sigma_p}}$$

令

$$\lambda_p = \pi\sqrt{\frac{E}{\sigma_p}} \tag{10.5}$$

λ_p 称为柔度界限值。则欧拉公式的适用范围用柔度表达为

$$\lambda \geqslant \lambda_p \tag{10.6}$$

λ_p 与材料的性质有关，材料不同，λ_p 的数值也就不同。例如对于 Q235 钢，$E = 2.1 \times 10^5 \text{MPa}$，$\sigma_p = 200 \text{MPa}$，代入得 $\lambda_p = 100$，所以对于用 Q235 钢制成的压杆只有当 $\lambda \geqslant 100$ 时，欧拉公式才成立；对于铸铁，λ_p 大约为 80；而松木的 λ_p 大约为 110。

满足条件 $\lambda \geqslant \lambda_p$ 的压杆称为大柔度压杆（也称为细长杆）；满足条件 $\lambda < \lambda_p$ 的压杆称为中小柔度杆，对于中小柔度杆欧拉公式已不再适用。

四、临界应力总图

若压杆的柔度 $\lambda < \lambda_p$，则临界应力 $\sigma_{cr} > \sigma_p$，这时欧拉公式已不能使用，属于超过比例

极限的压杆稳定问题，如内燃机的连杆，千斤顶的螺杆等，其柔度 λ 就往往小于 λ_p。对超过比例极限的压杆稳定问题，也有理论分析的结果，但工程中对这类压杆的计算，一般使用以试验结果为依据的经验公式：机械工程中常用直线型经验公式，而钢结构工程中常用抛物线型经验公式，下面分别讨论。

（一）直线型公式

直线型公式把临界应力 σ_{cr} 与柔度 λ 表示为以下的直线关系：

$$\sigma_{cr} = a - b\lambda \tag{10.7}$$

式中，a 与 b 是与材料性能有关的常数。例如对 Q235 钢制成的压杆，$a = 304\text{MPa}$，$b = 1.12\text{MPa}$。在表 10.2 中列举了一些材料的 a 和 b 的值。

表 10.2　几种常见材料的直线型公式的 a、b 值　　　　单位：MPa

材料	a	b
Q235 钢（$\sigma_b \geqslant 372, \sigma_s = 235$）	304	1.12
优质碳钢（$\sigma_b \geqslant 471, \sigma_s = 306$）	461	2.568
硅钢（$\sigma_b \geqslant 510, \sigma_s = 353$）	578	3.744
铬钼钢	980	5.296
铸铁	332.2	1.454
强铝	373	2.15
松木	28.7	0.19

柔度很小的短柱，例如轴向压缩试验用的金属短柱或混凝土试块，受压时不可能像大柔度杆那样出现弯曲变形，而是因应力达到屈服强度（塑性材料）或强度极限（脆性材料）而失效，这是一个强度问题。所以，对塑性材料，按式(10.7)算出的应力最大只能等于 σ_s，所对应的柔度记为 λ_0，则

$$\lambda_0 = \frac{a - \sigma_s}{b} \tag{10.8}$$

这是应用直线型公式的最小柔度。如 $\lambda < \lambda_0$，就应按照压缩的强度计算，即

$$\sigma_{cr} = \sigma_s \tag{10.9}$$

对于脆性材料，只需把式(10.8)和式(10.9)中的 σ_s 换成 σ_b 即可。

综上所述，根据压杆的柔度可将其分为三类，并按照不同的公式计算临界应力：

① $\lambda \geqslant \lambda_p$ 的压杆称为细长压杆或大柔度压杆，按欧拉公式计算。

② $\lambda_0 \leqslant \lambda < \lambda_p$ 的压杆称为中长压杆或中柔度压杆，可按直线型公式(10.7) 计算。

③ $\lambda < \lambda_0$ 的压杆称为短粗压杆或小柔度压杆，不会失稳，应按强度问题计算。

在上述三种情况下，临界应力随柔度变化的曲线如图 10.4 所示，称为压杆的临界应力总图。

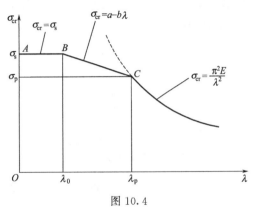

图 10.4

（二）抛物线型公式

对于由结构钢或低合金钢等材料制成的非

细长压杆，可采用抛物线型经验公式计算临界应力，该公式的一般形式为

$$\sigma_{cr} = a_1 - b_1\lambda^2 \tag{10.10}$$

式中，a_1 与 b_1 是与材料性能有关的常数。该公式的适用范围为 $\sigma_{cr} \geqslant \sigma_p$。

我国钢结构规范中采用的抛物线型经验公式为

$$\sigma_{cr} = \sigma_s\left[1 - \alpha\left(\frac{\lambda}{\lambda_c}\right)^2\right], \lambda \leqslant \lambda_c \tag{10.11}$$

式中，σ_s 为钢材的屈服极限；α 是与材料性能有关的常数；λ_c 由式(10.12)确定：

$$\lambda_c = \sqrt{\frac{\pi^2 E}{0.57\sigma_s}} \tag{10.12}$$

λ_c 是细长压杆与非细长压杆的分界值，该值与 λ_p 是有差异的：λ_p 是由理论公式算出的，而 λ_c 是考虑压杆的初弯曲、荷载的偏心、材料的非均匀等因素的影响所得到的经验结果。不同的材料，α 和 λ_p 各不相同。例如，对于 Q235 钢，$\alpha = 0.43$，$\sigma_s = 235\text{MPa}$，$E = 206\text{MPa}$，则 $\lambda_c = 123$。将数据代入式(10.11)，可得 Q235 钢非细长压杆简化形式的抛物线型经验公式为

$$\sigma_{cr} = 235 - 0.00668\lambda^2, \lambda \leqslant \lambda_c = 123 \tag{10.13}$$

根据欧拉公式和抛物线型公式绘制的临界应力总图见图 10.5。

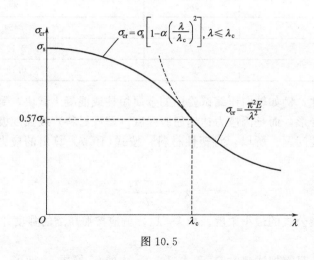

图 10.5

稳定计算中，无论欧拉公式还是经验公式，都是以杆件的整体变形为基础的，局部面积的削弱（如螺钉孔等）对杆件的整体变形影响很小，所以计算临界应力时，可采用未经削弱的横截面积 A 和惯性矩 I。至于作压缩强度计算时，自然应该使用削弱后的横截面面积。

例 10.2 三根圆截面压杆，直径均为 $d = 160\text{mm}$，两端均为铰支。材料为 Q235 钢，其弹性模量 $E = 200\text{GPa}$，比例极限 $\sigma_p = 200\text{MPa}$，屈服极限 $\sigma_s = 235\text{MPa}$。长度分别为 l_1、l_2 和 l_3，且 $l_1 = 2l_2 = 4l_3 = 5\text{m}$，试确定各杆的临界应力。

解： 由式(10.5)求出

$$\lambda_p = \pi\sqrt{\frac{E}{\sigma_p}} = \pi \times \sqrt{\frac{200 \times 10^3\text{MPa}}{200\text{MPa}}} = 99.34$$

查表 10.2，材料为 Q235 钢时，$a = 304\text{MPa}$，$b = 1.12\text{MPa}$，由式(10.8)求出

$$\lambda_0 = \frac{a - \sigma_s}{b} = \frac{(304 - 235)\text{MPa}}{1.12\text{MPa}} = 61.61$$

$$惯性半径\ i = \sqrt{\frac{I}{A}} = \sqrt{\frac{\pi d^4/64}{\pi d^2/4}} = \frac{d}{4} = \frac{160\text{mm}}{4} = 40\text{mm}$$

长度系数 μ 均为：$\mu = 1$

对于 $l_1 = 5\text{m}$ 的压杆，其柔度

$$\lambda_1 = \frac{\mu l_1}{i} = \frac{1 \times 5000\text{mm}}{40\text{mm}} = 125$$

由于 $\lambda_1 > \lambda_p$，所以为大柔度压杆，其临界应力由欧拉公式（10.4）求出：

$$\sigma_{cr} = \frac{\pi^2 E}{\lambda^2} = \frac{\pi^2 \times 200 \times 10^3 \text{MPa}}{125^2} = 126.3\text{MPa}$$

对于 $l_2 = 2.5\text{m}$ 的压杆，其柔度

$$\lambda_2 = \frac{\mu l_2}{i} = \frac{1 \times 2500\text{mm}}{40\text{mm}} = 62.5$$

由于 $\lambda_0 < \lambda_2 < \lambda_p$，所以为中柔度压杆，其临界应力由式（10.7）求出：

$$\sigma_{cr} = a - b\lambda = 304\text{MPa} - 1.12\text{MPa} \times 62.5 = 234\text{MPa}$$

对于 $l_3 = 1.25\text{m}$ 的压杆，其柔度

$$\lambda_3 = \frac{\mu l_3}{i} = \frac{1 \times 1250\text{mm}}{40\text{mm}} = 31.25$$

由于 $\lambda_3 < \lambda_0$，所以为小柔度压杆，不会出现失稳，属于强度问题，所以 $\sigma_{cr} = \sigma_s = 235\text{MPa}$。

第三节　压杆的稳定性校核

在前面推导出压杆的临界压力和临界应力的基础上，为了使受压杆件能安全承受荷载，必须对其进行稳定性计算，本节介绍了安全系数法和折减系数法两种稳定性的计算方法。

一、安全系数法

对于工程中的受压杆件，要使其不丧失稳定性，就必须保证压杆所承受的轴向工作压力 F 小于压杆的临界压力 F_{cr}，并要考虑一定的安全储备，即采用规定的稳定安全系数 n_{st}，因此，压杆的稳定条件是

$$F \leqslant \frac{F_{cr}}{n_{st}} \tag{10.14}$$

式（10.14）称为压杆的稳定条件。式中，F 为压杆的实际工作压力；F_{cr} 为压杆的临界压力；n_{st} 为压杆的稳定安全系数。

考虑到受压杆存在着初弯曲和压力的偏心及材料的不均匀性等因素，而这些因素将使压杆的临界压力显著降低，对压杆稳定的影响较大，并且压杆的柔度越大影响也越大，但这些因素对压杆强度的影响不那么显著。因此，稳定安全系数 n_{st} 的取值一般会大于强度安全系数 n，并且随柔度 λ 而变化。各种常用材料制成的压杆，在不同工作条件下的稳定安全系数 n_{st} 的值，可在有关的设计手册中查到。

利用稳定条件式(10.14)可以进行压杆的稳定性校核、设计截面尺寸和确定许用荷载等三类计算,这种进行压杆稳定计算的方法称为安全系数法。

二、折减系数法

在工程中,对压杆进行稳定性计算时还常用另外一种方法——折减系数法,这种方法就是将材料的轴向拉压的许用应力 $[\sigma]$ 乘以一个随压杆柔度 λ 而改变且小于1的系数 φ $[\varphi = \varphi(\lambda)]$ 作为压杆的稳定许用应力 $[\sigma_{st}]$,即

$$[\sigma_{st}] = \varphi[\sigma] \tag{10.15}$$

于是得到按折减系数法建立的压杆的稳定条件为

$$\sigma = \frac{F}{A} \leqslant \varphi[\sigma] \tag{10.16}$$

折减系数 φ 可从规范中查到。

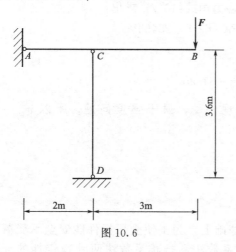

图 10.6

例 10.3 如图 10.6 所示的结构,立柱 CD 由钢管制成,其高度 $h = 3.6$mm,外径 $D = 100$mm,内径 $d = 80$mm,材料为 Q235 钢,其弹性模量 $E = 200$GPa,比例极限 $\sigma_p = 200$MPa,屈服极限 $\sigma_s = 235$MPa,稳定安全系数 $n_{st} = 3$,试确定梁上许可荷载 F。

解: 立柱的惯性半径为

$$i = \sqrt{\frac{\pi(D^4 - d^4)/64}{\pi(D^2 - d^2)/4}} = \frac{\sqrt{D^2 + d^2}}{4} = \frac{\sqrt{100^2 + 80^2}}{4}$$
$$= 32(\text{mm})$$

立柱 CD 两端铰支,长度系数 $\mu = 1$,其柔度为

$$\lambda = \frac{\mu l}{i} = \frac{3600\text{mm}}{32\text{mm}} = 112.5$$

由式(10.5) 求出

$$\lambda_p = \pi\sqrt{\frac{E}{\sigma_p}} = \pi \times \sqrt{\frac{200 \times 10^3 \text{MPa}}{200\text{MPa}}} = 99.34$$

由于 $\lambda > \lambda_p$,所以为大柔度压杆,其临界应力由欧拉公式(10.4) 求出:

$$F_{cr} = \frac{\pi^2 EI}{(\mu l)^2} = \frac{\pi^2 \times 200 \times 10^9 \text{Pa} \times \frac{\pi \times (100^4 - 80^4)}{64} \times 10^{-12}\text{m}^4}{(1 \times 3.6)^2 \text{m}^2} = 441408\text{N} = 441.4\text{kN}$$

立柱 CD 能承受的许可荷载为

$$[F_{CD}] = \frac{F_{cr}}{n_{st}} = \frac{441.4\text{kN}}{3} = 147.1\text{kN}$$

由静力学平衡方程,$\sum M_A = 0$ 得

$$F \times AB = F_{CD} \times AC, F = \frac{AC}{AB} \times F_{CD} = \frac{2\text{m}}{5\text{m}} \times F_{CD} = \frac{F_{CD}}{2.5}$$

将压杆 CD 的许可荷载代入上式,可得梁上的许可荷载 F 为

$$[F] = \frac{[F_{CD}]}{2.5} = \frac{147.1\text{kN}}{2.5} = 58.8\text{kN}$$

第四节 提高压杆稳定性的措施

通过前面几节介绍得知，细长压杆在压力作用下容易丧失稳定性，为了工程结构的安全，就需要采取措施提高压杆的稳定性，本节就针对此问题，提出了几个有力措施。

一、选择合理的截面形状

当压杆为大柔度杆时，从欧拉公式可知，压杆截面的惯性矩越大，则临界压力 F_{cr} 也就越大。而由中柔度压杆的经验公式（10.7）和式（10.10）可看出，柔度越小，则临界压力越大。

由于

$$\lambda = \frac{\mu l}{i} = \mu l \sqrt{\frac{A}{I}}$$

所以，对于一定长度和约束条件的压杆，在横截面积保持不变的情况下，应尽可能地把材料放置到离截面形心较远处，以得到较大的惯性矩和惯性半径，这样就提高了临界压力。例如，可将图 10.7(a)、(b) 所示的实心截面改为图 10.7(c)、(d) 所示的空心截面；又如在采用组合截面时，采用如图 10.8(a) 所示的形式要优于如图 10.8(b) 所示的形式。

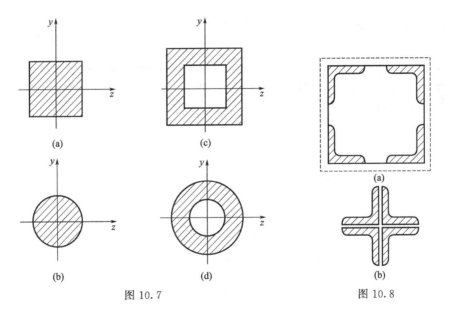

图 10.7　　　　　　　　　　　　图 10.8

当压杆两端在各个方向的支承情况相同时，即 μl 值相同，压杆总是绕 I 小的形心主轴弯曲失稳。因此应尽量使截面对两个形心主轴的惯性矩相等（即 $I_y = I_z$）或接近，如采用圆形、正方形一类截面。又如图 10.9 所示，由两根槽钢组成的压杆，图 10.9(b) 的截面布置比图 10.9(a) 好。而在图 10.9(b) 的布置形式下，调整两根槽钢之间距离使其达到 $I_y = I_z$，则压杆在两个方面的稳定性相同。

当压杆两端的支承情况在两个方面不同时，即 μ 值不同，则采用 I_y 和 I_z 不等的截面与相应的约束条件配合。如采用矩形或工字形截面，使得在两个相互垂直方向的柔度尽可能相等或相近，从而使压杆在两个方向上抵抗失稳的能力相等或接近，以便使材料能得到充分的利用。

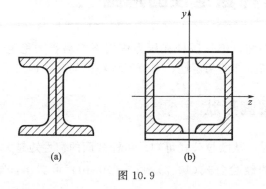

图 10.9

二、改变压杆的约束条件

从第二节的讨论中可以看出，当改变压杆两端的约束条件时，会直接影响其临界压力的大小。如长度为 l 的两端铰支受压杆，其 $\mu=1$，$F_{cr}=\pi^2EI/l^2$；若把两端改为固定端，则 $\mu=1/2$，$F_{cr}=4\pi^2EI/l^2$。由此可见，临界压力随着压杆约束条件的改变而增大为原来的 4 倍，大大地提高了其稳定性。

三、减小压杆的长度

如对长度为 l 的两端铰支压杆，若在它的中点增加一中间的横向约束，如图 10.10 所示，则压杆的计算长度 μl 就由 l 减小成为 $l/2$，其稳定性也会提高 4 倍。因此，减小压杆的长度，也是提高压杆稳定性切实有效的措施。

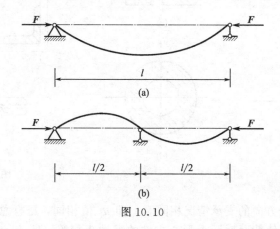

图 10.10

四、合理选择材料

对于细长压杆（$\lambda>\lambda_p$），其临界应力 $\sigma_{cr}=\pi^2E/\lambda^2$，可见 σ_{cr} 与材料的弹性模量 E 有关，但由于各种钢材的 E 值相差不多，因此若选用合金钢或优质钢制作细长压杆，意义不大，还会造成不必要的浪费；但对于中长杆，从临界应力总图可以看出，压杆临界应力与材料的强度有关，即随着材料屈服极限和比例极限的增大，在一定程度上可以提高其临界应力的数值，故选用高强度钢材能够提高中长压杆的稳定性；至于柔度 λ 很小的短压杆，不存在什么稳定性问题，只是强度问题，使用高强度材料，其优越性自然是明显的。

对于受压杆，除了可采用上述几方面的措施来提高其抵抗失稳的能力外，在可能的条件下，还可以从结构上采取措施，如图 10.11 所示，将如图 10.11(a) 所示的受压杆 AB，改变成如图 10.11(b) 所示的受拉杆 AB，就会改变结构的形式，从根本上消除稳定性问题。

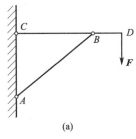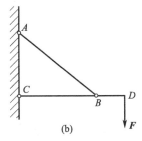

图 10.11

🏫 **小结**

压杆临界压力 F_{cr} 的计算是本章的重点内容，临界压力 F_{cr} 是判断压杆是否处于稳定平衡状态的重要依据。

① 对于细长压杆，可用欧拉公式计算，即临界压力

$$F_{cr} = \frac{\pi^2 EI}{(\mu l)^2}$$

或临界应力

$$\sigma_{cr} = \frac{\pi^2 E}{\lambda^2}$$

式中，μ 为与支承情况有关的长度系数；λ 为压杆的柔度，其计算公式为

$$\lambda = \frac{\mu l}{i}$$

② 对于中长压杆，可用经验公式计算，常用的有直线型公式和抛物线型公式。

③ 对于短粗压杆，则属于强度问题。

在工程设计中，稳定性的计算采用安全系数法或折减系数法。

📝 **习题**

10.1　今有两根材料、横截面尺寸及支承情况均相同的压杆，又知长压杆的长度是短压杆的长度的 2 倍。试问在什么条件下短压杆临界压力是长压杆临界压力的 4 倍？为什么？

10.2　如题 10.2 图所示的四根压杆，它们的材料、截面尺寸和形状都相同，试问哪一根压杆承受的临界压力最大？哪一根压杆的临界压力最小？

10.3　一端固定、一端自由的木质的细长杆，已知 $l = 2\text{m}$，$E = 10\text{GPa}$；截面为矩形，$h = 160\text{mm}$，$b = 90\text{mm}$。若改为相同截面积的正方形和圆形，试按欧拉公式计算三种截面的临界压力。

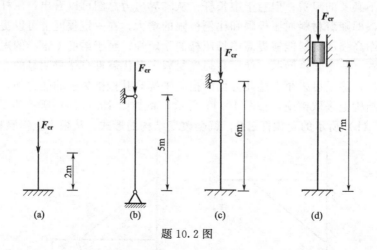

题 10.2 图

10.4 一松木柱两端铰支，其横截面为 120mm×200mm 的矩形，长度为 3mm。松木的 $E=10$GPa，$\sigma_p=20$MPa，试求木柱的临界应力。

10.5 如题 10.5 图所示的简易起重机，其压杆 BD 为 20 号槽钢，材料为 Q235 钢。起重机的最大起重量为 $W=40$kN。若规定的稳定安全系数为 $n_{st}=5$，试校核 BD 杆的稳定性。

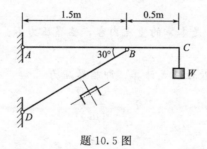

题 10.5 图

10.6 题 10.6 图所示结构中杆件 AC 与 CD 均由 Q235 钢制成，弹性模量 $E=200$GPa，比例极限 $\sigma_p=200$MPa，屈服极限 $\sigma_s=240$MPa。已知 $d=20$mm，$b=100$mm，$h=180$mm，强度安全系数 $n=2$，稳定安全系数 $n_{st}=3$，试确定结构的许可荷载。

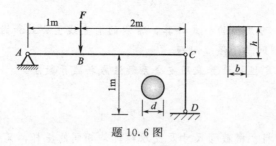

题 10.6 图

参考答案

1.1 略

1.2 略

1.3 (a) 0；(b) $Fl\sin\theta$；(c) $Fl\sin\theta+Fd\cos\theta$；(d) $F\sqrt{l^2+d^2}\sin\theta$

2.1 $F_R=3.68$kN，在第四象限与 x 轴正向的夹角为 $71.46°$

2.2 $F_A=1.12F$，$F_B=0.5F$

2.3 $F_{AC}=6.93$kN，$F_{BC}=36.54$kN

2.4 400N·m（逆时针）

2.5 (a) $F_A=3$kN（↑），$F_B=3$kN（↓）；(b) $F_A=2.5$kN（↓），$F_B=2.5$kN（↑）
(c) $F_A=0.5$kN（↓），$F_B=0.5$kN（↑）；(d) $F_A=5$kN（↓），$F_B=5$kN（↑）

3.1 $\dfrac{\sqrt{3}}{2}Fa$（顺时针）

3.2

项目	F_{Ax}/kN	F_{Ay}/kN	M_A/kN·m	F_B/kN
(a)	86.6(→)	25(↑)	/	25(↑)
(b)	0	0	/	6(↑)
(c)	0	4.5(↓)	/	12.5(↑)
(d)	0	0.5(↑)	/	3.5(↑)
(e)	0	11(↑)	/	5(↑)
(f)	0	16(↑)	20(逆时针)	/
(g)	0	18(↑)	30(逆时针)	/

3.3

项目	F_{Ax}/kN	F_{Ay}/kN	F_B/kN
(a)	0	25(↑)	25(↑)
(b)	0	20(↑)	20(↑)

3.4

项目	F_{Ax}/kN	F_{Ay}/kN	M_A/kN·m	F_B/kN	F_C/kN
(a)	0	0.17(↑)	/	2.5(↑)	5.33(↑)

项目	F_{Ax}/kN	F_{Ay}/kN	$M_A/kN \cdot m$	F_B/kN	F_C/kN
(b)	0	80(↑)	80(逆时针)	80(↑)	80(↑)

3.5

项目	F_{Ax}/kN	F_{Ay}/kN	$M_A/kN \cdot m$	F_B/kN
(a)	3(←)	0.25(↓)	/	4.25(↑)
(b)	0	6(↑)	5(逆时针)	/
(c)	12(→)	18.5(↑)	/	1.5(↑)

3.6

项目	F_{Ax}/kN	F_{Ay}/kN	F_B/kN	F_C/kN
(a)	45(→)	93.75(↑)	3.75(↑)	22.5(↑)

4.1 略

4.2 略

4.3 $\sigma_{max} = 95.2MPa$

4.4 $\Delta l = 0.607mm$，$\Delta d = -0.00364mm$

4.5 $\varepsilon_1 = 0.05\%$，$\varepsilon_2 = 0.05\%$；$\Delta l_1 = 0.5mm$，$\Delta l_2 = -1mm$

4.6 $\sigma = 5.63MPa$

4.7 $d \geqslant 27.9mm$，$a \geqslant 100mm$

4.8 $[F] \leqslant 420kN$

5.1 略

5.2 略

5.3 $\tau_A = 63.7MPa$，$\tau_{max} = 84.9MPa$，$\tau_{min} = 42.4MPa$

5.4 转矩图略 $\tau_{max} = 81.5MPa$ $\varphi_{max} = 0.0458rad$

5.5 $d_0 = 19.1mm$

5.6 $\tau_{max} = 73.7MPa$，$\tau_1 = 60.5MPa$，$\theta = 1.17$（°）/m

5.7 $d = 145mm$

6.1

项目	V	M
(a)	$-10kN$	$50kN \cdot m$
(b)	0	$-12kN \cdot m$
(c)	0	0
(d)	$-qa$	$-\dfrac{1}{2}qa^2$

6.2 略

6.3 略

6.4 (a) $V_{AB} = F$，$M_{AB} = -Fl$

(b) $V_{AB} = -ql$，$M_{AB} = -\dfrac{1}{2}ql^2$

(c) $V_{AB}=0$, $M_{AB}=M$

(d) $V_{AB}=-40$kN, $M_{AB}=-30$kN・m

(e) $V_{AB}=-3$kN, $M_{AB}=12$kN・m, $M_{BA}=0$, $M_{中}=6$kN・m

(f) $V_{AB}=4$kN, $M_{AB}=0$, $M_{BA}=16$kN・m, $M_{中}=8$kN・m

(g) $V_{AB}=21$kN, $M_{AB}=12$kN・m, $M_{BA}=16$kN・m, $V_{BA}=21$kN, $M_{中}=34$kN・m, $M_{max}=34.05$kN・m

(h) $V_{AB}=16$kN, $M_C=24$kN・m, $V_{CA}=8$kN, $V_{CA}=-8$kN

(i) $V_{AC}=23$kN, $M_C=26$kN・m

(j) $V_C=1.5qa$, $M_{CA}=3qa^2$, $M_{CB}=-qa^2$

(k) $V_{AB}=28$kN, $M_A=-20$kN・m, $M_{max}=19.2$kN・m

(l) $V_{AC}=\dfrac{1}{2}qa$, $V_{AB}=-\dfrac{5}{8}qa$, $M_A=-\dfrac{1}{8}qa^2$, $M_{max}=\dfrac{9}{128}qa^2$

(m) $V_{AB}=9$kN, $M_{max}=16.25$kN・m, $M_{BD}=-4$kN・m

(n) $M_A=-\dfrac{1}{50}ql^2$, $M_{max}=\dfrac{1}{40}ql^2$

(o) $V_{AE}=10$kN, $V_{EB}=-10$kN, $M_A=-15$kN・m, $M_E=-5$kN・m

(p) $V_{AC}=10$kN, $V_{CA}=-10$kN, $M_C=0$

6.5

(a) $M_B=-2$kN・m, $M_{AB中}=2$kN・m

(b) $M_{AB}=12$kN・m, $M_{AB中}=16$kN・m, $M_{BA}=-12$kN・m

(c) $M_{AB中}=1$kN・m, $M_B=-2$kN・m

(d) $M_C=4$kN・m, $M_{BA}=-8$kN・m

(e) $M_C=-0.5qa^2$, $M_{AB}=-2.5qa^2$

(f) $V_{AC}=9$kN, $M_B=-4$kN・m, $M_{max}=14.25$kN・m

6.6 略

7.1 (a) $z_c=19.36$mm, $y_c=41.90$mm; (b) $z_c=110$mm, $y_c=0$; (c) $z_c=0$, $y_c=57.2$mm

7.2 (a) $S_{z1}=\dfrac{2}{3}R^3$; (b) $S_{z1}=37.12\times10^5$mm^3; (c) $S_{z1}=11.52\times10^5$mm^3

7.3 $I_z=5.875\times10^8$mm^4, 增加 74.07%

7.4 ①$y_c=275.13$mm; ②$S_z=199.7\times10^5$mm^3; ③$I_y=36.45\times10^8$mm^4, $I_z=87.76\times10^8$mm^4

7.5 $\sigma_a=0$, $-\sigma_b=\sigma_c=5.88$MPa, $-\sigma_d=\sigma_e=10.58$MPa, $\sigma_{max}=21.16$MPa

7.6 ①$\tau=1.12$MPa; ②$\sigma_{max}=150$MPa, $\tau_{max}=1.5$MPa; ③$\tau_{max}=7.66$MPa

7.7 $\sigma_{tmax}=26.4$MPa, $\sigma_{cmax}=52.8$MPa

7.8 $d_{max}=0.115$m

7.9 22b

8.1 (a) $\theta_B=\dfrac{ql^3}{6EI}$, $y_B=\dfrac{ql^4}{8EI}$

(b) $\theta_B=\dfrac{Fl^2}{2EI}$, $y_B=\dfrac{Fa^2}{6EI}(3l-a)$

8.2 (a) $\theta_A=\dfrac{ml}{3EI}$, $\theta_B=\dfrac{ml}{6EI}$, $y_C=\dfrac{ml}{16EI}$

(b) $\theta_A=\theta_B=-\dfrac{ml}{24EI}$, $y_C=0$

8.3　(a) $\theta_C = \dfrac{5Fa^2}{2EI}$，$y_C = \dfrac{7Fa^3}{2EI}$

(b) $\theta_A = -\dfrac{9Fl^2}{8EI}$，$y_A = \dfrac{25Pl^3}{48EI}$

8.4　$y_C = \dfrac{23Pl^3}{648EI}$

8.5　$\theta_C = \dfrac{ql^3}{144EI}$，$y_C = 0$

8.6　$\dfrac{f}{l} = \dfrac{1}{729}$

9.1　略

9.2　(a) $\sigma_1 = 57\text{MPa}$，$\sigma_2 = 0$，$\sigma_3 = -7\text{MPa}$，$\tau_{\max} = 32\text{MPa}$，$\alpha_0 = -19°20'$

(b) $\sigma_1 = 60.4\text{MPa}$，$\sigma_2 = 0$，$\sigma_3 = -10.4\text{MPa}$，$\tau_{\max} = 35.4\text{MPa}$，$\alpha_0 = -22°30'$

(c) $\sigma_1 = 60\text{MPa}$，$\sigma_2 = 0$，$\sigma_3 = -40\text{MPa}$，$\tau_{\max} = 50\text{MPa}$，$\alpha_0 = 26°34'$

(d) $\sigma_1 = 37\text{MPa}$，$\sigma_2 = 0$，$\sigma_3 = -27\text{MPa}$，$\tau_{\max} = 32\text{MPa}$，$\alpha_0 = -19°20'$

9.3　$\sigma_1 = 32.4\text{MPa} < [\sigma_t] = 35\text{MPa}$

9.4　$\sigma_{r3} = 120\text{MPa} < [\sigma] = 140\text{MPa}$

9.5　$\sigma_{r3} = 43.5\text{MPa}$

9.6　$h = 135\text{mm}$，$b = 90\text{mm}$

9.7　$\sigma_a = \dfrac{4F}{3a^2}$，$\sigma_b = \dfrac{F}{a^2}$，$\sigma_c = \dfrac{8F}{a^2}$

9.8　$[F] = 4.85\text{kN}$

9.9　$d \geqslant 51\text{mm}$

10.1　略

10.2　(a) $F_{cr} = 0.0625\pi^2 EI$；(b) $F_{cr} = 0.04\pi^2 EI$；(c) $F_{cr} = 0.057\pi^2 EI$；(d) $F_{cr} = 0.082\pi^2 EI$

10.3　矩形截面临界压力 59.96kN；正方形截面临界压力 106.6kN；圆形截面临界压力 101.8kN

10.4　$\sigma_{cr} = 10.6\text{MPa}$

10.5　$n = 6.5 > n_{st}$，安全

10.6　$[F] = 15.5\text{kN}$

附录 型钢规格表

表1 热轧等边角钢 (GB 9787—88)

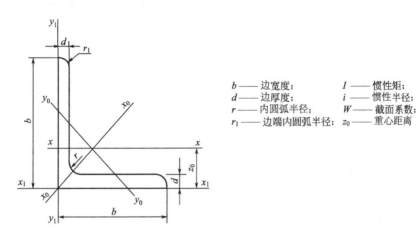

b —— 边宽度; I —— 惯性矩;
d —— 边厚度; i —— 惯性半径;
r —— 内圆弧半径; W —— 截面系数;
r_1 —— 边端内圆弧半径; z_0 —— 重心距离

| 角钢号数 | 尺寸/mm | | | 截面面积 $/cm^2$ | 理论重量 $/(kg/m)$ | 外表面积 $/(m^2/m)$ | 参考数值 | | | | | | | | | | z_0 $/cm$ |
| | | | | | | | $x-x$ | | | x_0-x_0 | | | y_0-y_0 | | | x_1-x_1 | |
	b	d	r				I_x $/cm^4$	i_x $/cm$	W_x $/cm^3$	I_{x_0} $/cm^4$	i_{x_0} $/cm$	W_{x_0} $/cm^3$	I_{y_0} $/cm^4$	i_{y_0} $/cm$	W_{y_0} $/cm^3$	I_{x_1} $/cm^4$	
2	20	3	3.5	1.132	0.889	0.078	0.40	0.59	0.29	0.63	0.75	0.45	0.17	0.39	0.20	0.81	0.60
	20	4		1.459	1.145	0.077	0.50	0.58	0.36	0.78	0.73	0.55	0.22	0.38	0.24	1.09	0.64
2.5	25	3		1.432	1.124	0.098	0.82	1.76	0.46	1.29	0.95	0.73	0.34	0.49	0.33	1.57	0.73
	25	4		1.859	1.459	0.097	1.03	0.74	0.59	1.62	0.93	0.92	0.43	0.48	0.40	2.11	0.76
3.0	30	3		1.749	1.373	0.117	1.46	0.91	0.68	2.31	1.15	1.09	0.61	0.59	0.51	2.71	0.85
	30	4	4.5	2.276	1.786	0.117	1.84	0.90	0.87	2.92	1.13	1.37	0.77	0.58	0.62	3.63	0.89
3.6	36	3		2.109	1.656	0.141	2.58	1.11	0.99	4.09	1.39	1.61	1.07	0.71	0.76	4.68	1.00
	36	4		2.756	2.163	0.141	3.29	1.09	1.28	5.22	1.38	2.05	1.37	0.70	0.93	6.25	1.04
	36	5		3.382	2.654	0.141	3.95	1.08	1.56	6.24	1.36	2.45	1.65	0.70	1.09	7.84	1.07
4.0	40	3	5	2.359	1.852	0.157	3.59	1.23	1.23	5.69	1.55	2.01	1.49	0.79	0.96	6.41	1.09
	40	4		3.086	2.422	0.157	4.60	1.22	1.60	7.29	1.54	2.58	1.91	0.79	1.19	8.56	1.13
	40	5		3.791	2.976	0.156	5.53	1.21	1.96	8.76	1.52	3.10	2.30	0.78	1.39	10.74	1.17

角钢号数	尺寸/mm			截面面积 /cm²	理论重量 /(kg/m)	外表面积 /(m²/m)	参考数值										
							$x-x$			x_0-x_0			y_0-y_0			x_1-x_1	z_0 /cm
	b	d	r				I_x /cm⁴	i_x /cm	W_x /cm³	I_{x_0} /cm⁴	i_{x_0} /cm	W_{x_0} /cm³	I_{y_0} /cm⁴	i_{y_0} /cm	W_{y_0} /cm³	I_{x_1} /cm⁴	
4.5	45	3	5	2.659	2.088	0.177	5.17	1.40	1.58	8.20	1.76	2.58	2.14	0.89	1.24	9.12	1.22
		4		3.486	2.736	0.177	6.65	1.38	2.05	10.56	1.74	3.32	2.75	0.89	1.54	12.18	1.26
		5		4.292	3.369	0.176	8.04	1.37	2.51	12.74	1.72	4.00	3.33	0.88	1.81	15.25	1.30
		6		5.076	3.985	0.176	9.33	1.36	2.95	14.76	1.70	4.64	3.89	0.88	2.06	18.36	1.33
5	50	3	5.5	2.971	2.332	0.197	7.18	1.55	1.96	11.37	1.96	3.22	2.98	1.00	1.57	12.50	1.34
		4		3.897	3.059	0.197	9.26	1.54	2.56	14.70	1.94	4.16	3.82	0.99	1.96	16.69	1.38
		5		4.803	3.770	0.196	11.21	1.53	3.13	17.79	1.92	5.03	4.64	0.98	2.31	20.90	1.42
		6		5.688	4.465	0.196	13.05	1.52	3.68	20.68	1.91	5.85	5.42	0.98	2.63	25.14	1.46
5.6	56	3	6	3.343	2.624	0.221	10.19	1.75	2.48	16.14	2.20	4.08	4.24	1.13	2.02	17.56	1.48
		4		4.390	3.446	0.220	13.18	1.73	3.24	20.92	2.18	5.28	5.46	1.11	2.52	23.43	1.53
		5		5.415	4.251	0.220	16.02	1.72	3.97	25.42	2.17	6.42	6.61	1.10	2.98	29.33	1.57
		8		8.367	6.568	0.219	23.63	1.68	6.03	37.37	2.11	9.44	9.89	1.09	4.16	47.24	1.68
6.3	63	4	7	4.978	3.907	0.248	19.03	1.96	4.13	30.17	2.46	6.78	7.89	1.26	3.29	33.35	1.70
		5		6.143	4.822	0.248	23.17	1.94	5.08	36.77	2.45	8.25	9.57	1.25	3.90	41.73	1.74
		6		7.288	5.721	0.247	27.12	1.93	6.00	43.03	2.43	9.66	11.20	1.24	4.46	50.14	1.78
		8		9.515	7.469	0.247	34.46	1.90	7.75	54.56	2.40	12.25	14.33	1.23	5.47	67.11	1.85
		10		11.657	9.151	0.246	41.09	1.88	9.39	64.85	2.36	14.56	17.33	1.22	6.36	84.31	1.93
7	70	4	8	5.570	4.372	0.275	26.39	2.18	5.14	41.80	2.74	8.44	10.99	1.40	4.17	45.74	1.86
		5		6.875	5.397	0.275	32.21	2.16	6.32	51.08	2.73	10.32	13.34	1.39	4.95	57.21	1.91
		6		8.160	6.406	0.275	37.77	2.15	7.48	59.93	2.71	12.11	15.61	1.38	5.67	68.73	1.95
		7		9.424	7.398	0.275	43.09	2.14	8.59	68.35	2.69	13.81	17.82	1.38	6.34	80.29	1.99
		8		10.667	8.373	0.274	48.17	2.12	9.68	76.37	2.68	15.43	19.98	1.37	6.98	91.92	2.03
7.5	75	5	9	7.412	5.818	0.295	39.97	2.33	7.32	63.30	2.92	11.94	16.63	1.50	5.77	70.56	2.04
		6		8.797	6.905	0.294	46.95	2.31	8.64	74.38	2.90	14.02	19.51	1.49	6.67	84.55	2.07
		7		10.160	7.976	0.294	53.57	2.30	9.93	84.96	2.89	16.02	22.18	1.48	7.44	98.71	2.11
		8		11.503	9.030	0.294	59.96	2.28	11.20	95.07	2.88	17.93	24.86	1.47	8.9	112.97	2.15
		10		14.126	11.089	0.293	71.98	2.26	13.64	113.92	2.84	21.48	30.05	1.46	9.56	141.71	2.22
8	80	5	9	7.912	6.211	0.315	48.79	2.48	8.34	77.33	3.13	13.67	20.25	1.60	6.66	85.36	2.15
		6		9.397	7.376	0.314	57.35	2.47	9.87	90.98	3.11	16.08	23.72	1.59	7.65	102.50	2.19
		7		10.860	8.525	0.314	65.58	2.46	11.37	104.07	3.10	18.40	27.09	1.58	8.58	119.70	2.23
		8		12.303	9.658	0.314	73.49	2.44	12.83	116.60	3.08	20.61	30.39	1.57	9.46	136.97	2.27
		10		15.126	11.874	0.313	88.43	2.42	15.64	140.09	3.04	24.76	36.77	1.56	11.08	171.74	2.35
9	90	6	10	10.637	8.350	0.354	82.77	2.79	12.61	131.26	3.51	20.63	34.28	1.80	9.95	145.87	2.44
		7		12.301	9.656	0.354	94.83	2.78	14.54	150.47	3.50	23.64	39.18	1.78	11.19	170.30	2.48
		8		13.944	10.946	0.353	106.47	2.76	16.42	168.97	3.48	26.55	43.97	1.78	12.35	194.80	2.52
		10		17.167	13.476	0.353	128.58	2.74	20.07	203.90	3.45	32.04	53.26	1.76	14.52	244.07	2.59
		12		20.306	15.940	0.352	149.22	2.71	23.57	236.21	3.41	37.12	62.22	1.75	16.49	293.76	2.67

续表

角钢号数	尺寸/mm			截面面积/cm²	理论重量/(kg/m)	外表面积/(m²/m)	参考数值										z₀/cm
							$x-x$			x_0-x_0			y_0-y_0			x_1-x_1	
	b	d	r				I_x/cm⁴	i_x/cm	W_x/cm³	I_{x_0}/cm⁴	i_{x_0}/cm	W_{x_0}/cm³	I_{y_0}/cm⁴	i_{y_0}/cm	W_{y_0}/cm³	I_{x_1}/cm⁴	
10	100	6	12	11.932	9.366	0.393	114.95	3.01	15.68	181.98	3.90	25.74	47.92	2.00	12.69	200.07	2.67
		7		13.796	10.830	0.393	131.86	3.09	18.10	208.97	3.89	29.55	54.74	1.99	14.26	233.54	2.71
		8		15.638	12.276	0.393	148.24	3.08	20.47	235.07	3.88	33.24	61.41	1.98	15.75	267.09	2.76
		10		19.261	15.120	0.392	179.51	3.05	25.06	284.68	3.84	40.26	74.35	1.96	18.54	334.48	2.84
		12		22.800	17.898	0.391	208.90	3.03	29.48	330.95	3.81	46.80	86.84	1.95	21.08	402.34	2.91
		14		26.256	20.611	0.391	236.53	3.00	33.73	374.06	3.77	52.90	99.00	1.94	23.44	470.75	2.99
		16		29.627	23.257	0.390	262.53	2.98	37.82	414.16	3.74	58.57	110.89	1.94	25.63	539.80	3.06
11	110	7	12	15.196	11.928	0.433	177.16	3.41	22.05	280.94	4.30	36.12	73.38	2.20	17.51	310.64	2.96
		8		17.238	13.532	0.433	199.46	3.40	24.95	316.49	4.28	40.69	82.42	2.19	19.39	355.20	3.01
		10		21.261	16.690	0.432	242.19	3.38	30.60	384.39	4.25	49.42	99.98	2.17	22.91	444.65	3.09
		12		25.200	19.782	0.431	282.55	3.35	36.05	448.17	4.22	57.62	116.93	2.15	26.15	534.60	3.16
		14		29.056	22.809	0.431	320.71	3.32	41.31	508.01	4.18	65.31	133.40	2.14	29.14	625.16	3.24
12.5	125	8	14	19.750	15.504	0.492	297.03	3.88	32.52	470.89	4.88	53.28	123.16	2.50	25.86	521.01	3.37
		10		24.373	19.133	0.491	361.67	3.85	39.97	573.89	4.85	64.93	149.46	2.48	30.62	651.93	3.45
		12		28.912	22.696	0.491	423.16	3.83	41.17	671.44	4.82	75.96	174.88	2.46	35.03	783.42	3.53
		14		33.367	26.193	0.490	481.65	3.80	54.16	763.73	4.78	86.41	199.57	2.45	39.13	915.61	3.61
14	140	10	14	27.373	21.488	0.551	514.65	4.34	50.58	817.27	5.46	82.56	212.04	2.78	39.20	915.11	3.82
		12		32.512	25.522	0.551	603.68	4.31	59.80	958.79	5.43	96.85	248.57	2.76	45.02	1099.28	3.90
		14		37.567	29.490	0.550	688.81	4.28	68.75	1093.56	5.40	110.47	284.06	2.75	50.45	1284.22	3.98
		16		42.539	33.393	0.549	770.24	4.26	77.46	1221.81	5.36	123.42	318.67	2.74	55.55	1470.07	4.06
16	160	10	16	31.502	24.729	0.630	779.53	4.98	66.70	1237.30	6.27	109.36	321.76	3.20	52.76	1365.33	4.31
		12		37.441	29.391	0.630	916.58	4.95	78.98	1455.68	6.24	128.67	377.49	3.18	60.74	1639.57	4.39
		14		43.296	33.987	0.629	1048.36	4.92	90.95	1665.02	6.02	147.17	431.70	3.16	68.24	1914.68	4.47
		16		49.067	38.518	0.629	1175.08	4.89	102.63	1865.57	6.17	164.89	484.59	3.14	75.31	2190.82	4.55
18	180	12	16	42.241	33.159	0.710	1321.35	5.59	100.82	2100.10	7.05	165.00	542.61	3.58	78.41	2332.80	4.89
		14		48.896	38.383	0.709	1514.48	5.56	116.25	2407.42	7.02	189.14	625.53	3.56	88.38	2723.48	4.97
		16		55.467	43.542	0.709	1700.99	5.54	131.13	2703.37	6.98	212.40	698.60	3.55	97.83	3115.29	5.05
		18		61.955	48.634	0.708	1875.12	5.50	145.64	2988.24	6.94	234.78	762.01	3.51	105.14	3502.43	5.13
20	200	14	18	54.642	42.894	0.788	2103.55	6.20	144.70	3343.26	7.82	236.40	863.83	3.98	111.82	3734.10	5.46
		16		62.013	48.680	0.788	2366.15	6.18	163.65	3760.89	7.79	265.93	971.41	3.96	123.96	4270.39	5.54
		18		69.301	54.401	0.787	2620.64	6.15	182.22	4164.54	7.75	294.48	1076.74	3.94	135.52	4808.13	5.62
		20		76.505	60.056	0.787	2867.30	6.12	200.42	4554.55	7.72	322.06	1180.04	3.93	146.55	5347.51	5.69
		24		90.661	71.168	0.785	3338.25	6.07	236.17	5294.97	7.64	374.41	1381.53	3.90	166.65	6457.16	5.87

注：截面图中的 $r_1=1/3d$ 及表中 r 值的数据用于孔型设计，不作交货条件。

表 2　热轧不等边角钢（GB 9788—88）

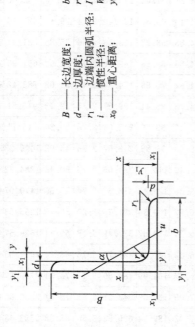

B——长边宽度；
b——短边宽度；
d——边厚度；
r——内圆弧半径；
r₁——边端内圆弧半径；
i——惯性半径；
I——惯性矩；
W——截面系数；
x₀——重心距离；
y₀——重心距离。

角钢号数	尺寸/mm				截面面积 /cm²	理论重量 /(kg/m)	外表面积 /(m²/m)	参考数值													
								$x-x$			$y-y$			x_1-x_1		y_1-y_1		$u-u$			
	B	b	d	r				I_x /cm⁴	i_x /cm	W_x /cm³	I_y /cm⁴	i_y /cm	W_y /cm³	I_{x_1} /cm⁴	y_0 /cm	I_{y_1} /cm⁴	x_0 /cm	I_u /cm⁴	i_u /cm	W_u /cm³	$\tan\alpha$
2.5/1.6	25	16	3	3.5	1.162	0.912	0.080	0.70	0.78	0.43	0.22	0.44	0.19	1.56	0.86	0.43	0.42	0.14	0.34	0.16	0.392
			4	3.5	1.499	1.176	0.079	0.88	0.77	0.55	0.27	0.43	0.24	2.09	0.90	0.59	0.46	0.17	0.34	0.20	0.381
3.2/2	32	20	3	3.5	1.492	1.171	0.102	1.53	1.01	0.72	0.46	0.55	0.30	3.27	1.08	0.82	0.49	0.28	0.43	0.25	0.382
			4	3.5	1.939	1.522	0.101	1.93	1.00	0.93	0.57	0.54	0.39	4.37	1.12	1.12	0.53	0.35	0.42	0.32	0.374
4/2.5	40	25	3	4	1.890	1.484	0.127	3.08	1.28	1.15	0.93	0.70	0.49	5.39	1.32	1.59	0.59	0.56	0.54	0.40	0.385
			4	4	2.467	1.936	0.127	3.93	1.26	1.49	1.18	0.69	0.63	8.53	1.37	2.14	0.63	0.71	0.54	0.52	0.381
4.5/2.8	45	28	3	5	2.149	1.687	0.143	4.45	1.44	1.47	1.34	0.79	0.62	9.10	1.47	2.23	0.64	0.80	0.61	0.51	0.383
			4	5	2.806	2.203	0.143	5.69	1.42	1.91	1.70	0.78	0.80	12.13	1.51	3.00	0.68	1.02	0.60	0.66	0.380
5/3.2	50	32	3	5.5	2.431	1.908	0.161	6.24	1.60	1.84	2.02	0.91	0.82	12.49	1.60	3.31	0.73	1.20	0.70	0.68	0.404
			4	5.5	3.177	2.494	0.160	8.02	1.59	2.39	2.58	0.90	1.06	16.65	1.65	4.45	0.77	1.53	0.69	0.87	0.402
5.6/3.6	56	36	3	6	2.743	2.153	0.181	8.88	1.80	2.32	2.92	1.03	1.05	17.54	1.78	4.70	0.80	1.73	0.79	0.87	0.408
			4	6	3.590	2.818	0.180	11.45	1.79	3.03	3.76	1.02	1.37	23.39	1.82	6.33	0.85	2.23	0.79	1.13	0.408
			5	6	4.415	3.466	0.180	13.86	1.77	3.71	4.49	1.01	1.65	29.25	1.87	7.94	0.88	2.67	0.78	1.36	0.404
6.3/4	63	40	4	7	4.058	3.185	0.202	16.49	2.02	3.87	5.23	1.14	1.70	33.30	2.04	8.63	0.92	3.12	0.88	1.40	0.398
			5	7	4.993	3.920	0.202	20.02	2.00	4.74	6.31	1.12	2.71	41.63	2.08	10.86	0.95	3.76	0.87	1.71	0.396
			6	7	5.908	4.638	0.201	23.36	1.96	5.59	7.29	1.11	2.43	49.98	2.12	13.12	0.99	4.34	0.86	1.99	0.393
			7	7	6.802	5.339	0.201	26.53	1.98	6.40	8.24	1.10	2.78	58.07	2.15	15.47	1.03	4.97	0.86	2.29	0.389

角钢号数	尺寸/mm				截面面积/cm²	理论重量/(kg/m)	外表面积/(m²/m)	参考数值													
	B	b	d	r				$x-x$			$y-y$			x_1-x_1		y_1-y_1		$u-u$			
								I_x/cm⁴	i_x/cm	W_x/cm³	I_y/cm⁴	i_y/cm	W_y/cm³	I_{x_1}/cm⁴	y_0/cm	I_{y_1}/cm⁴	x_0/cm	I_u/cm⁴	i_u/cm	W_u/cm³	$\tan\alpha$
7/4.5	70	45	4	7.5	4.547	3.570	0.226	23.17	2.26	4.86	7.55	1.29	2.17	45.92	2.24	12.26	1.02	4.40	0.98	1.77	0.410
			5		5.609	4.403	0.225	27.95	2.23	5.92	9.13	1.28	2.65	57.10	2.28	15.39	1.06	5.40	0.98	2.19	0.407
			6		6.647	5.218	0.225	32.54	2.21	6.95	10.62	1.26	3.12	68.35	2.32	18.58	1.09	6.35	0.98	2.59	0.404
			7		7.657	6.011	0.225	37.22	2.20	8.03	12.01	1.25	3.57	79.99	2.36	21.84	1.13	7.16	0.97	2.94	0.402
(7.5/5)	75	50	5	8	6.125	4.808	0.245	34.86	2.39	6.83	12.61	1.44	3.30	70.00	2.40	21.04	1.17	7.41	1.10	2.74	0.435
			6		7.260	5.699	0.245	41.12	2.38	8.12	14.70	1.42	3.88	84.30	2.44	25.37	1.21	8.54	1.08	3.19	0.435
			8		9.467	7.431	0.244	52.39	2.35	10.52	18.53	1.40	4.99	112.50	2.52	34.23	1.29	10.87	1.07	4.10	0.429
			10		11.590	9.098	0.244	62.71	2.33	12.79	21.96	1.38	6.04	140.80	2.60	43.43	1.36	13.10	1.06	4.99	0.423
8/5	80	50	5	8	6.375	5.005	0.255	41.96	2.56	7.78	12.82	1.42	3.32	85.21	2.60	21.06	1.14	7.66	1.10	2.74	0.388
			6		7.560	5.935	0.255	49.49	2.56	9.25	14.95	1.41	3.91	102.53	2.65	25.41	1.18	8.85	1.08	3.20	0.387
			7		8.724	6.848	0.255	56.16	2.54	10.58	16.96	1.39	4.48	119.33	2.69	29.82	1.21	10.18	1.08	3.70	0.384
			8		9.867	7.745	0.254	62.83	2.52	11.92	18.85	1.38	5.03	136.41	2.73	34.32	1.25	11.38	1.07	4.16	0.381
9/5.6	90	56	5	9	7.212	5.661	0.287	60.45	2.90	9.92	18.32	1.59	4.21	121.32	2.91	29.53	1.25	10.98	1.23	3.49	0.385
			6		8.557	6.717	0.286	71.03	2.88	11.74	21.42	1.58	4.96	145.59	2.95	35.58	1.29	12.90	1.23	4.13	0.384
			7		9.880	7.756	0.286	81.01	2.86	13.49	24.36	1.57	5.70	169.60	3.00	41.71	1.33	14.67	1.22	4.72	0.382
			8		11.183	8.779	0.286	91.03	2.85	15.27	27.15	1.56	6.41	194.17	3.04	47.93	1.36	16.34	1.21	5.29	0.380
10/6.3	100	63	6	10	9.617	7.550	0.320	99.06	3.21	14.64	30.94	1.79	6.35	199.71	3.24	50.50	1.43	18.42	1.38	5.25	0.394
			7		11.111	8.722	0.320	113.45	3.20	16.88	35.26	1.78	7.29	233.00	3.28	59.14	1.47	21.00	1.38	6.02	0.394
			8		12.584	9.878	0.319	127.37	3.18	19.08	39.39	1.77	8.21	266.32	3.32	67.88	1.50	23.50	1.37	6.78	0.391
			10		15.467	12.142	0.319	153.81	3.15	23.32	47.12	1.74	9.98	333.06	3.40	85.73	1.58	28.33	1.35	8.24	0.387
10/8	100	80	6	10	10.637	8.350	0.354	107.04	3.17	15.19	61.24	2.40	10.16	199.83	2.95	102.68	1.97	31.65	1.72	8.37	0.627
			7		12.301	9.656	0.354	122.73	3.16	17.52	70.08	2.39	11.71	233.20	3.00	119.98	2.01	36.17	1.72	9.60	0.626
			8		13.944	10.946	0.353	137.92	3.14	19.81	78.58	2.37	13.21	266.61	3.04	137.37	2.05	40.58	1.71	10.80	0.625
			10		17.167	13.476	0.353	166.87	3.12	24.24	94.65	2.35	16.12	333.63	3.12	172.48	2.13	49.10	1.69	13.12	0.622
11/7	110	70	6	10	10.637	8.350	0.354	133.37	3.54	17.85	42.92	2.01	7.90	265.78	3.53	69.08	1.57	25.36	1.54	6.53	0.403
			7		12.301	9.656	0.354	153.00	3.53	20.60	49.01	2.00	9.09	310.07	3.57	80.82	1.61	28.95	1.53	7.50	0.402
			8		13.944	10.946	0.353	172.04	3.51	23.30	54.87	1.98	10.25	354.39	3.62	92.70	1.65	32.45	1.53	8.45	0.401
			10		17.167	13.476	0.353	208.39	3.48	28.54	65.88	1.96	12.48	443.13	3.70	116.83	1.72	39.20	1.51	10.29	0.397

续表

角钢号数	尺寸/mm				截面面积/cm²	理论重量/(kg/m)	外表面积/(m²/m)	参考数值													
								$x-x$			$y-y$			x_1-x_1		y_1-y_1		$u-u$			
	B	b	d	r				I_x/cm⁴	i_x/cm	W_x/cm³	I_y/cm⁴	i_y/cm	W_y/cm³	I_{x1}/cm⁴	y_0/cm	I_{y1}/cm⁴	x_0/cm	I_u/cm⁴	i_u/cm	W_u/cm³	$\tan\alpha$
12.5/8	125	80	7	11	14.096	11.066	0.403	227.98	4.02	26.86	74.42	2.30	12.01	454.99	4.01	120.32	1.80	43.81	1.76	9.92	0.408
			8		15.989	12.551	0.403	256.77	4.01	30.41	83.49	2.28	13.56	519.99	4.06	137.85	1.84	49.15	1.75	11.18	0.407
			10		19.712	15.474	0.402	312.04	3.98	37.33	100.67	2.26	16.56	650.09	4.14	173.40	1.92	59.45	1.74	13.64	0.404
			12		23.351	18.330	0.402	364.41	3.95	44.01	116.67	2.24	19.43	780.39	4.22	209.67	2.00	69.35	1.72	16.01	0.400
14/9	140	90	8	12	18.038	14.160	0.453	365.64	4.50	38.48	120.69	2.59	17.34	730.53	4.50	195.79	2.04	70.83	1.98	14.31	0.411
			10		22.261	17.475	0.452	445.50	4.47	47.31	140.03	2.56	21.22	913.20	4.58	245.92	2.12	85.82	1.96	17.48	0.409
			12		26.400	20.724	0.451	521.59	4.44	55.87	169.79	2.54	24.95	1096.09	4.66	296.89	2.19	100.21	1.95	20.54	0.406
			14		30.456	23.908	0.451	594.10	4.42	64.18	192.10	2.51	28.54	1279.26	4.74	348.82	2.27	114.13	1.94	23.52	0.403
16/10	160	100	10	13	25.315	19.872	0.512	668.69	5.14	62.13	205.03	2.85	26.56	1362.89	5.24	336.59	2.28	121.74	2.19	21.92	0.390
			12		30.054	23.592	0.511	784.91	5.11	73.49	239.06	2.82	31.28	1635.56	5.32	405.94	2.36	142.33	2.17	25.79	0.388
			14		34.709	27.247	0.510	896.30	5.08	84.56	271.20	2.80	35.83	1908.50	5.40	476.42	2.43	162.23	2.16	29.56	0.385
			16		39.281	30.835	0.510	1003.04	5.05	95.33	301.60	2.77	40.24	2181.79	5.48	548.22	2.51	182.57	2.16	33.44	0.382
18/11	180	110	10	14	28.373	22.273	0.571	956.25	5.80	78.96	278.11	3.13	32.49	1940.40	5.89	447.22	2.44	166.50	2.42	26.88	0.376
			12		33.712	26.464	0.571	1124.72	5.78	93.53	325.03	3.10	38.32	2328.38	5.98	538.94	2.52	194.87	2.40	31.66	0.374
			14		38.967	30.589	0.570	1286.91	5.75	107.76	369.55	3.08	43.97	2716.60	6.06	631.95	2.59	222.30	2.39	36.32	0.372
			16		44.139	34.649	0.569	1443.06	5.72	121.64	411.85	3.06	49.44	3105.15	6.14	726.46	2.67	248.94	2.38	40.87	0.369
20/12.5	200	125	12	14	37.912	29.761	0.641	1570.90	6.44	116.73	483.16	3.57	49.99	3193.85	6.54	787.74	2.83	285.79	2.74	41.23	0.392
			14		43.867	34.436	0.640	1800.97	6.41	134.65	550.83	3.54	57.44	3726.17	6.02	922.47	2.91	326.58	2.73	47.34	0.390
			16		49.739	39.045	0.639	2023.35	6.38	152.18	615.44	3.52	64.69	4258.86	6.70	1058.86	2.99	366.21	2.71	53.32	0.388
			18		55.526	43.588	0.639	2238.30	6.35	169.33	677.19	3.49	71.74	4792.00	6.78	1197.13	3.06	404.83	2.70	59.18	0.385

注：1. 括号内型号不推荐使用。
2. 截面图中的 $r_1=1/3d$ 及表中 r 的数据用于孔型设计，不作交货条件。

表 3　热轧槽钢（GB 707—88）

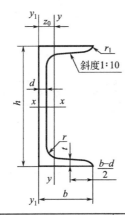

h —— 高度；　　　　r_1 —— 腿端圆弧半径；
b —— 腿宽度；　　　I —— 惯性矩；
d —— 腰厚度；　　　W —— 截面系数；
t —— 平均腿厚度；　i —— 惯性半径；
r —— 内圆弧半径；　z_0 —— y—y轴与y_1—y_1轴间距

| 型号 | 尺寸/mm | | | | | | 截面面积 /cm² | 理论重量 /(kg/m) | 参考数值 | | | | | | | |
| | | | | | | | | | $x-x$ | | | $y-y$ | | | y_1-y_2 | z_0 |
	h	b	d	t	r	r_1			W_x /cm³	I_x /cm⁴	i_x /cm	W_y /cm³	I_y /cm⁴	i_y /cm	I_{y_1} /cm⁴	/cm
5	50	37	4.5	7	7.0	3.5	6.928	5.438	10.4	26.0	1.94	3.55	8.30	1.10	20.9	1.35
6.3	63	40	4.8	7.5	7.5	3.8	8.451	6.634	16.1	50.8	2.45	4.50	11.9	1.19	28.4	1.36
8	80	43	5.0	8	8.0	4.0	10.248	8.045	25.3	101	3.15	5.79	16.6	1.27	37.4	1.43
10	100	48	5.3	8.5	8.5	4.2	12.748	10.007	39.7	198	3.95	7.8	25.6	1.41	54.9	1.52
12.6	126	53	5.5	9	9.0	4.5	15.692	12.318	62.1	391	4.95	10.2	38.0	1.57	77.1	1.59
14a	140	58	6.0	9.5	9.5	4.8	18.516	14.535	80.5	564	5.52	13.0	53.2	1.70	107	1.71
14b	140	60	8.0	9.5	9.5	4.8	21.316	16.733	87.1	609	5.35	14.1	61.1	1.69	121	1.67
16a	160	63	6.5	10	10.0	5.0	21.962	17.240	108	866	6.28	16.3	73.3	1.83	144	1.80
16	160	65	8.5	10	10.0	5.0	25.162	19.752	117	935	6.10	17.6	83.4	1.82	161	1.75
18a	180	68	7.0	10.5	10.5	5.2	25.699	20.174	141	1270	7.04	20.0	98.6	1.96	190	1.88
18	180	70	9.0	10.5	10.5	5.2	29.299	23.000	152	1370	6.84	21.5	111	1.95	210	1.84
20a	200	73	7.0	11	11.0	5.5	28.837	22.637	178	1780	7.86	24.2	128	2.11	244	2.01
20	200	75	9.0	11	11.0	5.5	32.837	25.777	191	1910	7.46	25.9	144	2.09	268	1.95
22a	220	77	7.0	11.5	11.5	5.8	31.846	24.999	218	2390	8.67	28.2	158	2.23	298	2.10
22	220	79	9.0	11.5	11.5	5.8	36.246	28.453	234	2570	8.42	30.1	176	2.21	326	2.03
25a	250	78	7.0	12	12.0	6.0	34.917	27.410	270	3370	9.82	30.6	176	2.24	322	2.07
25b	250	80	9.0	12	12.0	6.0	39.917	31.335	282	3530	9.41	32.7	196	2.22	353	1.98
25c	250	82	11.0	12	12.0	6.0	44.917	35.260	295	3690	9.07	35.9	218	2.21	384	1.92
28a	280	82	7.5	12.5	12.5	6.2	40.034	31.427	340	4760	10.9	35.7	218	2.33	388	2.10
28b	280	84	9.5	12.5	12.5	6.2	45.634	35.823	366	5130	10.6	37.9	242	2.30	428	2.02
28c	280	86	11.5	12.5	12.5	6.2	51.234	40.219	393	5500	10.4	40.3	268	2.29	463	1.95
32a	320	88	8.0	14	14.0	7.0	48.513	38.083	475	7600	12.5	46.5	305	2.50	552	2.24
32b	320	90	10.0	14	14.0	7.0	54.913	43.107	509	8140	12.2	49.2	336	2.47	593	2.16
32c	320	92	12.0	14	14.0	7.0	61.313	48.131	543	8690	11.9	52.6	374	2.47	643	2.09
36a	360	96	9.0	16	16.0	8.0	60.910	47.814	660	11900	14.0	63.5	455	2.73	818	2.44
36b	360	98	11.0	16	16.0	8.0	68.110	53.466	703	12700	13.6	66.9	497	2.70	880	2.37
36c	360	100	13.0	16	16.0	8.0	75.310	59.118	746	13400	13.4	70.0	536	2.67	948	2.34
40a	400	100	10.5	18	18.0	9.0	75.068	58.928	879	17600	15.3	78.8	592	2.81	1070	2.49
40b	400	102	12.5	18	18.0	9.0	83.068	65.208	932	18600	15.0	82.5	640	2.78	1140	2.44
40c	400	104	14.5	18	18.0	9.0	91.068	71.488	986	19700	14.7	86.2	688	2.75	1220	2.42

注：截面图和表中标注的圆弧半径 r、r_1 的数据用于孔型设计，不作交货条件。

表4 热轧工字钢 (GB 706—88)

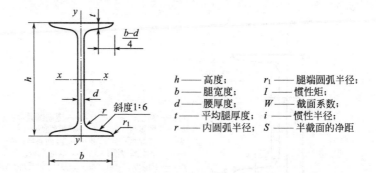

h —— 高度；　　r_1 —— 腿端圆弧半径；
b —— 腿宽度；　I —— 惯性矩；
d —— 腰厚度；　W —— 截面系数；
t —— 平均腿厚度；　i —— 惯性半径；
r —— 内圆弧半径；　S —— 半截面的净距

型号	尺寸/mm						截面面积 /cm²	理论重量 /(kg/m)	参考数值						
									$x-x$				$y-y$		
	h	b	d	t	r	r_1			I_x /cm⁴	W_x /cm³	i_x /cm	$I_x:S_x$ /cm	I_y /cm⁴	W_y /cm³	i_y /cm
10	100	68	4.5	7.6	6.5	3.3	14.345	11.261	245	49.0	4.14	8.59	33.0	9.72	1.52
12.6	126	74	5.0	8.4	7.0	3.5	18.118	14.223	488	77.5	5.20	10.8	46.9	12.7	1.61
14	140	80	5.5	9.1	7.5	3.8	21.516	16.890	712	102	5.76	12.0	64.4	16.1	1.73
16	160	88	6.0	9.9	8.0	4.0	26.131	20.513	1130	141	6.58	13.8	93.1	21.2	1.89
18	180	94	6.5	10.7	8.5	4.3	30.756	24.143	1660	185	7.36	15.4	122	26.0	2.00
20a	200	100	7.0	11.4	9.0	4.5	35.578	27.929	2370	237	8.15	17.2	158	31.5	2.12
20b	200	102	9.0	11.4	9.0	4.5	39.578	31.069	2500	250	7.96	16.9	169	33.1	2.06
22a	220	110	7.5	12.3	9.5	4.8	42.128	33.070	3400	309	8.99	18.9	225	40.9	2.31
22b	220	112	9.5	12.3	9.5	4.8	46.528	36.524	3570	325	8.78	18.7	239	42.7	2.27
25a	250	116	8.0	13.0	10.0	5.0	48.541	38.105	5020	402	10.2	21.6	280	48.3	2.40
25b	250	118	10.0	13.0	10.0	5.0	53.541	42.030	5280	423	9.94	21.3	309	52.4	2.40
28a	280	122	8.5	13.7	10.5	5.3	55.404	43.492	7110	508	11.3	24.6	345	56.6	2.50
28b	280	124	10.5	13.7	10.5	5.3	61.004	47.888	7480	534	11.1	24.2	379	61.2	2.49
32a	320	130	9.5	15.0	11.5	5.8	67.156	52.717	11100	692	12.8	27.5	460	70.8	2.62
32b	320	132	11.5	15.0	11.5	5.8	73.556	57.741	11600	726	12.6	27.1	502	76.0	2.61
32c	320	134	13.5	15.0	11.5	5.8	79.956	62.765	12200	760	12.3	26.8	544	81.2	2.61
36a	360	136	10.0	15.8	12.0	6.0	76.480	60.037	15800	875	14.4	30.7	552	81.2	2.69
36b	360	138	12.0	15.8	12.0	6.0	83.680	65.689	16500	919	14.1	30.3	582	84.3	2.64
36c	360	140	14.0	15.8	12.0	6.0	90.880	71.341	17300	962	13.8	29.9	612	87.4	2.60
40a	400	142	10.5	16.5	12.5	6.3	86.112	67.598	21700	1090	15.9	34.1	660	93.2	2.77
40b	400	144	12.5	16.5	12.5	6.3	94.112	73.878	22800	1140	15.6	33.6	692	96.2	2.71
40c	400	146	14.5	16.5	12.5	6.3	102.112	80.158	23900	1190	15.2	33.2	727	99.6	2.65
45a	450	150	11.5	18.0	13.5	6.8	102.446	80.420	32200	1430	17.7	38.6	855	114	2.89
45b	450	152	13.5	18.0	13.5	6.8	111.446	87.485	33800	1500	17.4	38.0	894	118	2.84
45c	450	154	15.5	18.0	13.5	6.8	120.446	94.550	35300	1570	17.1	37.6	938	122	2.79
50a	500	158	12.0	20.0	14.0	7.0	119.304	93.654	46500	1860	19.7	42.8	1120	142	3.07
50b	500	160	14.0	20.0	14.0	7.0	129.304	101.504	48600	1940	19.4	42.4	1170	146	3.01
50c	500	162	16.0	20.0	14.0	7.0	139.304	109.354	50600	2080	19.0	41.8	1220	151	2.96
56a	560	166	12.5	21.0	14.5	7.3	135.435	106.316	65600	2340	22.0	47.7	1370	165	3.18
56b	560	168	14.5	21.0	14.5	7.3	146.635	115.108	68500	2450	21.6	47.2	1490	174	3.16
56c	560	170	16.5	21.0	14.5	7.3	157.835	123.900	71400	2550	21.3	46.7	1560	183	3.16
63a	630	176	13.0	22.0	15.0	7.5	154.658	121.407	93900	2980	24.5	54.2	1700	193	3.31
63b	630	178	15.0	22.0	15.0	7.5	167.258	131.298	98100	3160	24.2	53.5	1810	204	3.29
63c	630	180	17.0	22.0	15.0	7.5	179.858	141.189	102000	3300	23.8	52.9	1920	214	3.27

注：截面图和表中标注的圆弧半径 r、r_1 的数据用于孔型设计，不作交货条件。

参 考 文 献

［1］ 哈尔滨工业大学理论力学教研室.理论力学.北京：高等教育出版社，2009.

［2］ 刘鸿文.材料力学.北京：高等教育出版社，2011.

［3］ 孙训方.材料力学.北京：高等教育出版社，2009.

［4］ 范钦珊，殷雅俊，唐靖林.材料力学.北京：清华大学出版社，2014.

［5］ 赵志平.建筑力学（上）.重庆：重庆大学出版社，2010.

［6］ 赵志平.建筑力学（下）.重庆：重庆大学出版社，2011.

［7］ 党锡淇，许庆余.理论力学.西安：西安交通大学出版社，1989.

［8］ 胡庆泉，将彤.材料力学.北京：中国水利水电出版社，2015.

［9］ 西北工业大学，北京航空大学，南京航空大学合著.理论力学.北京：高等教育出版社，1980.

［10］ 董卫华.理论力学.武汉：武汉工业大学出版社，1997.

［11］ 张流芳.材料力学.武汉：武汉工业大学出版社，1997.

［12］ 慎铁刚.建筑力学与结构.北京：中国建筑工业出版社，1992.